機械工作法

塚本公秀・山中　昇・瀬川裕二・東　雄一　共著

森北出版

●本書の補足情報・正誤表を公開する場合があります．当社 Web サイト（下記）で本書を検索し，書籍ページをご確認ください．
https://www.morikita.co.jp/

●本書の内容に関するご質問は下記のメールアドレスまでお願いします．なお，電話でのご質問には応じかねますので，あらかじめご了承ください．
editor@morikita.co.jp

●本書により得られた情報の使用から生じるいかなる損害についても，当社および本書の著者は責任を負わないものとします．

はじめに

今世紀になって日本のものづくりは大きく変化した．従来は大量生産による安価な製品製造が中心であったが，中量生産や多様な消費者のニーズに応じた多品種少量生産が拡大している．このため，製品設計と製造との連携が重要となり，製品のアイデア創出の段階で加工の知識が必要となっている．また，情報・制御技術の導入により，加工機械は高度化し，積層造形法などまったく新しい加工法も生まれた．このように移り変わっていくものづくりだが，その進歩は機械工作法の歴史でもある．各々の加工法は独自に進化しつつ，ほかの加工法や新しい技術を導入して高精度で高効率の加工法へと進歩している．

本書の構成は，従来からの機械工作法の基本である，鋳造，溶接，塑性加工，切削加工，砥粒加工，特殊な加工法である．これらの加工法のなかでは，固相接合，プラスチック加工，アディティブ・マニュファクチャリングなどの新しい加工法についても説明する．

機械工作法は，機械工学から生まれたが，ほかの工学との融合で新規分野が生まれたことで，いまや機械系の学生だけでなく，ものづくりを学ぶ学生の基礎科目として位置づけられている．そのため，本書は大学・高専でものづくりを学習しようとする学生を対象として，ものづくりをする際に知っておきたい各加工法の特徴がよくわかるように配慮した．初めて学ぶ際だけでなく，実際に設計や加工をする際の参考としても活用いただければと思う．

最後に本書の企画から出版に至るまで長い年月を共に寄り添っていただいた森北出版の加藤義之氏に感謝いたします．

2024 年 9 月

著者代表　塚本公秀

目　次

第1章 ものづくりと機械工作法

私たちの身のまわりには，日々の生活に必要な器具，器械（instrument）や機械（machine）などの多くの“もの”がある．この“もの”は（工業）製品（product）といい，材料から多くの工程を経て製造される．本書で学ぶ**機械工作法**（manufacturing technology）は，このものづくりにおける素材を製品にするための形状の加工方法である．機械工作法には，さまざまな加工法があり，要求に応じて適切な加工法を選択する必要がある．加工工程によっては安価で優れた製品にも，高価でも無用の製品にもなるので，機械工作法はものづくりにおいて重要である．

本章では，各加工法の説明の前段階として，ものづくりの流れとともに，そのなかで機械工作法がどのような役割を担っているかを説明する．

1.1 もの（製品）づくりの流れ

図1.1に示すように，企画から製品になるまでのものづくりの工程は，大きく開発と製造に分けられる．開発では，市場にない新製品や市場にあっても顧客満足度のより高い製品を販売するために，製品の企画から試作までを行う．つぎの製造では，開発製品を，企画された数量と納期で製作する．機械工作法が活かされるのは主に製造工程である．開発，製造の工程を細かく分けてみていこう．

1.1.1 開発工程

製品開発は，一般消費者への市販製品，中間製品として製造業者へ納品されるものなど多岐にわたる．このため，マーケティングやデザイン部門，知財管理などさまざまな業種の人々が関わっている．

(1) 企 画

最初に行われるのが企画である．マーケットリサーチ（市場調査）などを経て新製品を提案する．ここでは，他社の新製品や現行品との比較や，購買意欲が高い製

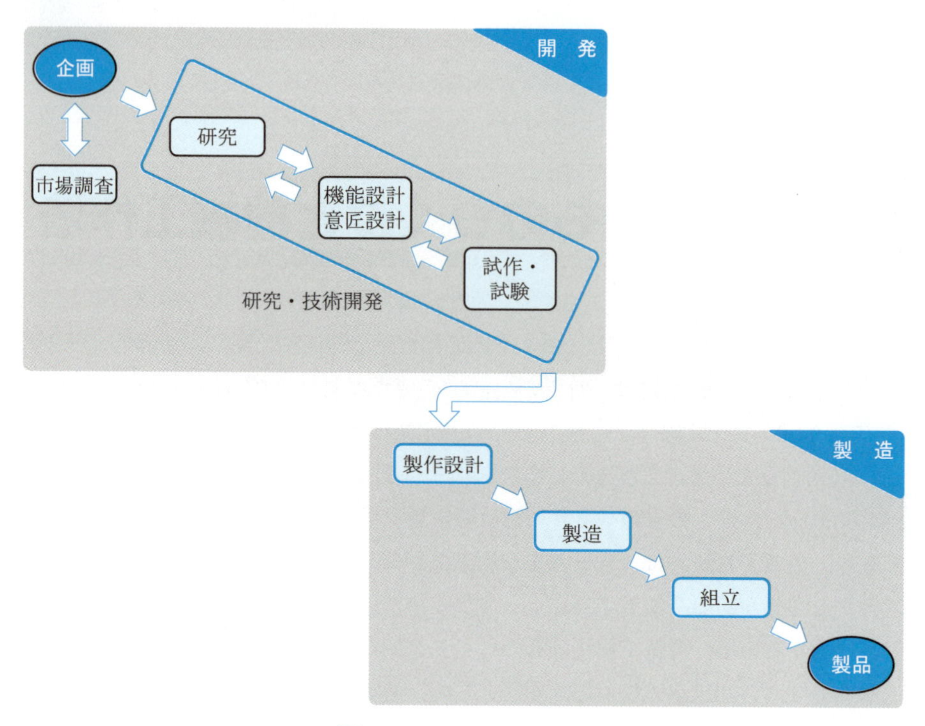

図 1.1　ものづくりの工程

品か，顧客満足度が高い製品か，価格は妥当かなど多角的に検討する．

(2) 研究・技術開発

企画が決まれば，それに合わせた新製品をつくるための研究・技術開発を行う．既存の研究結果の調査や開発に必要な研究が行われる．また，開発製品が現在の技術で製品化が可能か，機能と意匠の両面から製品設計を行う．新製品の機能や形状をつくり込めるか，製品本体や構成部品の強度は安全か，法的な強度と耐用年数を満足するか，などについて，材料・構造・寸法・形状・品質の点から検討する．その際，設定された製品価格（通常は市場調査などから販売価格が決まっており，製品の材料費を含む加工費は決められている）で製造が可能となるように設計する．既販品を分解・調査して（リバース・エンジニアリング）設計に活用することもある．

(3) 試作・試験

機能・意匠の設計後は，部品単位や製品全体の試作を行う．試作品に対し，さまざまな実験を行ったり，デザインや強度，耐久性や安全性などの評価を行ったりする．その結果，設計変更が必要になれば，さらに試験や研究などを行って，よりよい製品へつくり上げていく．

✚ 1.1.2 製造工程

製造工程では，開発工程で設計された製品を決められた納期までに製造できるように，加工法や手順などを検討し，加工法を示した製作図や作業標準（加工現場への手順書）をつくる．同時に，材料・工作機械・工具などを手配し，生産ラインへ配分する．

（1）製作設計

製作設計では，製造費用を考えて工作機械・工具，ときには材料を選び，各部品の寸法・形状，加工法まで考慮して設計する．開発工程の設計が，実際の生産工程として十分な水準に達していないこともあるので，そのような場合には，製造現場で，設計を見直したり，安全で効率的な加工法や，より安価に所要形状や精度，強度が得られる加工法に変更したりする．設計変更は，製作設計段階に限らず，必要に応じて行う．

製作設計は，高い品質の製品を効率的に製造するための技術であり，この技術を**生産技術**（production engineering）とよぶ．

（2）製造・組立

製品加工の現場では，納期に出荷できるように，製作図・作業標準に基づいて製造，組立を行う．加工に際しては，もっとも効率的な加工法を選ぶ．所有の工作機械で加工できなければ，外部発注，既存の生産ラインへの専用機械の導入や新たな生産ラインの導入などで対応する．製品を構成する部品は，組み立ての前後で製品検査を行う．これらの作業はエンジニアが生産現場で行う．

製造工程では，生産技術だけでなく，製品加工の全体の進捗を制御して納期や製造コストを管理する．これを**工程管理**（process management）という．

ここでは，ものづくりの工程の一例を示したが，実際にはさまざまな形態がある．21 世紀に入ってからは，製品開発だけ自社で行い，製造は外注する**ファブレス**（fabrication facilityless）という形態の企業が多くなっている．これは，製造と開発では必要とされる知識，技術が異なることから，製造は専門企業に委託するほうが効率的であるという考え方による．

ここで説明したように，エンジニアは，研究部門はもとより製造部門にも加わって従事する．

1.2　“もの”の価値を決めるものづくりの3要素

ものづくりには，図1.2に示すように，形状，材料，加工法という3要素があり，これが“もの（製品）”の価値に影響する．

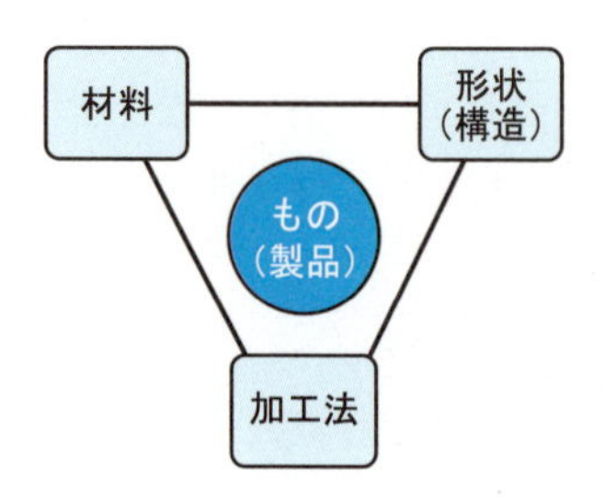

図1.2　ものづくりの3要素

(1) 形　状

形状は，ユーザー（消費者）がもっとも確認しやすい要素である．感覚的な面もあるが，人間工学的な視点から使いやすい形にするなど，さまざまな工夫ができる．同じ機能の製品であっても，見た目やデザインが異なればユーザーにとっては価値が変わる．たとえば，羽のない扇風機という新しい形状に魅力を感じるユーザーもいる．

(2) 材　料

材料は，ユーザーが手に取ったときの質感だけでなく，強度や重量などの製品の性質も左右する．たとえば，テニスのラケットは，初心者からプロまで求める性能が異なるため，ユーザーのニーズによって材料も変える．

(3) 加工法

加工法は，ユーザーがもっとも確認しづらい，場合によっては確認できない要素である．しかし，製造の効率などの生産性だけでなく，形状（加工法によってできる形状とできない形状がある）や，材料（加工法によって加工できる材料と加工できない材料がある）をも左右する．このため，加工法は製品の価値を大きく左右する要素といえ，適切な機械工作法を選択するための知識は，エンジニアにとって必須である．

1.3　さまざまな加工法

加工法は，付加（結合）加工，変形（成形）加工，除去加工に大別できる．各加工にはさらにさまざまな特徴をもった加工法がある．加工法を大まかに分類すると，

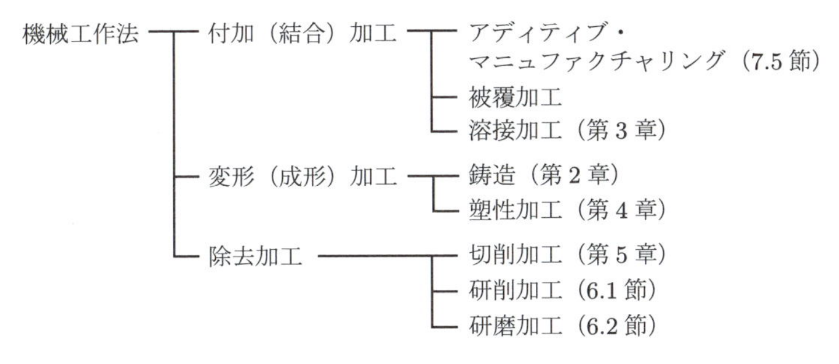

図 1.3　機械工作法の分類

図 1.3 のようになる．

製品に使用されている各部品の製造工程を考えても，一つの加工法で材料から製品にできる場合は少ない．多くは鋳造（第 2 章）や塑性加工（第 4 章）で所定形状の部品に加工し，ねじ部，組み合わせ部・摺動部など寸法・形状・表面に高い精度が要求される部分に切削加工（第 5 章）や研削加工・研磨加工（第 6 章）を行い製品となる．

現在は，機械的な力による加工だけでなく，化学，レーザー，超音波などを用いた特殊な加工法も普及している．また，コンピュータの進展により，コンピュータ援用の工作機械が一般的になっている．第 5 章で説明するマシニングセンタでは，加工形状をプログラムすることで，工具がプログラムに従って移動し，従来の工作機械では加工できなかった形状や素材の加工が可能になっている．さらに，3D-CAD とよばれるアプリケーションで立体的な製図が PC 上で行われ，図面（3D モデル）はインターネット上で即時に送ることができるようになっている．また，3D-CAD で描かれた図面からマシニングセンタのプログラムへも PC で変換できるようになり，加工のためのプログラム作業の時間が短縮されている．情報技術の進展は機械工作法にも大きな変革をもたらしている．このように，設計者の加工方法・手順の考え方が工作機械に直接指示できるようになっているため，従来は生産現場で行っていた加工のための作業を設計者自身で行うことも可能になっている．このため，設計者も加工の知識が必要不可欠である．

また，以前は性能試験用やデザイン検討用の実物大モデル試作には相当の時間が必要であったが，第 7 章で説明する 3D プリンタなどを用いることで，モデルの製作が短時間で容易にできるようになった．また，3D プリンタでは製作できない自動車のような大型モデルの検討には XR 技術（cross reality あるいは extended reality）が使われている．XR 技術により現実の空間と仮想の空間を融合して視聴できるため，ヘッドセットを装着することで，現実の場所に製品の 3 次元モデル（仮想モデルであるデジタルデータ）を置いた状態で，全体から細部までを確認することが可能になっている．このように，設計から製造までの全行程の時間が短縮され，ものづくりが効率的に行われるようになってきている．

加工技術には，精度を考慮した高い品質のものを安全に安価で効率よくつくる方法を選択することが含まれている．このように，ものづくりを担うエンジニアには，製品企画段階で設定した品質を満たし，製造費用を抑えるため，各種加工法の原理を知り，多くの加工法から最適な方法と工作機械を選定できるようになることが求められている．

第2章　鋳　造

紀元前4000年前の古代エジプトから，また日本でも弥生時代から用いられてきた加工法が本章で学ぶ鋳造である．鋳造は，鋳型とよばれる凹型に溶かした材料を流して固める工法なので，複雑な形状をつくることができる．

本章では，鋳造として一般的に用いられている砂型鋳造法を例に，特徴や製作工程を説明し，その後に応用技術である特殊砂型鋳造，金型鋳造，特殊鋳造を説明する．また，製品の欠陥とその検査方法についても解説する．

2.1　鋳造の基礎

図2.1に示すように，製品と同形の空洞をもつ**鋳型**（mold）に高温に熱して溶かした金属（**溶湯**（molten metal）．**湯**ともいう）を流し込み，凝固させて所望の形状をつくる加工法を**鋳造**（casting）という．鋳造で製作した工作物を**鋳物**（castings）という．図2.2に示す大仏，自動車のエンジン（シリンダブロック），旋盤のベッド・主軸頭（工作機械の主要構造部分），蛇口など，大小さまざまな製品を鋳造でつくることができる．

鋳造は，鋳型の材料によって，砂型鋳造，金型鋳造があり，そのほかに特殊な鋳型を用いたり，特殊な方法で溶解する特殊鋳造がある．また，それらのなかにも，

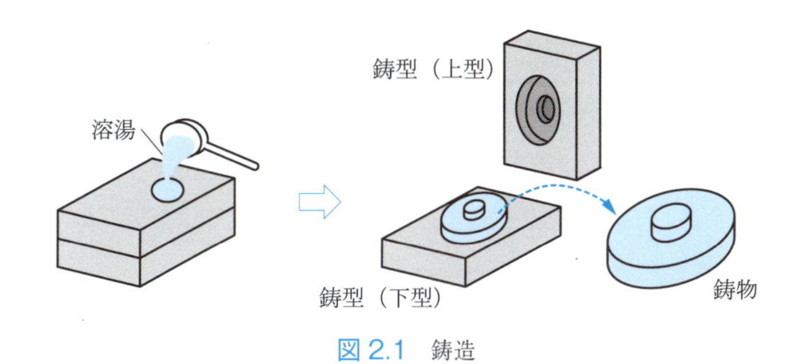

図2.1　鋳造

（a）大仏

（b）シリンダブロック
（写真提供：(株)豊田自動織機）

（c）旋盤のベッドなど
（写真提供：DMG 森精機(株)）

（d）蛇口

図 2.2 鋳造製品

用いる鋳型材料や造型方法が異なるいろいろな手法がある．鋳造の各種方法を分類すると図 2.3 のようになる．

鋳造の特徴はつぎのとおりである．

［長所］①　除去加工などではできない複雑な形状をつくることができる．
②　数グラムから数トンまで製品の大きさに制限がない．
③　多様な加工法があり，一品から大量生産まで対応できる．
④　製品をリサイクルできる．

［短所］①　鋳物各部の肉厚が異なる鋳物では，組織が不均一になるため，塑性加工に比べて強度などの機械特性が劣る．
②　一般的に，高い寸法精度や表面粗さを得ることが難しい．
③　塑性加工に比べて加工速度が遅く，大量生産では経済性に劣る．

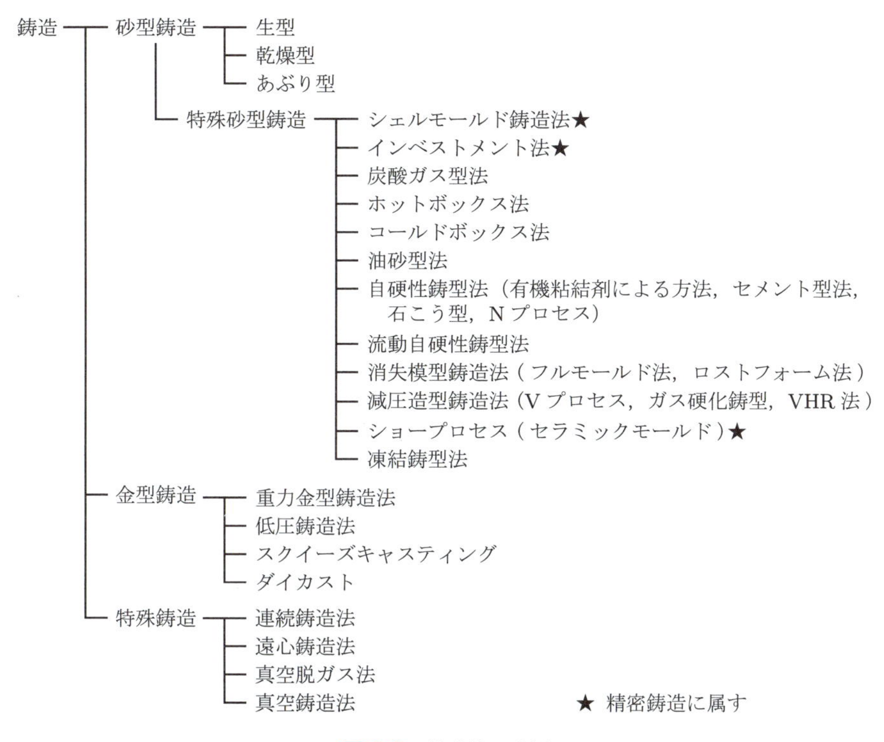

図 2.3 鋳造法の分類

2.2 砂型鋳造

鋳造でもっとも古くから用いられているのが，**砂型鋳造**（sand mold）である．耐火性に富む鋳物砂で鋳型をつくる砂型鋳造を例に，鋳造の基本を説明する．

2.2.1 作業工程

鋳造の作業工程を図 2.4 に示す．作業手順に合わせて説明する．

(1) 鋳造方案の決定，模型の設計・製図

鋳型各部の設計や溶湯の鋳込み条件の選定など，製作にあたっての詳細を計画する．この計画を**鋳造方案**（casting design，または casting plan）という．この鋳造方案に従って模型の設計・製図を行う．適切な鋳造方案の作成が鋳物の品質を決める．

(2) 模型製作

部品図面に従って，つくりたい鋳物の**模型**（pattern）をつくる．中空部がある場合はその部分の模型である**中子**（なかご）（core）も必要になる．

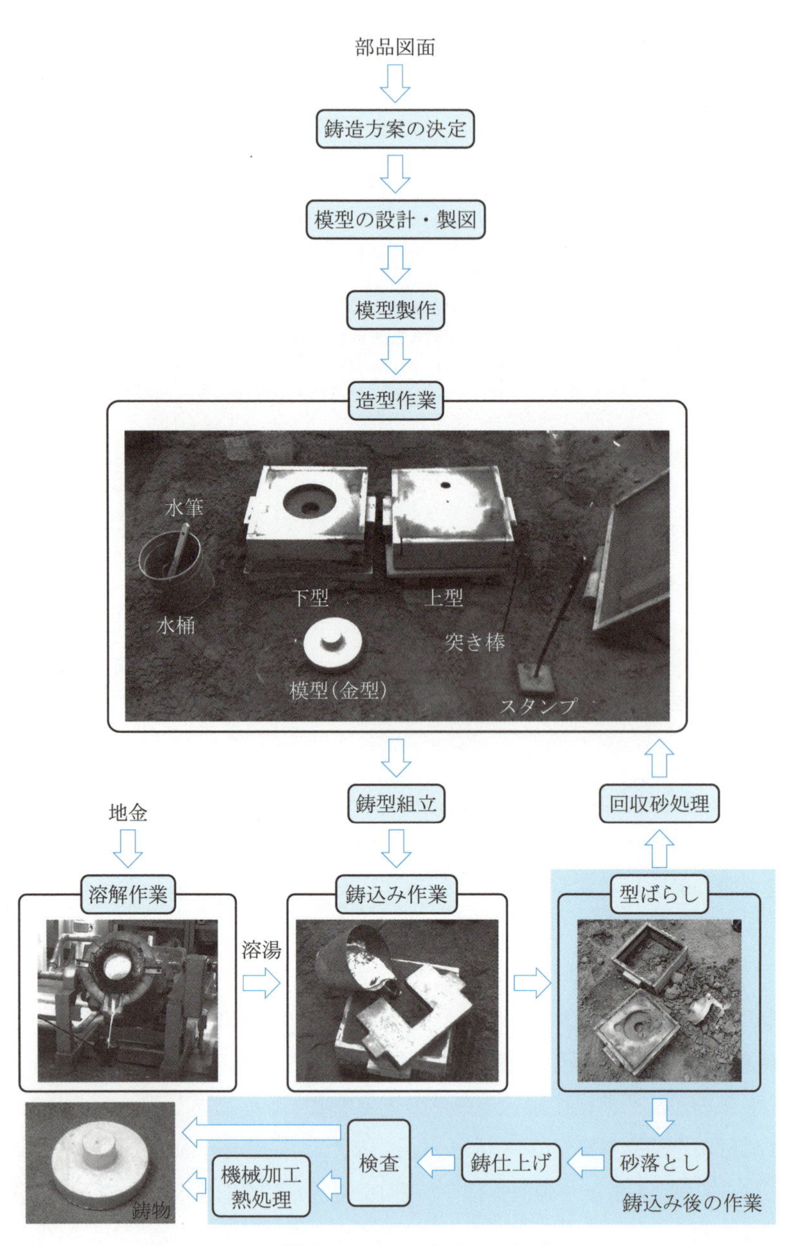
部品図面
鋳造方案の決定
模型の設計・製図
模型製作
造型作業
水筆
水桶
下型
上型
突き棒
模型(金型)
スタンプ
鋳型組立
回収砂処理
地金
溶解作業
溶湯
鋳込み作業
型ばらし
砂落とし
鋳仕上げ
検査
機械加工
熱処理
鋳物
鋳込み後の作業

図 2.4 鋳造の作業工程

(3) 造型作業

製作した模型を型枠内の**鋳物砂**（molding sand．鋳型砂，型砂ともいう）に埋め込んで取り出し，部品とほぼ同じ形状の空洞をもった**鋳型**をつくる．この作業を**造型**（molding）という．水筆は模型を外す際の型くずれ防止に，突き棒とスタンプは裏砂（図 2.8(a)参照）の突き固めに用いられる．中子がある場合は，下型に中子をセットして鋳型を組み立てる．

(4) 溶解・鋳込み作業

キュポラ，電気炉などの溶解炉で溶解した地金（鋳造用の金属材料，**溶湯**）を鋳型に流し込む．この**注湯**（pouring）作業を**鋳込み**という．

(5) 鋳込み後の作業

溶湯が冷えたら鋳物を取り出す．鋳物を取り出す作業を**型ばらし**という．鋳物に付着した砂を落とし（砂落とし），製品として不必要な部分（湯口，押湯など．2.2.3項(1)参照）を取り除く．これを**鋳仕上げ**という．

機械部品として使用する場合は機械加工を，均一な鋳造組織が必要な場合は鋳物を加熱・冷却する焼なましなどの熱処理（3.2.3 項参照）を行い，その後に検査を経て鋳物（製品）ができる．

2.2.2 模 型

鋳物の原形となるのが**模型**である．鋳型をつくるにはまず模型をつくる必要がある．ここでは，模型の基本について説明する．

(1) 材料と特徴

模型の材料は，生産数や鋳造法によって決められる．主な模型の材料とその特徴を表 2.1 に示す．

木材は古くから用いられてきた．**木型**（木材）は材料が安価で型の製作や修正が容易であるが，吸湿により変形する．**金型**（金属）は材料や製作費は高価であるが，精度が高く経年変化も少なく保存が可能であるため多用されてきた．樹脂型やろう型は特殊な鋳造法（2.2.7 項参照）で用いられ，石こう型は機械仕上げが困難で複雑な形状の鋳物や美術品に用いられる．

(2) 構成要素と型式

図 2.5 に示すように，模型は大別して**主型**（main pattern）と中子型からなる．主型は鋳物の外側をつくる外型で，中子型は**中子**を製作するための模型で，中子を保持する部分を幅木という．これらの用語は鋳型の場合にも用いる．

表 2.1 模型の材料と特徴

模型材質	主な材料	特 徴
木材	ひのき，杉，松など	吸湿による変形があるため，寸法精度や耐久性は金型に劣る．しかし，加工や修正が容易で安価であるため，鋳物の製作個数が少ない場合に用いられる．
金属	アルミニウム合金，銅合金，鋳鉄など	木型に比べて製作費用は高いが，変形が小さく寸法精度も高く耐久性がある．鋳物を大量に製作する場合に適している．
合成樹脂	エポキシ樹脂，ポリスチレン樹脂など	軽くて取り扱いが容易で変形などの狂いが少なく，長期保存にも耐える．木型と金型の中間の特徴がある．
石こう	石こう	粒子が小さいため鋳物の鋳肌がきれいである．機械仕上げが困難な複雑形状の製品や美術品の製作に用いられる．
ろう	ワックス	インベストメント法（2.2.7 項(3)参照）など特殊な鋳造法で用いられる．

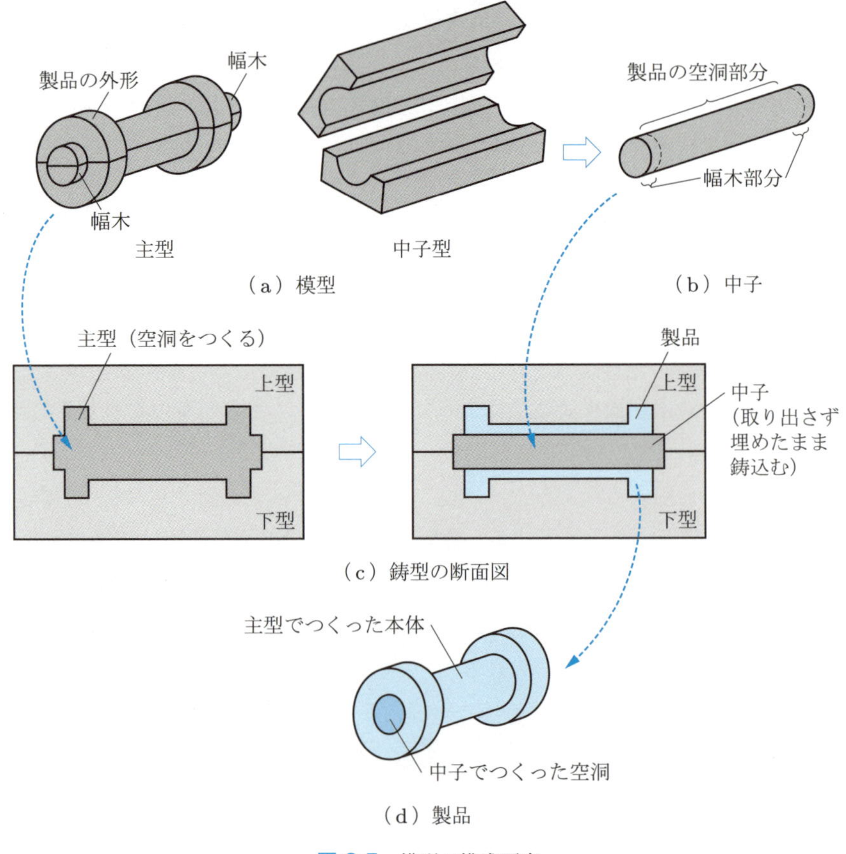

図 2.5 模型の構成要素

模型には，鋳物の大きさや形状に適する多くの型式がある．一般的な模型の型式とその特徴を表 2.2 に示す．鋳物とほぼ同じ形状の現型，回転体断面形状の板のひき型，細長い柱や管などの断面形状を案内板とかき板でつくるかき型，骨組みで模型をつくる骨組型，鋳物形状の一部分をつくる部分型などがある．

表 2.2　模型の型式とその特徴

区分	型式			特徴
主型（外型）	現型	鋳物とほぼ同じ形状の模型	単体型	鋳物とほぼ同じ一体形状の模型で，比較的小さな鋳物に用いられる．
			割り型	鋳物形状を分割してつくり，組み立てて一体形状の模型とする．結合および位置合わせ用にダボ①とダボ穴②を設ける．
			組立型	鋳物形状が複雑な場合のためのものであり，各部を製作して組み立てる．
	ひき型			鉄道車輪のような軸対称である鋳物の場合に用いられる鋳物の一断面をもつ板状の模型．砂の中で引き板①を回転させて鋳型②をつくる．
	かき型			細長い柱や管などの鋳物断面が一様で長い場合に，案内板①に沿ってかき板②で不要な砂をかき出すようにして模型③をつくる．柱状，板状，球状で中形，大形の鋳物をつくる場合に用いる．
	骨組型			ゲージといわれる板を組み合わせて骨組とし，ゲージ外側まで砂を詰めたあとに紙などを貼り，砂を込めて主型を仕上げる．反転して同様にゲージの内側で中子をつくる．ポンプケーシングなど大形で製作個数が少ない場合に用いる．
	部分型			歯車の歯のように同じ形状のものが連続してある場合のためのものであり，その形の一部分をつくる部分型を製品形状になるように連続的に砂に押し付けて鋳型をつくる．
中子型	主型の製作方法と同様で，現型，ひき型，かき型などがある．			

(3) 製作で考慮すること

鋳造の模型製作ではつぎのことに注意する必要がある.

a) 縮み代（shrinkage allowance. 図 2.6(a)） 溶湯は鋳型内で凝固するときに収縮するため，模型の寸法はこの収縮量を見込んで大きくする必要がある．この収縮量を縮み代という．模型製作時の寸法出しには，縮み代の分だけ大きくつくった伸尺（鋳物尺ともいう）を用いる.

b) 仕上げ代（machining allowance. 図 2.6(a)） 鋳物製作後に機械加工を行う場合は，縮み代に加えて切削や研削する分だけ模型を大きくつくる必要がある．この大きくする分を仕上げ代という.

c) 抜けこう配（draft angle. 図 2.6(b)） 砂のなかから模型を抜き出しやすくするために，抜き出す方向にこう配を付ける．これを抜けこう配（A/l）という．一般的に 1 ～ 2 のこう配をつけるが，こう配部の長さ（l），鋳物用材料や鋳型の種類などによって変える.

d) 面取り（beveling），**すみ肉**（fillet） 鋳物のかどやすみが直角または鋭角であると造型が困難であったり，図 2.7(a)に示すような鋳物不良（ひけ巣）の原因になったりする．このため，図(b)に示すようにかどやすみには丸みを付ける．外かどの除去を面取り，内かどの除去をすみ肉という.

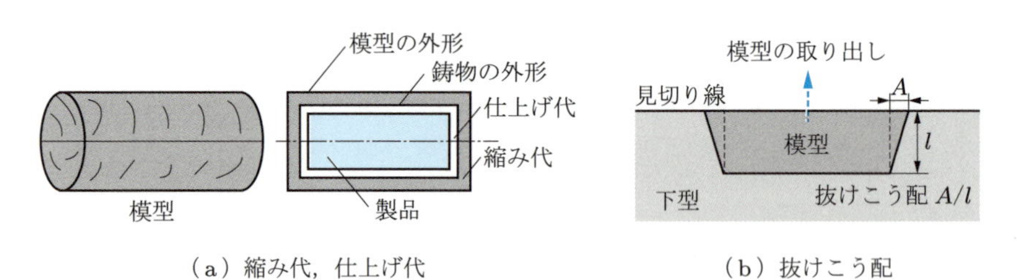

（a）縮み代，仕上げ代　（b）抜けこう配

図 2.6 縮み代，仕上げ代，抜けこう配

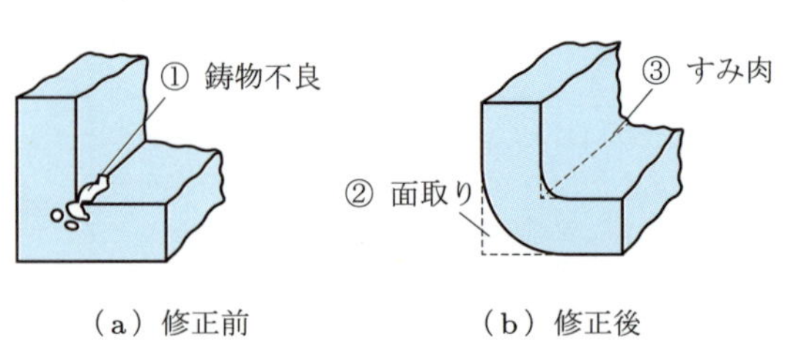

（a）修正前　（b）修正後

図 2.7 鋳物のかどの欠陥と修正方法

2.2.3 鋳 型

模型ができたら，つぎは鋳型の製作となる．砂型鋳造では文字どおり砂を，2.3節で説明する金型鋳造では金属を用いる．このほかにも鋳型には多くの種類があり，鋳物の種類，材質，形状，肉厚，大きさ，生産数量，設備などをふまえて適した鋳型を採用する．

鋳型の主要な構造と名称を図 2.8(a)に示す．見切り面は，上型と下型の合わせ面のことである．図に示すように，湯は**受口**（①）から鋳型に鋳込む．注湯を容易にし，溶解くず（スラグ，のろともいう）を分離するために，湯口の上に別の受口を置く場合があり，これを**掛けぜき**という．湯は鋳型内に導く最初の通路の**湯口**（sprue. ②），落下溶湯のクッションとなる湯口底（③）を通り，湯の通路になる**湯道**（runner. ④）へ流れ，**せき**（ingate. ⑤）を通過して滑らかに鋳型内の空洞に充満される．収縮部分への湯の補給を行う**押湯**（riser. ⑥）は，湯に静圧を加えることで湯の凝固収縮による鋳物表面の陥没やひけ巣（2.5.1 項参照）などを防ぐ．**ガス抜き**（gas vent. ⑦）は，注湯時に鋳型内や溶湯から発生する空気やガスを逃がすためのものである．**揚**(あ)**がり**（flow off. ⑧）は，湯が鋳型内に充満したことを確認するためのものである．揚がりは押湯で代用することもある．鋳込んだ後に鋳枠や鋳物砂を取り除いた鋳込み品の構造と名称を，図(b)に示す．

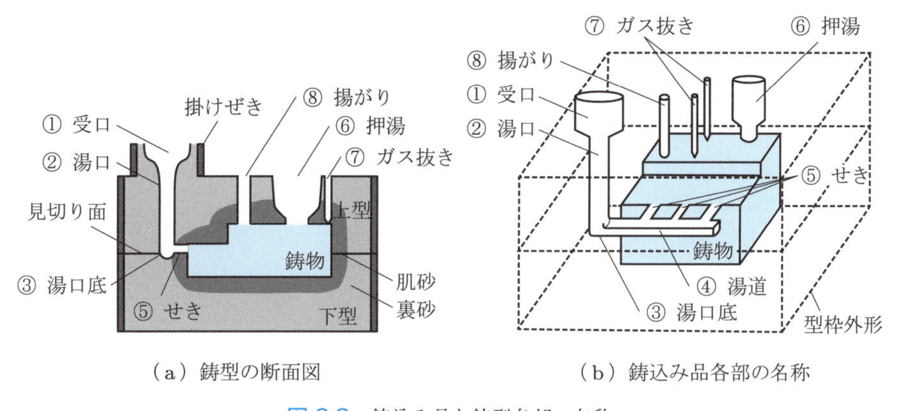

（a）鋳型の断面図 （b）鋳込み品各部の名称

図 2.8 鋳込み品と鋳型各部の名称

良好な鋳肌が求められるときには，図 2.8(a)に示すように，目の細かい砂（肌(はだ)砂(すな)）を用いる．また，上下型が分離しやすくなるように，見切り面に乾いた砂（別れ砂）をまく．

2.1 節であげた鋳造一般の特徴に加えて，砂型鋳造にはつぎの特徴がある．

[長所] ① 鋳型が砂のため，鋳型の製作（造型という）が容易である．
② 鋳型の解体が容易で，鋳物を取り出しやすい．
③ 解体後の鋳物砂は再利用でき，製作費が安くすむ．

[短所] ① 冷却速度が遅く，結晶粒が粗大となるため，金型鋳造に比べて工作物の機械特性が低く，寸法精度もわるい．
② 鋳肌（いはだ）（鋳造したままの鋳物表面）がざらざらしており，そのまま使用する場合（この鋳物を鋳放（いはな）し材という）以外は，加工が必要になる．
③ 鋳造工程が複雑なため，大量生産には大がかりな設備が必要となる．

✚ 2.2.4 砂型鋳造の種類と造型法

(1) 砂型鋳造の種類

砂型鋳造では，けい砂に粘結剤として粘土および水を加えた鋳物砂を用いて鋳型を造型する．表 2.3 に砂型鋳造の種類と概要を示す．造型した鋳型をそのまま用いる生型，乾燥させる乾燥型およびあぶり型の三つに分類される．

表 2.3 砂型鋳造の種類と概要

種 類	概 要
生型	けい砂に数パーセントのベントナイトおよび水を加え，混練，造型した砂型．繰り返し使用できるので量産に適しており，鋳鉄や青銅鋳物などの鋳型によく使用される．
乾燥型	生型を乾燥炉で十分に乾燥させた型．乾燥により，砂に含まれる水分を飛ばすので，水分が原因となって起こるガスの悪影響を減らすことができ，生型に比べて強度がある．大物や大きさは中程度だが複雑な機械部品をつくるのに用いられる．中子も焼いて使用される．
あぶり型	生型の表面をガスバーナーや炭火などであぶった（焼く）型．乾燥炉内で乾かす必要はないものの，生型では不良品ができる可能性が高い場合に使用される．肉厚物に適する．

(2) 造型法

砂型の鋳型の作り方（造型法という）には，つぎの二つがある．

① **手込め**：主に中形以上の鋳物の少量生産に用いられる．簡単な道具で型込めできるが，作業に熟練している必要がある．

② **機械込め**：小形から中形の鋳物の多量生産に用いられる．作業者の熟練が必要なく，作業能率が向上し，不良率を下げられる．

機械込めで用いる造型用機械には，**造型機**（molding machine），**中子造型機**（core making machine）などがある．それらには，鋳物砂を振動，圧縮，投射，射出することにより鋳枠に型込めする機能，型込めした鋳型から模型を取り出す型抜きの機能などがある．

砂を均等に突き固める機構としては，ジョルト法，スクイズ法などがある．

a）ジョルト法　ジョルト法は，鋳枠内に砂をつめた定盤全体を上下方向に振動させ，砂の慣性によって砂を突き固める方法である．模型に近い部分で砂は強く固まり，鋳枠の上面では固まりにくい．

b）スクイズ法　スクイズ法は，鋳枠内の砂を板（スクイズ板）で押し付け，砂を押し固める方法である．スクイズ板に近い鋳枠上面では砂は強く固まり，スクイズ板から離れた模型に近いほうは固まりにくい．

c）ジョルト・スクイズ法　ジョルト・スクイズ法は，ジョルト法とスクイズ法の長所を活かした方法で，1 台の機械で上下型を製作できる．このときに用いる**ジョルト・スクイズ造型機**（jolt squeeze molding machine）は代表的な小型造型機であり，一般的に抜枠とマッチプレートを用いる．図 2.9 に示すように，ジョルト・スクイズ造型機は，まずジョルトという上下振動（図(a)）により下型をつくり，

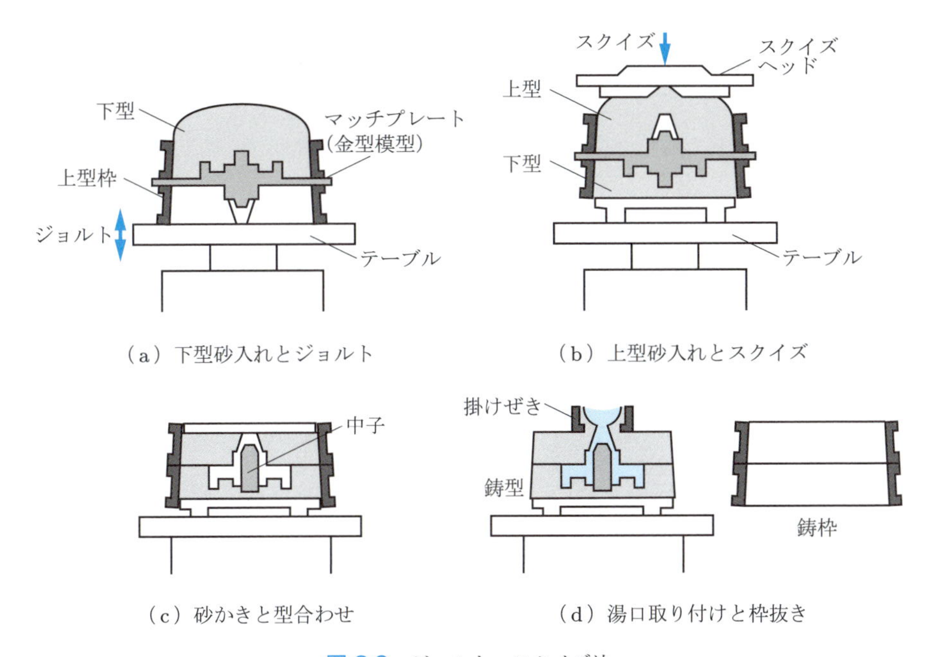

図 2.9　ジョルト・スクイズ法

つぎに下型を反転させてスクイズという押し付け（図(b)）によって上型をつくる．その後，マッチプレートを外し，型合わせ（図(c)）などをして鋳型（図(d)）を造型する．

そのほか，回転する羽根で鋳物砂を投射して型込めする**サンドスリンガ**（sand slinger）や，鋳物砂を圧縮空気で射出して型込めするエアレーション砂充填方式などもある．

2.2.5 鋳造用金属材料

鋳物の材料である溶解金属には，材料の性質として液化のしやすさ（**可融性**（fusibility））が求められる．また，鋳造工程で求められる性質として，液体となった金属の流れやすさ（流動性）や冷却・固化するときに起こる収縮の少なさ（収縮性）などの**鋳造性**（castability）が求められる．

鋳造品の性質は，凝固組織に大きく影響を受ける．代表的な鋳物の組織を図2.10に示す．溶湯は図(a)の上部より鋳型に注湯される．鋳込まれた湯は鋳型に接すると急激に冷却されて凝固し，緻密な組織（チル層）となる．つぎにチル層先端から結晶が内部に向かって直線的に凝固し，柱状晶組織となる．その後，中心部に結晶の核が多く発生し，等軸晶組織となり，凝固が終わる．このような組織の違いは，強度や異方性などに影響する．また，複雑な形状の製品では冷却速度が各部で異なり，組織も複雑になる．

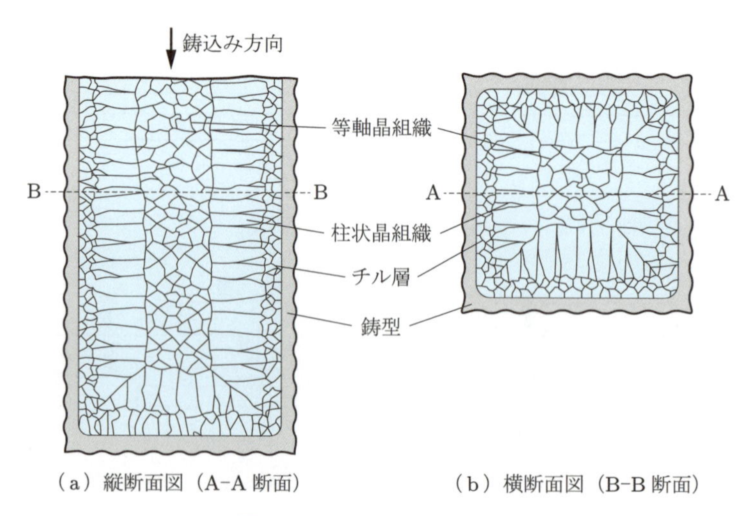

（a）縦断面図（A–A 断面）　（b）横断面図（B–B 断面）

図 2.10 合金の凝固組織の例

模型，鋳型と同じように，鋳物に使用される金属材料にもいろいろある．純金属は一般的に湯流れがわるいなど鋳造性に劣るので，鋳造用金属材料としては，添加元素を加えた合金が用いられる．

鋳物の主な金属材料には，鋳鉄，鋳鋼，銅合金，軽合金などがあり，砂型鋳造に限らず，鋳物の用途や鋳造法などにあわせて決める．鋳込み温度も，金属の種類（融点），鋳物の大きさや鋳型の構造などにより選定する．溶解温度は，融点よりおおむね 50 ～ 200°C 高い温度に設定する．各金属材料の特徴について以下に説明する．

(1) 鋳 鉄

鋳鉄（cast iron）は，鋳物の材料として一般的に用いられる，鉄に 2.14％以上の炭素を含んだ Fe-C 系の合金である．あとで説明する鋳鋼に比べて含まれる炭素が多く，鋳込み温度も低く，鋳造性がよい．また，耐摩耗性，被削性，振動吸収能力が大きいのも特徴である．引張強さ，伸びなどの機械特性は鋳鋼よりも劣るが，引張強さ 1 GPa 以上の鋳鉄も開発されており，用途は広がっている．鋳込み温度の目安は，1275 ～ 1300°C である．工作機械やエンジンなどを製作する際に用いられる．

(2) 鋳 鋼

鋳鋼（ちゅうこう）（cast steel）は，鉄に 2％以下（通常は 0.1 ～ 0.5％）の炭素を含んだ Fe-C 系合金である．鋳鉄に比べて鋳込み温度が高く，湯の流動性もわるいため，鋳型製作では湯流れのよい形状にするなどの注意が必要である．また，収縮も大きいため，薄肉部品は製作しにくい．鋳込み温度の目安は，1525 ～ 1600°C である．強度が必要な機械部品に用いられる．

(3) 銅合金

銅合金（copper alloy）は，電気・熱伝導性や耐食性がある銅に種々の合金元素を加えて，強度，耐摩耗性，鋳造性を改善したものである．黄銅（銅と亜鉛の合金），青銅（銅とすずの合金），アルミニウム青銅（銅とアルミニウムの合金）が代表的である．鋳鉄に比べて不純物が混入しやすいのでその影響を受けやすく，また収縮も大きい．このため，不純物の混入を防ぐ鋳型の工夫や，溶解時の湯の攪拌（混ぜること）を適切に行うなどの注意が必要である．鋳込み温度の目安は，青銅が 1100 ～ 1150°C，黄銅が 950 ～ 1000°C である．

(4) 軽合金など

軽合金（light alloy）は，アルミニウム合金（比重 2.8．比重は，4°C の水の密度と比較して，何倍になるかを示した値．ほぼ密度と同じ）やマグネシウム合金（比重 1.8）のように，一般的に比重 5 以下の合金である．鋳鉄の比重 7.1 に比べてかなり小さく，鋳造性もよいので，自動車，航空機の部品に多く用いられている．また，亜鉛合金は融点が低く，鋳造性が良好なので，薄肉製品や複雑な製品に用いられる．鋳込み温度の目安は，アルミニウム合金が 680 ～ 720°C，マグネシウム合金が 670 ～ 720°C，亜鉛合金が 400 ～ 450°C である．

2.2.6 溶解炉

地金を加熱して溶解する炉を**溶解炉**（melting furnace）という．溶解炉には構造や熱源によって，キュポラ，電気炉（アーク炉，誘導炉，電気抵抗炉），るつぼ炉，反射炉などの形式があり，溶解する材料によって選ぶ．一般に，鋳鉄にはキュポラや電気炉，低合金鋼にはエルー式電気炉，鋳鋼には高周波誘導炉，銅合金・軽合金にはるつぼ炉・反射炉が用いられる．燃料を燃焼させて直接材料を加熱する方法では，燃料に含まれる成分が湯に種々の影響を及ぼしたり，粉塵を発生させたりすることから，ばい煙の少ない誘導炉が多く用いられるようになった．

(1) キュポラ

コークスの燃焼熱で地金を直接溶解する炉を**キュポラ**（cupola furnace）という．鋳鉄の溶解に古くから用いられ，キュポラは，図 2.11 に示すように，円筒状の鋼

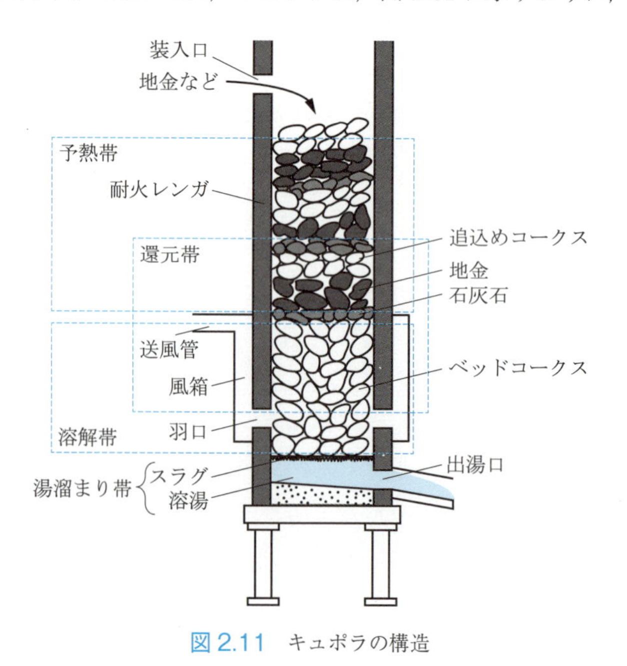

図 2.11 キュポラの構造

板内部に耐火レンガを貼った炉に一定の高さまでコークス（ベッドコークス）を詰め，着火後に石灰石と地金などの溶解材料，追込めコークスを順次装入する．羽口から風を送り込み，コークスの燃焼熱で地金を溶解する．連続的に溶解する場合は，溶解材料とコークスをセットで順次追加する．主として鋳鉄用である．キュポラと同様の構造をした高さ 50 m 以上の大型の炉を高炉（図 4.6 参照）という．鉄鉱石から鉄を取り出すための重要な炉である．

キュポラの特徴はつぎのとおりである．

［長所］① 構造が簡単で設備が小さく運転費が少なくてすむ．
② 連続して長時間の溶解が可能で大量の溶解ができる．
③ 炉の効率が高い．

［短所］① 溶湯がコークスの間を通るので，化学成分の変動が大きい．
② 炉内温度の調節が困難で主に鋳鉄用である．

(2) 電気炉

電気エネルギーを熱エネルギーに変換して金属材料を溶解する炉を**電気炉**（electric furnace）という．ほとんどの金属の溶解に使用され，とくに，鋳鋼の溶解にはほとんど電気炉が使用される．熱エネルギーに変換する方法により，アーク炉，誘導炉，電気抵抗炉がある．

少し離れた電極間に大電流を流すとアーク放電が発生する．**アーク炉**（arc furnace）はこのアークにより発生する熱で地金を加熱，溶解する炉である．

図 2.12 の直接アーク炉は，黒鉛などの電極と電極になる地金との間に直接アークを発生させるエルー式アーク炉である．直接アーク炉の一種であるエルー式アーク炉は，電極の消耗に従って電極と地金とのアーク間隔を自動的に調整する．エルー式アーク炉は，主に鋳鋼の溶解用で，一部鋳鉄の溶解にも用いられる．溶湯の精錬を容易に行えるが，溶湯の攪拌作用に乏しいため，溶湯の化学的成分が不均一にな

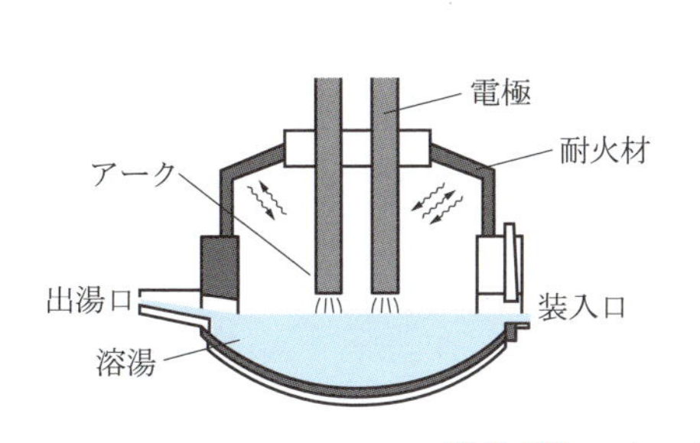

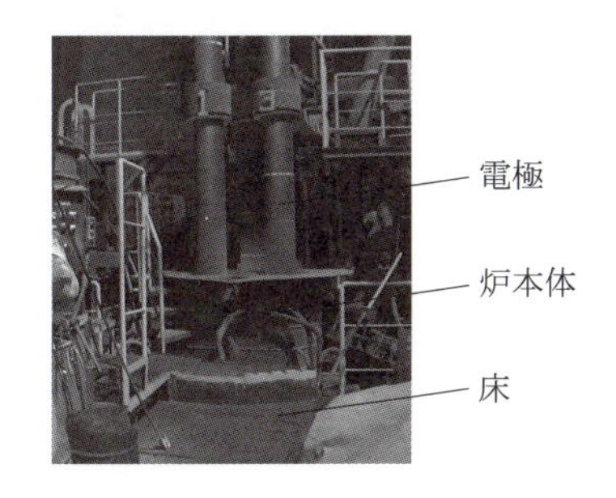

図 2.12 エルー式アーク炉

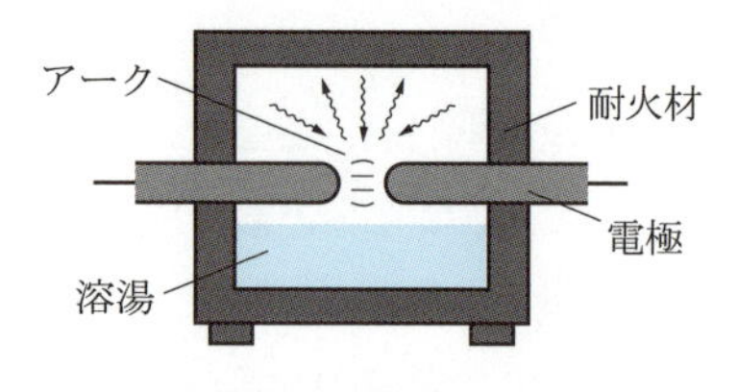

図 2.13 間接アーク炉

りやすい．図 2.13 の間接アーク炉は，電極と電極の間にアークを発生させ，その熱と炉壁で反射した熱（輻射熱）によって間接的に地金を加熱させる．

誘導炉（induction furnace）は，図 2.14 に示すように，コイルに電流を流して周囲に強磁場（ϕ）を発生させ，それにより磁場中の金属に生じる誘導電流（うず電流という）のジュール熱により金属を加熱する炉である．IH クッキングヒーターも同様の原理を利用している．また，溶けた金属内では磁力（F）により攪拌が起こりやすいため，化学的に均一な溶湯が得やすい．コイルに流す電流の周波数により，低周波誘導炉（商用電源：50，60 Hz）と高周波誘導炉（0.5 ～ 10 kHz）がある．低周波誘導炉は商用周波数の電源を用いるので，高周波誘導炉のように特別な電源装置がいらない．また，金属表面に発生するうず電流は，周波数が低いとより深くで発生するため，低周波誘導炉のほうが溶湯の攪拌作用が大きい．高周波誘導炉ではアーク炉のような電極を用いないため，電極による不純物の混入がない．また，低周波誘導炉より電流を大きくできるので，高温溶解が短時間でできる．

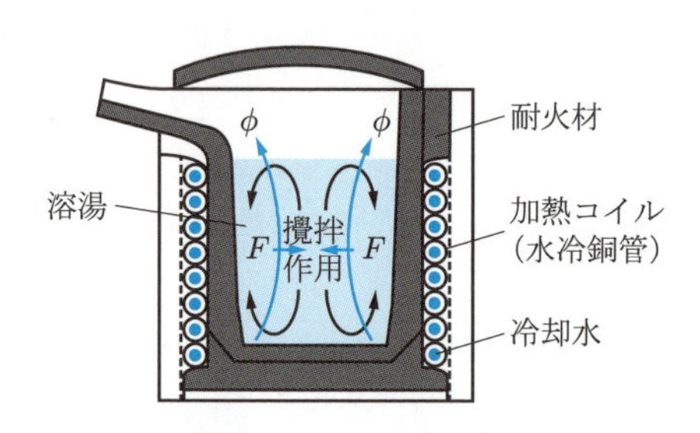

図 2.14 揺動形誘導炉

電気抵抗炉（electric resistance furnace）は，電気抵抗による発熱（ジュール熱）によって地金を溶解する炉である．地金に直接電流を流して加熱する直接抵抗加熱炉と，ニクロム線や炭化ケイ素に電流を流して炉内の地金を加熱する間接抵抗加熱炉がある．

電気炉の特徴はつぎのとおりである．

[長所] ① 燃料や燃焼ガスを使用しないので，溶湯にそれらの不純物が混入しない．
② 炉内温度の制御が容易で，温度調節や容量選定の範囲が広い．
③ 高温の溶解が可能で 3500℃ 程度の高温が得られる．
④ 誘導炉では溶湯が攪拌されて化学成分が均一になる．
⑤ 炉内に水素，窒素などを流入させる雰囲気炉としても使用できる．

[短所] ① 設備費，維持費が高いため，コストがキュポラなどに比べて高くなる．
② アーク炉では攪拌効果が少なく，溶湯の化学成分が不均一になりやすい．

(3) るつぼ炉

地金を入れた炉内のるつぼを周囲から加熱して溶解する炉を**るつぼ炉**（crucible furnace）という．燃焼ガスなどがるつぼ内に入らないようにるつぼにふたをした密閉型と，ふたをしない開放型がある．るつぼの素材には黒鉛が多い．主としてアルミニウム合金，銅合金の溶解に用いられる．図 2.15 に揺動形の重油燃焼式るつぼ炉を示す．熱源には重油，ガス，電気などが用いられる．

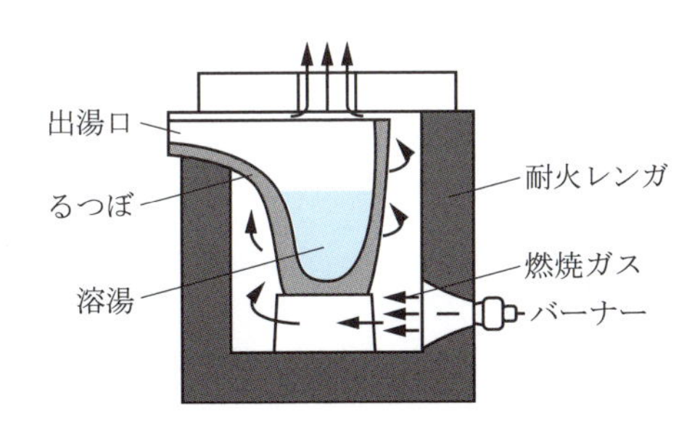

図 2.15 揺動形重油燃焼式るつぼ炉

るつぼ炉の特徴はつぎのとおりである．

[長所] ① 設備が簡単でさまざまな熱源を利用できる．
② 溶湯と燃焼ガスの接触が少ないので溶湯の汚染が少なく，ある程度正確な組成調整ができる．

[短所] ① るつぼ内の地金を外部から加熱するので，るつぼの耐熱性や熱伝導の低さから，高融点の金属の溶解や大容量の溶解には不適である．

(4) 反射炉

燃焼室で発生した熱や，その熱によって温められた炉内に発生する輻射熱によって地金を溶解する炉を**反射炉**（reverberatory furnace）という．図 2.16 に反射炉の構造を示す．反射炉は燃焼室，炉床，煙突の部分からなっており，燃焼室で発生

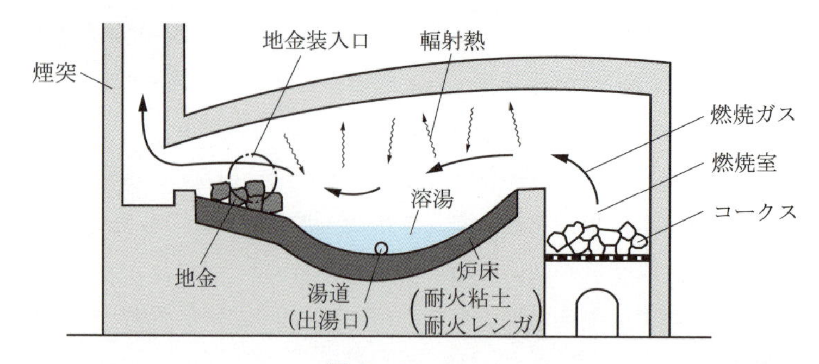

図 2.16 反射炉

した燃焼ガスが炉床の地金に接触したり，燃焼ガスの熱が天井や壁で反射して地金を溶解する．燃料としてはコークス，重油，ガスなどが用いられる．古くは鉄鋼の溶解で使用されていたが，現在では銅やアルミニウムの溶解に使用される．反射炉は，火力を増すために，炉の上部に熱を反射させて増幅する構造になっている．中央に配置された地金は溶けて下部へ流れ，出湯口から外に取り出す．この炉は江戸時代後期にオランダから伝わり，現代でも使われている技術である．

反射炉の特徴はつぎのとおりである．

[長所] ① 設備の構造が比較的に簡単であり，炉を大型にできる．
② 大容量の溶解が可能であるため，大物鋳造に適している（最大約 50 t まで）．

[短所] ① 溶湯が燃焼ガスと直接接触するので，ガスによる溶湯の汚染が大きい．
② 構造上，高温になりにくく，温度的に鋳鉄の溶解が限度である．

2.2.7 特殊砂型鋳造

砂型鋳造の欠点を補うため，砂に粘土以外の粘結剤を加える方法や鋳物砂として石こうなどを用いる鋳造などがある．これらを特殊砂型鋳造という．ここでは，特殊砂型鋳造の主要な方法について説明する．

(1) シェルモールド法

けい砂に熱硬化性樹脂（フェノール樹脂など）を混合した砂（**レジンサンド**（resin sand）），あるいはけい砂を熱硬化性樹脂でコーティングした砂（**コーテッドサンド**）を鋳物砂として，加熱した金型に振りかけて硬化させてつくった鋳型を用いる方法を**シェルモールド法**（shell mold process）という．精密鋳造法の一つであり，自動車部品など大量生産品の鋳型や中子を製作する場合に利用される．

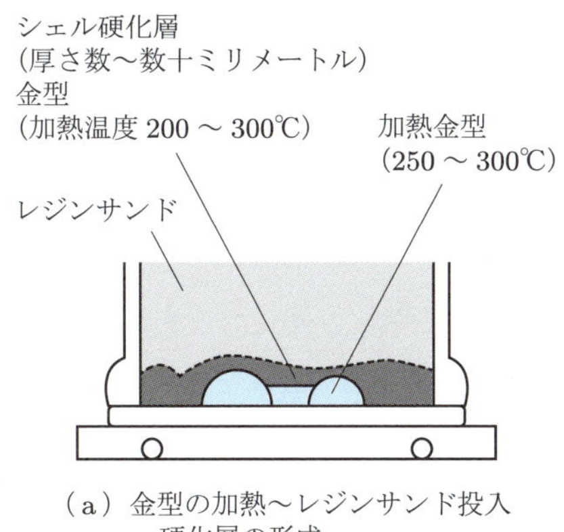

（a）金型の加熱～レジンサンド投入～硬化層の形成

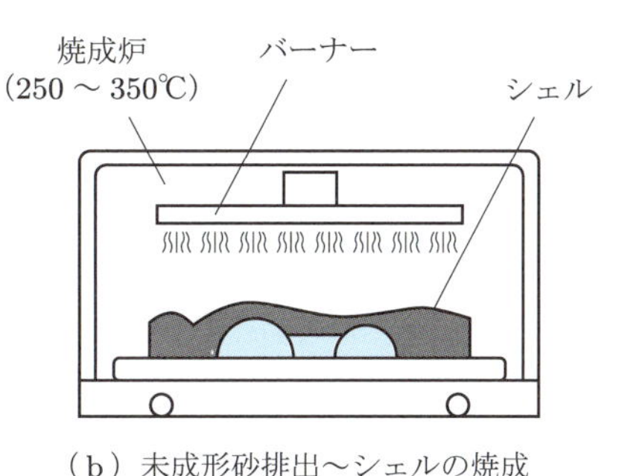

（b）未成形砂排出～シェルの焼成

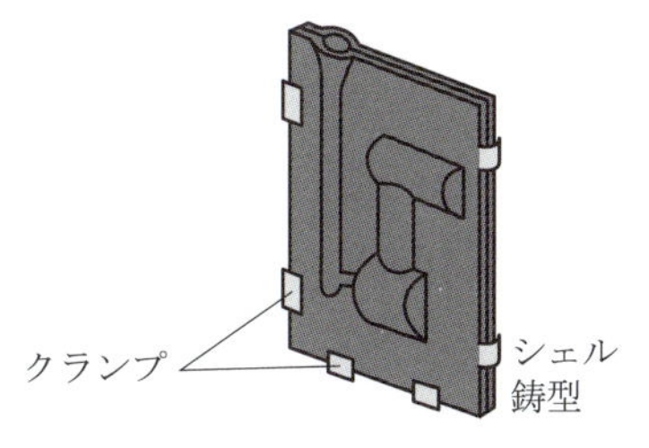

（c）金型よりはく離～鋳型の組立

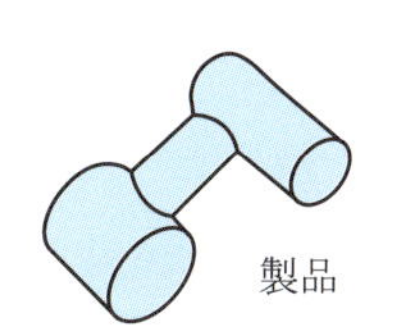

（d）鋳込み～型ばらし～鋳仕上げ

図 2.17　シェルモールド法の工程

シェルモールド法の主要な工程を図 2.17 に示す．シェルモールド法で使用するシェル鋳型は，加熱した金型の模型にレジンサンドを振りかけて成形した鋳型を硬化させ（図(a)，(b)），製作した二つの鋳型を組み合わせて（図(c)）鋳型を完成させる．模型は，鋳型製作のときに加熱する必要があるので，アルミニウム合金，銅合金，鋳鉄などが用いられる．

シェルモールド法の特徴はつぎのとおりである．

[長所] ① 砂型鋳物に比べて鋳肌が美しく，また寸法精度が高い．
② 鋳型の製作が容易で，同一形状の比較的小さい鋳物の大量生産に適している．
③ 鋳型に粘土分や水分が含まれないので，これらによる鋳物の不良が生じない．
④ シェル状の鋳型のため，通気性がよく，鋳物の不良が生じない．
⑤ 鋳型が強固であるため長期保存できる．

[短所] ① 鋳物砂に用いる熱硬化性樹脂が高価である.
② 鋳型の形状がシェル状のため，質量の大きい大形の鋳物には適さない.
③ 造型と注湯時に臭気が発生するため，作業環境を悪化させる.

(2) 炭酸ガス型法

けい砂に**水ガラス**（water glass）を 3 ～ 6%配合した鋳物砂を用いて，砂型鋳造と同様の工程で造型した鋳型に CO_2 ガスを通気して硬化させる方法を**炭酸ガス型法**（CO_2 process）という．水ガラスはケイ酸ナトリウムの水溶液を加熱することで得られる濃水溶液で，水飴状で粘性が大きく，接着剤，耐火材料などに用いられる．炭酸ガス型法では，水ガラスと CO_2 ガスとの反応によりシリカゲルが生成されて鋳型が硬化する．造型操作が容易で乾燥工程を要せずに鋳型が迅速に硬化するので，鋳型と中子に広く用いられる．

(3) インベストメント法

ろう（ワックス）などでつくった模型の周囲を耐火性の鋳型材料で包み込んで造型し，それを焼成し，模型を溶かして鋳型をつくる方法を**インベストメント法**（investment casting）という．ワックスを溶かし出すことから**ロストワックス法**（lost-wax process．ろう型法ともいう）ともいわれる．耐火材料は，鋳込み金属の種類に応じて適したものを用いるが，融点が低い金属では，一般にけい砂にエチルシリケート水溶液を混ぜたものを使う．精密鋳造法の一つであり，タービン翼など複雑な形状の工業製品のほか，機械加工が困難な美術工芸品などのような製作個数の少ない製品の鋳造にも用いられる．

図 2.18 にインベストメント法の工程の一例を示す．まず，金型などによりろう模型を製作する（図(a)）．つぎに，ろう模型をエチルシリケート水溶液などに浸漬して表面に耐火材を付着させ（図(b)），さらに肌砂をつけて乾燥させて完成させる（図(c)）．このろう模型を鋳型に型込めし（図(d)），ろうを溶出して（図(e)）溶湯を鋳込み，鋳物を製作する（図(f)）．模型は失われるので，製品の数だけ製作する必要がある．

インベストメント法の特徴はつぎのとおりである．

[長所] ① ほとんどの種類の鋳物材料に利用できる．
② 鋳型を分割しないので，複雑な形状のものでも正確に製作できる．
③ 鋳肌が滑らかで寸法精度が高い．

[短所] ① ろう型は木型や金型に比較して強度が小さいため，鋳物の大きさが制限される．

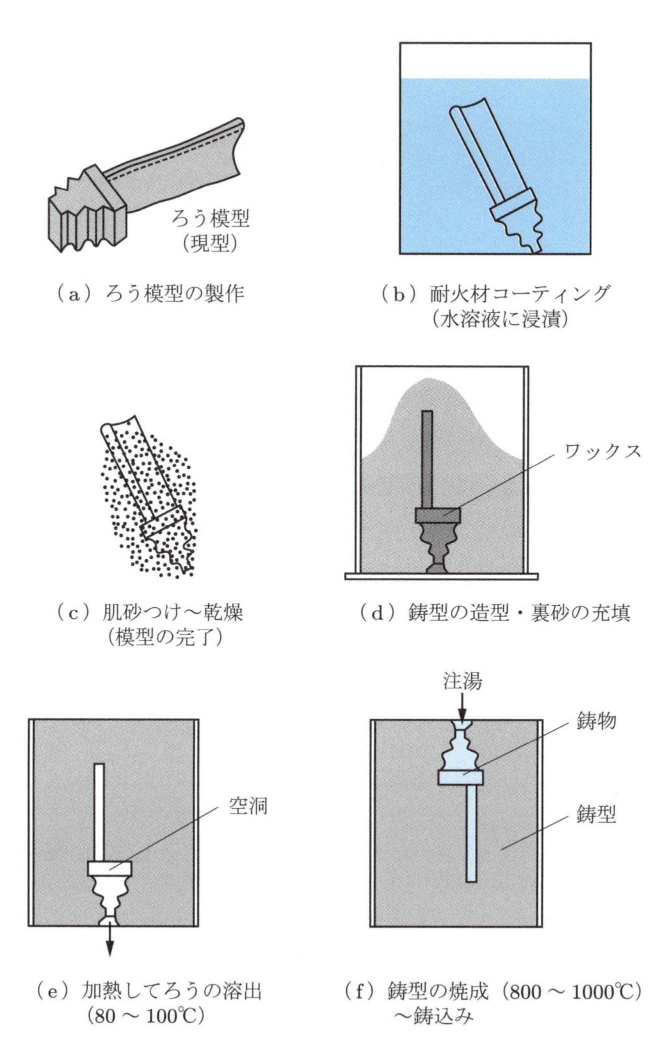

図 2.18　インベストメント法の工程

② 製作工程が複雑であり，耐火材料も高価である．

このほかにも表 2.4 に示す特殊砂型鋳造がある．

表 2.4 特殊砂型鋳造の分類と概要

分 類	概 要
ホットボックス法 (hot box process)	熱硬化性樹脂を混合した砂を加熱した金型に吹き込んで製作した鋳型を用いる方法．鋳型の硬化時間が短いため作業効率がよいので，大量生産型の中子製作などに用いられる．
コールドボックス法 (cold box process)	けい砂にガス硬化性樹脂を混練・成形した型に硬化ガスを吹きかけて常温で鋳型を製作する方法．常温硬化のため，ホットボックス法より作業が簡便である．中子の大量生産などに用いられる．
油砂型法（oil sand mold casting）	けい砂に油を混合して造型した鋳型を乾燥硬化させた鋳型を用いる方法．主として中子の製作に用いられる．
自硬性鋳型法 (self-hardening mold process)	造型作業後に室温で自然硬化させた鋳型を用いる方法．鋳物砂に加える粘結剤や添加剤として，フラン樹脂やフェノール樹脂などを用いる有機粘結剤による方法，セメント，石こうを用いるセメント型法，石こう型法，けい砂にケイ素粉末と水ガラスを加えて造型するときに発生した熱により自然硬化する鋳型を用いるNプロセスなどがある．
流動自硬性鋳型法 (fluid sand self-curing mold process)	自硬性鋳型材料に発泡剤などを加えて液体状(スラリー状)にした鋳型材料を用いる方法．突き固め作業を省略でき，強度の高い鋳型が得られる．
消失模型鋳造法 (evaporative pattern casting)	発泡ポリスチレンなどで製作した模型(消失性模型)を鋳型に入れたまま湯を注ぎ，溶かした金属と模型が置き換わることで鋳物を製造する方法．粘結剤を含む砂を用いるフルモールド法(full mold casting)，粘結剤を含まない砂を用いるロストフォーム法（lost foam casting）がある．
減圧造型法 (vacuum molding process)	鋳型内を減圧して造型した鋳型を用いる方法．減圧のみにより造型するVプロセス（vacuum sealed process），砂に粘結剤を加えるガス硬化鋳型（gas hardening mold），VHR法（vacuum replacement hardening process）がある．
ショープロセス (Shaw process)	石こう模型を泥状耐火物と触媒の混合物を流し込みゲル化した状態で模型を抜き，乾燥，焼成して製作した鋳型を用いる方法．精密鋳造法に分類される．セラミックモールド法の一種である．
凍結鋳型法（frozen molding process）	砂を固める粘結剤を用いず，適量の水分を含んだ砂を鋳物砂として造型後，急速凍結させて鋳型をつくる方法．

2.3 金型鋳造

金属でつくられた鋳型である金型を用いる方法を**金型鋳造**（metal mold casting）という．金型鋳造は，溶湯が金型により急冷されるので，砂型鋳造に比べて組織が緻密で鋳物強度が高い．また，鋳型を繰り返し使用できるので，鋳物の大量生産に適している．金型鋳造には，鋳込みの際，湯に圧力を加えず湯の自重のみで鋳造する重力金型鋳造法，湯に高圧や低圧の圧力を加える低圧鋳造法，スクイーズキャスティング，ダイカストがある．金属は鋳物砂より高温に耐えられないことから，鋳込み温度の高い鋳物には使用できない．金型鋳造の各種方法ごとにその特徴を説明する．

2.3.1 重力金型鋳造法

溶湯に圧力をかけずに，溶湯の自重を利用して鋳造する方法を**重力金型鋳造法**（グラビティ鋳造（gravity die casting），または単に金型鋳造法）という．重力金型鋳造法の特徴はつぎのとおりである．

[特徴] ① 砂型鋳造の砂型の代わりに金型を用いるのみで，特別な装置は必要ない．

② 鋳造用金属材料には，軽合金のほか，一部銅合金，鋳鉄なども用いられる．

2.3.2 低圧鋳造法

湯に低い圧力をかけて金型に注入する方法を**低圧鋳造法**（low pressure die casting）といい，図 2.19 に示すような装置を用いる．るつぼ内の溶湯表面にガスで 2 ～ 10 MPa の圧力をかけ，溶湯内に挿入した管（ストーク）から湯を押上げ，低速で金型に注湯し，凝固後に除圧する．低圧鋳造法の特徴はつぎのとおりである．

[特徴] ① 加圧力が低いため，設備費が比較的安価である．

② 高い寸法精度と歩留まりが得られる．

低圧鋳造法によって，アルミニウム合金製シリンダーヘッドなどが製作されている．

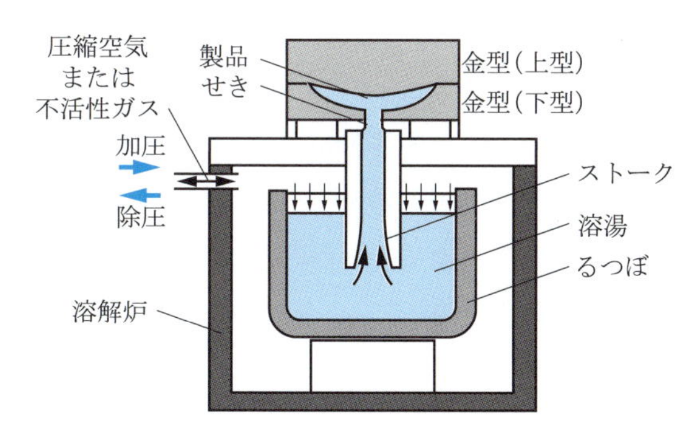

図 2.19 低圧鋳造法

2.3.3 スクイーズキャスティング

スクイーズキャスティング（squeeze casting）は，図2.20に示すように，金型のなかに低速で溶湯を注入し，固まる前にパンチなどで50 MPa以上の高圧力を加えながら凝固させる方法である．溶湯鍛造法，高圧凝固鋳造法ともいう．スクイーズキャスティングの特徴はつぎのとおりである．

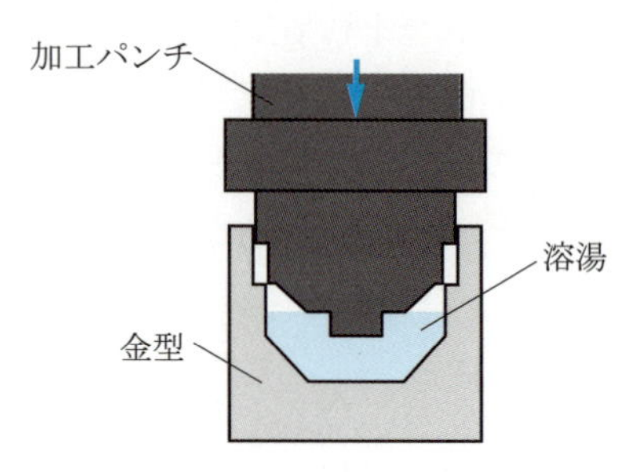

図2.20 スクイーズキャスティング

[特徴] ① 低速で注湯するため，空気が湯の中に入る巻込みが少ない．
② 組織が微細化された機械的強度の高い製品を製作できる．

スクイーズキャスティングによって，自動車のアルミニウム合金製ホイールなどが製作されている．

2.3.4 ダイカスト

溶湯を精密な金型に高速・高圧で注入する鋳造方法を**ダイカスト**（die casting）という．ダイカストの特徴はつぎのとおりである．

[長所] ① 高精度で鋳肌が良好である．
② 複雑な形状の製品をつくることができる．
③ 鋳造を自動化できるので，精密小物部品を短時間に大量に製作できる．

[短所] ① 溶湯を高速で注入するため，溶湯の注入時に金型内の空気などを巻き込みやすく機械的強度が低い．
② 装置や金型費用が高い．

ダイカスト製品の例としては，図2.21に示すようなパソコンやビデオカメラなどの筐体のほか，エンジン部品，昇降機部品など多くの部品がある．

ダイカスト用の鋳造用機械をダイカストマシンという．溶解炉と鋳造機が一体になったホットチャンバ方式と，溶解炉と鋳造機が別々のコールドチャンバ方式があ

図 2.21 ダイカスト製品（写真提供：筑波ダイカスト工業(株)）

る．

a）ホットチャンバ方式（hot chamber type．図 2.22(a)） 溶解炉と鋳造機が一体になったもので，融点の低い亜鉛合金やマグネシウム合金の鋳造に用いられる．その特徴はつぎのとおりである．

[特徴] ① 鋳造圧力が 7 ～ 25 MPa でスラグや空気の巻込みが少ない．

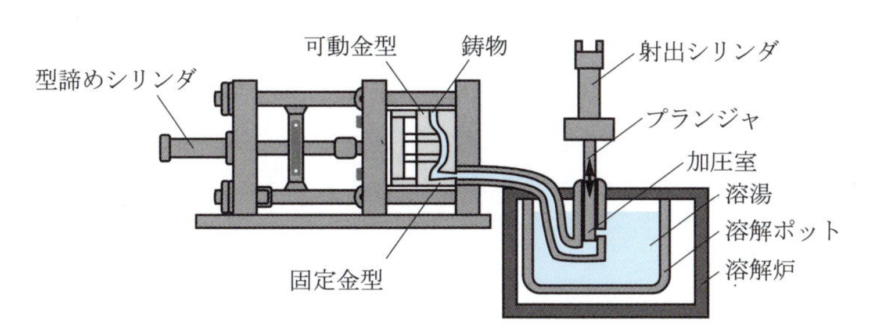

（a）ホットチャンバ方式

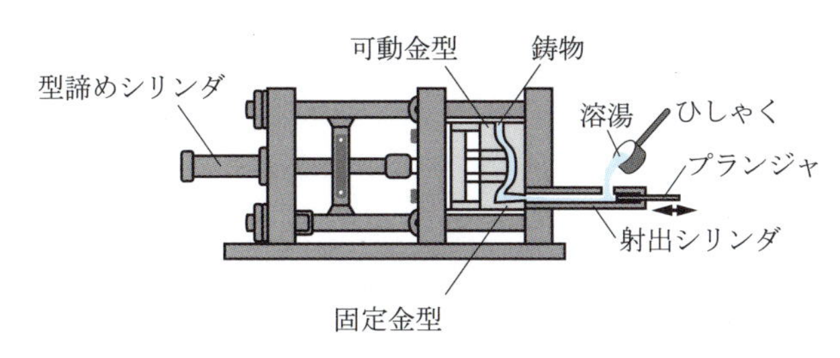

（b）コールドチャンバ方式

図 2.22 ダイカストマシン

② 溶湯を効率よく金型へ圧入できるので生産性がよい.

b) コールドチャンバ方式（cold chamber type. 図 2.22(b)） 溶解炉と鋳造機が別々のものである. 亜鉛合金やマグネシウム合金のほか, 融点の高いアルミニウム合金の鋳造も可能である. その特徴はつぎのとおりである.

[特徴] ① 射出シリンダが低温のため, 鋳造圧力を 20 ～ 120 MPa と高くできる.

② 鋳造ごとに保持炉から溶湯をくんで注湯するため, スラグや空気の巻込みが多い.

2.4 特殊鋳造

砂型や金型でない特殊な鋳型を用いたり, 溶解や鋳型の処理に特殊な方法を用いたりする方法を特殊鋳造という. ここでは, 特殊鋳造の主要な方法について説明する.

2.4.1 連続鋳造法

溶湯から棒状や板状の製品を連続して製作する鋳造法を**連続鋳造法**（continuous casting）という. 図 2.23 に示すように, タンディッシュといわれる受け皿で受けた溶湯を, その底から黒鉛や銅などでつくられた鋳型に流し込むと, 水冷された鋳型内で湯が急冷され, 凝固を始めて表面から固化する. この部分を連続的に引き抜くことによって, 丸棒や帯板のように断面形状が一様で長い製品をつくる. 工程の簡略化, 歩留まりの向上と材質の均一化が可能となるため, 現在, 棒状や板状の鉄

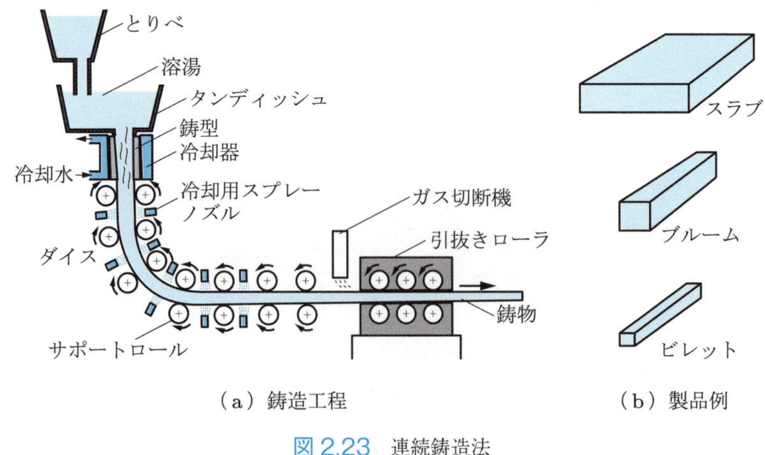

（a）鋳造工程　（b）製品例

図 2.23 連続鋳造法

鋼のほとんどは連続鋳造法で製造されている．また，アルミニウム製品素材のスラブ，ビレットなどがこの方法で製造される．

2.4.2 遠心鋳造法

鋳型を高速で回転させながら溶湯を流し込み，遠心力を利用して鋳物をつくる方法を**遠心鋳造法**（centrifugal casting）という．鋳型には砂型や金型が用いられる．遠心鋳造機は回転軸の方向によって横型と立て型がある．横型遠心鋳造法の断面図を図 2.24 に示す．横型は図 2.25 に示すような水道用の鋳鉄管，シリンダライナなど円筒状の鋳物に，立て型はギヤなど軸対称の鋳物に用いられる．

遠心鋳造法の特徴はつぎのとおりである．

[特徴] ① 遠心力により溶湯内のガスやスラグが鋳物内面に浮上するので，緻密な組織の鋳物を製作できる．

② 中子や押湯などが不要になる．

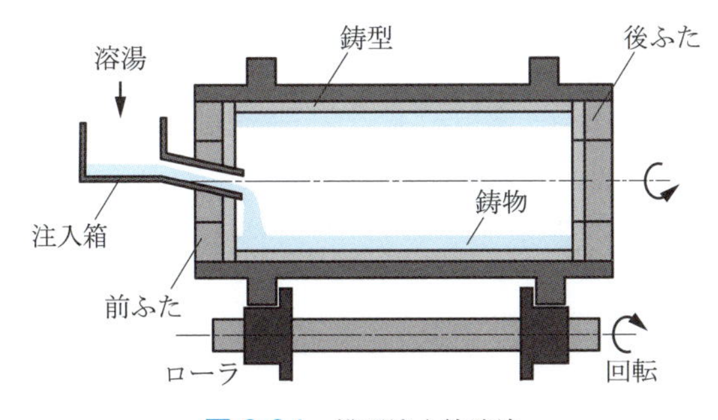

図 2.24 横型遠心鋳造法

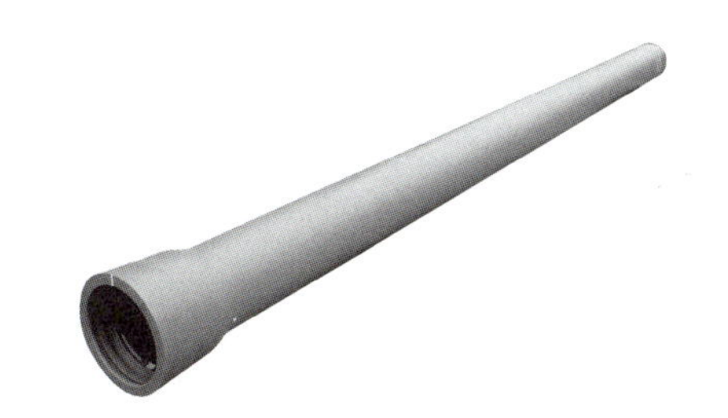

図 2.25 遠心鋳造法により製作される鋳鉄製水道管
（写真提供：(株)クボタ）

2.4.3 真空脱ガス法

大気中で溶解させた地金を真空タンク内に置き，鋳造欠陥の原因となる溶湯内のガスを，真空中で脱ガス処理する方法を**真空脱ガス法**（vacuum degassing process）という．空隙の少ない健全な鋳物が得られる．真空タンク内に入れた鋳型に注湯してインゴットを得る方法（真空鋼塊鋳造法）や，脱ガス処理した後にとりべを真空タンクより取り出し，大気中で鋳型に注湯する方法がある．真空脱ガス法の一種である図 2.26 に示す流滴脱ガス法では，底注ぎとりべから真空タンク内のとりべに湯を注ぎ，飛散した湯の脱ガスが行われる．

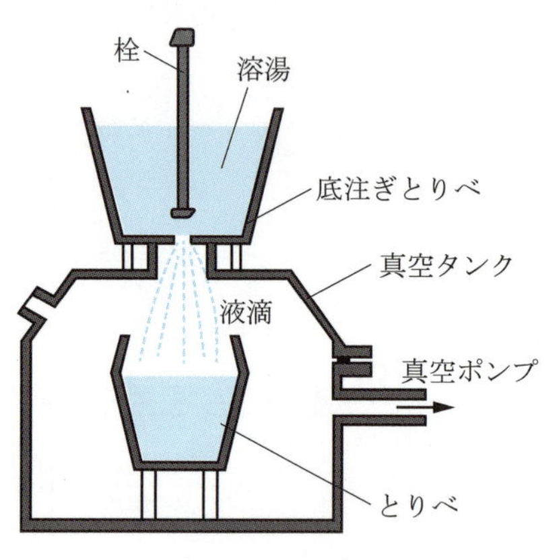

図 2.26 流滴脱ガス法

2.4.4 真空鋳造法

図 2.26 の流滴脱ガス法のとりべを鋳型に変えて，底注ぎとりべから鋳型に注湯して鋳物を製作する方法を**真空鋳造法**（vacuum casting）という．

2.5 鋳物の欠陥とその検査方法

鋳造では型ばらし終了まで鋳物の良否がわからない．また，外観からは内部の欠陥を判断できない．そのため，それぞれの欠陥に応じた検査をする必要がある．本節では鋳物に生じる欠陥と検査方法について説明する．

2.5.1 欠 陥

国際鋳物技術委員会の分類に準拠した鋳物の欠陥を，図 2.27 に示す．欠陥は，鋳物に気泡が生じる巣，鋳物表面に発生する鋳肌不良，鋳物にき裂が発生する割れ，

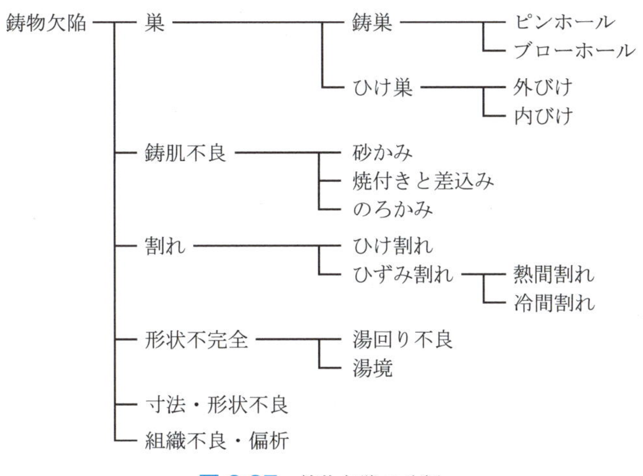

図 2.27　鋳物欠陥の分類

湯回り不良などの形状不完全，寸法・形状不良，組織不良・偏析に分類される．欠陥ごとに特徴や対策について説明する．

(1) 巣

巣の多くは鋳物内部に生じる欠陥で，原因により鋳巣，ひけ巣などがある．

巣は鋳物表面に現れず，内部欠陥として存在する場合が多いため，超音波探傷試験（2.5.2 項参照）などの検査が必須である．

a) 鋳巣（cavity．図 2.28(a)）　鋳巣は鋳物内に発生する丸みをおびた空孔で，鋳物にもっとも多く発生する欠陥である．多くは表面層近くに発生するため，内部検査により発見される．大きさにより，2 ～ 3 mm までの比較的小さい**ピンホール**と，それ以上の大きさの**ブローホール**（吹かれともいう）に分けられる．鋳巣がある鋳物部品は外力が負荷されると，この空隙から破損するために製品として不良品となる．

鋳巣の原因は，砂型に含まれていて注湯時に発生するガスや，湯に溶け込んでい

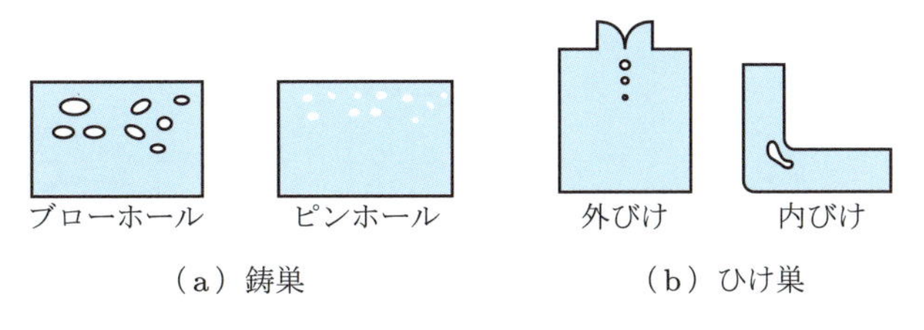

図 2.28　巣

て凝固するときに放出されるガスが，鋳物外部に排出できずにとどまることである．対策としては，砂型を十分に乾燥させるなどして，砂型から発生するガスを少なくすること，粗目のけい砂を添加するなどで鋳物砂の通気性をよくして，砂型のガス抜きを改善すること，湯に圧力を加えて残留ガスを排出するように，押湯の上部まで十分に注湯することなどがある．

b) ひけ巣（shrinkage cavity．図 2.28(b)）　鋳型内の湯が凝固するときの金属の体積収縮と，湯の補給不足により発生する空洞のことをひけ巣という．溶湯が凝固するときの収縮によって起こる外表面の凹みを外びけ，湯が凝固するときの収縮によって生じた空間を内びけという．ひけ巣は，肉厚差が大きい場合や溶湯が不足する場合などに，鋳物外部と内部に発生する．対策としては，鋳型に十分な量の押湯をすること，溶湯に接するように置く冷し金や，溶湯の中に含まれて鋳物と一体化する鋳ぐるみ材を用いて，肉厚部の冷却を早めるなどがある．

(2) 鋳肌不良

鋳肌不良は鋳物表面に生じる欠陥で，鋳物内部に鋳物砂が混入する砂かみ，砂が鋳肌表面に焼き付く焼付き，逆に鋳型内部に湯が侵入して固まった差込みなどがある．

a) 砂かみ（sand inclusions．図 2.29(a)）　注湯時に鋳型の砂粒子がはく離し，湯に混ざって鋳物に混入したり，鋳型組み立て時に崩れた部分の鋳物砂や注湯時に湯に洗われた砂を巻き込んだりして起こる欠陥を砂かみという．対策としては，鋳型のすみなどをすみ肉加工するなどして型崩れを減らしたり，湯流れをよくしたりすることなどがある．

b) 焼付き（fusion），**差込み**（penetration．図 2.29(b)）　注湯時に鋳型の砂の粒子が鋳物表面に付着する欠陥を焼付き，砂の粒子の間に湯が侵入して砂と混合して凝固した欠陥を差込みという．両方が混在する場合も多い．砂の突き固めが不十分なとき，溶湯温度が高すぎたとき，砂の耐火温度が低いときに発生する．対策と

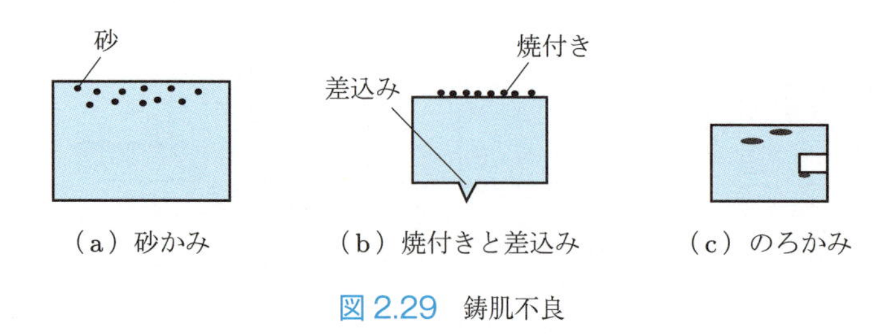

図 2.29　鋳肌不良

しては，湯の鋳込み温度を下げたり，鋳物砂の粒度を細かくしたり，砂の突き固めを十分にして砂粒間隙を小さくしたりすることなどがある．

c）のろかみ（slag inclusions．図 2.29(c)）　湯の表面に浮いた酸化物などのかすを**のろ**（**スラグ**（slag））という．注湯時に湯のなかにのろが巻き込まれ，そのまま鋳物のなかに含まれることをのろかみという．のろは金属より軽いので鋳物の上部に発生しやすい．対策としては，溶湯ののろの除去やとりべ形状の工夫などによりのろの巻込みを防ぐことがある．

(3) 割　れ

割れ（crack）は，ひけ割れとひずみ割れに大別される．割れの多くは，き裂が外部に露出している外部欠陥である．一般的な対策としては，面取り，すみ肉（2.2.2 項(3)参照）を行うこと，溶湯が一様に冷却されるように肉厚を均一にすることなどがある．

a）ひけ割れ（図 2.30(a)）　鋳物の凹部の鋭い角すみ部に現れる．ひけ割れは，凝固の進んだ部分が収縮する際，まだ凝固していない部分を引っ張るために起こる．

b）ひずみ割れ（図 2.30(b)）　肉厚の不均衡な場所などで，凝固収縮時の冷却速度の差により発生する機械的応力によって起こる．ひずみ割れには，高温時に発生する**熱間割れ**と低温時に発生する**冷間割れ**がある．

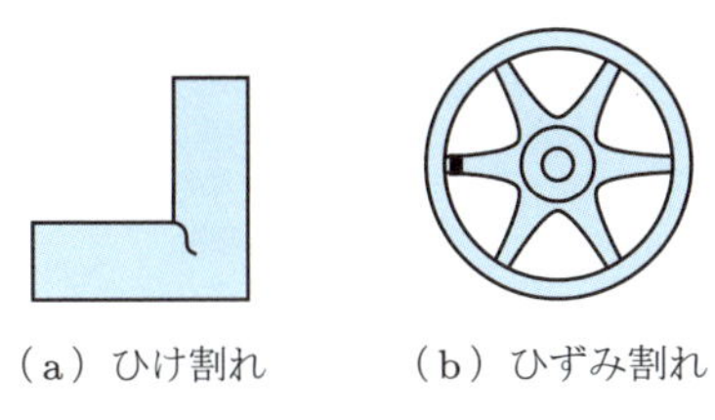
（a）ひけ割れ　（b）ひずみ割れ

図 2.30　割れ

(4) 形状不完全

湯の流動性が低いなどの理由から，鋳型のすみずみに湯が行き渡らず形状が不完全になる欠陥として，湯回り不良，湯境がある．図 2.31 に示すように，ともに目視で確認できる外部欠陥である．

a）湯回り不良（misrun．図 2.31(a)）　鋳型全体に湯が回らず製品の一部が欠けている欠陥である．原因には，湯の流動性が低いこと，湯の流れの抵抗が大きいことなどがある．対策としては，溶湯温度や鋳型の通気性を高くしたり，ガスの発生量を減らしたりすることがある．

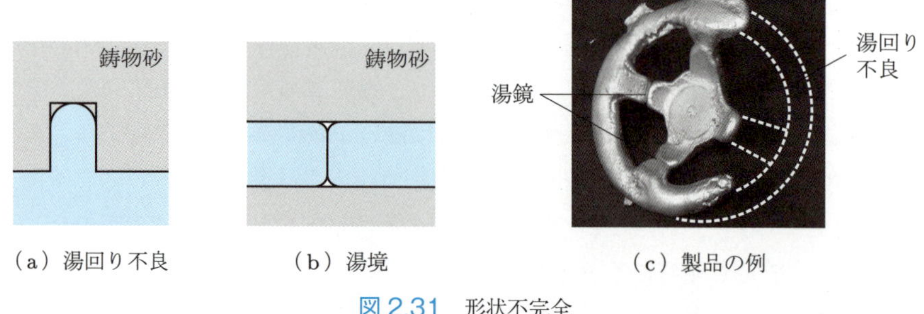

（a）湯回り不良　（b）湯境　（c）製品の例

図 2.31 形状不完全

b）湯境（cold shut．図 2.31(b)）　溶湯が一体とならず，境目が生じる欠陥である．対策としては，溶解温度を上げるなど溶湯の温度を適切に行うことなどがある．

(5) 寸法・形状不良

模型の変形などにより，鋳物の寸法や形状に不良が生じることがある．また，図 2.32 に示すように，熱応力により鋳込み後に製品がわん曲する欠陥（そり）などが生じることがある．これらの欠陥は外部欠陥で，目視などで発見できる．対策としては，変形の少ない正確な模型を用いることや，溶湯の冷却が一様になるように肉厚差の小さい形状にすることなどがある．

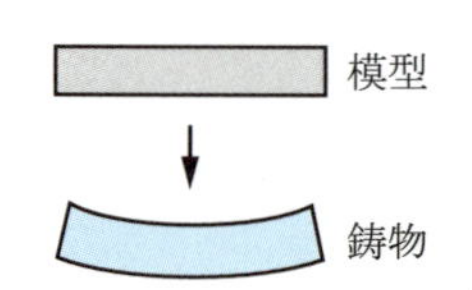

図 2.32 寸法・形状不良（そり）

(6) 組織不良，偏析

鋳物の内部組織が不均一であったり，酸化物などの不純物（介在物）があったりするものを組織不良という（図 2.33(a)）．また，溶湯が凝固する際に最後に凝固

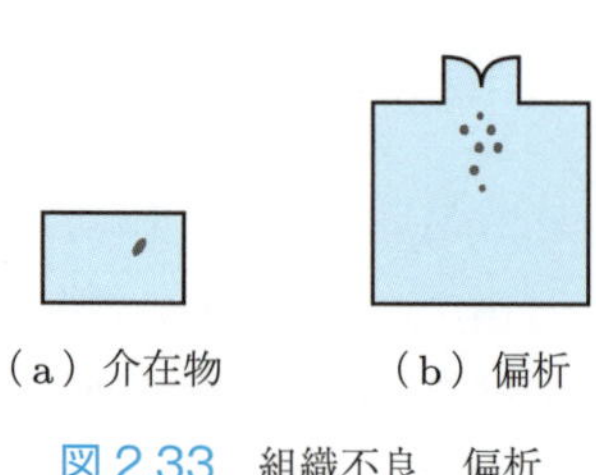
（a）介在物　（b）偏析

図 2.33 組織不良，偏析

する部分に不純物などが集まりやすく，鋳物内部で濃度分布が不均一になることがある．これを**偏析**（segregation．図(b)）という．これらの多くは，鋳物内部に発生する欠陥で，発見するには組織検査が必要である．対策としては，肉厚差の小さい模型を用いたり，より大きい湯口や押湯にすることなどがある．

2.5.2　検査方法

鋳物の検査は，表 2.5 に示すように，検査対象に合わせてさまざまな方法で行う．**目視検査**（visual inspection）は外観を肉眼で観察し，打音検査はハンマなどで叩いてその音を聞き，異常がないかを確認する．浸透探傷試験や磁気探傷試験では，細かな割れなどを調べる．超音波探傷試験や放射線透過試験では，欠陥の位置や大きさなどを特定する．顕微鏡試験は切り出した鋳物断面を確認し，機械的試験は引張り試験機や硬さ試験機などを用いて各強度を調べる．

表 2.5　鋳物の主な検査方法

検査対象	検査方法
外部欠陥	目視検査，打音検査，浸透探傷試験，磁気探傷試験
内部欠陥	打音検査，超音波探傷試験，放射線透過試験
組織欠陥	目視検査，顕微鏡試験，機械的試験

これらの試験は，製品をそのまま検査する**非破壊検査**（nondestructive inspection：NDI）と，製品を切断したり，試験片を切り出したりして検査する破壊検査に分けられる．

非破壊検査で，外部欠陥や内部欠陥を調べる方法はつぎのとおりである．

(1) 外部欠陥に対する非破壊検査

割れに浸透液を浸潤させ，毛細管現象によって表面に現れた模様で割れを確認する検査を**浸透探傷試験**（penetrant testing）という．図 2.34 は容器の表面の割れを浸透探傷によって調べたものである．洗浄液で洗浄拭き取り後（図(a)），浸透液と現像液を順次吹きつけて拭き取ると，図(b)のように，容器の表面にひび割れが現れる．鋳物の場合もこのように割れを確認する．浸透探傷試験は，すべての材質の鋳物に適用できる．

鋳鉄などの磁性体の鋳物を磁化させ，表面の欠陥に生じた漏えい磁場で割れを確認する検査を**磁気探傷試験**（magnetic testing）という．図 2.35 にその原理を示す．磁性体に外部より磁場をかけると磁化する．図(a)のように割れのない健全な部分

（a）割れの入った容器

（b）割れの発現

図 2.34 浸透探傷試験による割れ発見の原理

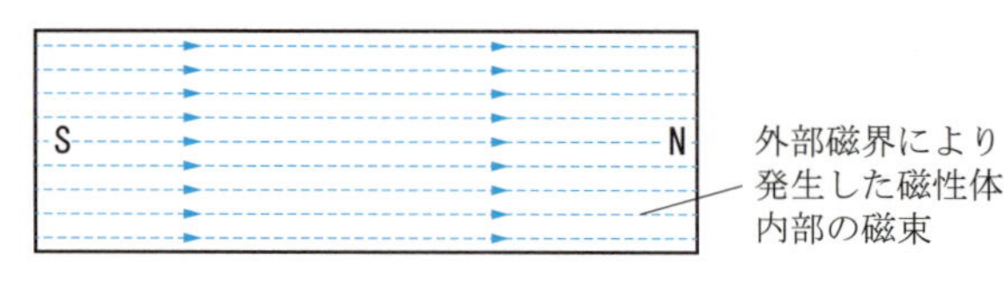

（a）欠陥のない磁性体内部

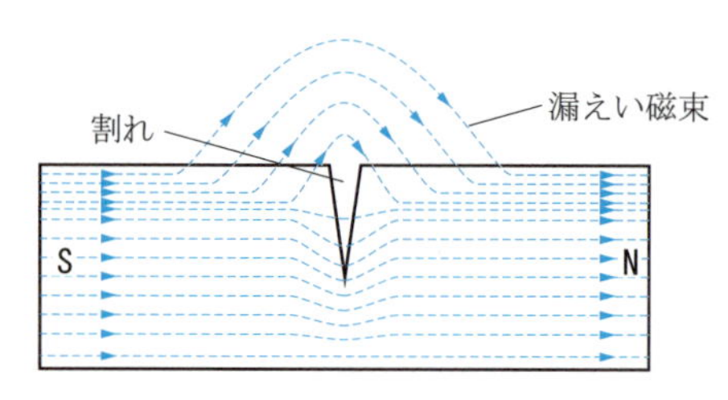

（b）欠陥のあるときの磁束

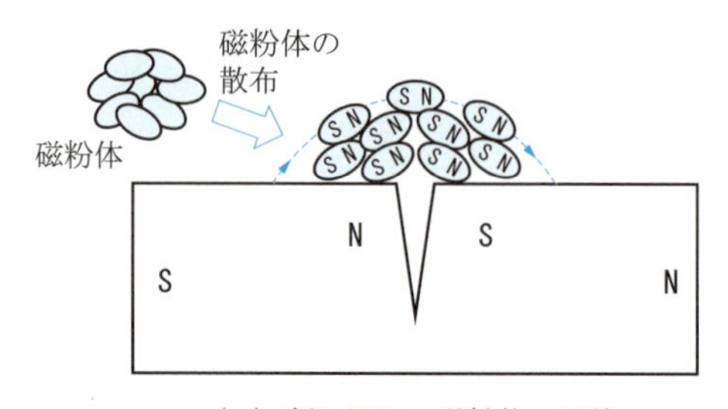

（c）割れ周りの磁粉体の吸着

図 2.35 磁気探傷試験による割れ発見の原理

では，磁束は鋳物内部のみに発生する．一方，図(b)のように表面に割れなどの欠陥があれば，表面付近の磁束が外部に漏れる．これを漏えい磁束といい，図(c)に示すように，この表面に細かい磁粉体を散布することで，割れの部分に磁粉が集まる．分散させた磁粉を肉眼で観察する磁粉探傷法，センサで磁束の大きさを電気的に計測する漏えい磁束探傷法，漏えい磁束を磁気テープに記録する録磁探傷法がある．

(2) 内部欠陥に対する非破壊検査

超音波パルスを探触子といわれる器具で鋳物内部に発信し，反射されるなどしたパルスを検出することで，欠陥の有無，大きさ，位置を知る検査を**超音波探傷試験**(ultrasonic testing) という．パルスの検出方法の違いによりパルス反射法，透過法，共振法がある．

X 線や γ 線といわれる放射線を材料に照射し，材料内部を透過させて写真用フィルムなどに投影することにより欠陥や構造を調べる検査を**放射線透過試験**(radiographic testing) という．

演習問題

2.1 鋳物材料に求められる性質を説明せよ．

2.2 模型製作で考慮する事項を説明せよ．

2.3 砂型鋳造の種類をあげて特徴を説明せよ．

2.4 電気炉のアーク炉と誘導炉の特徴を説明せよ．

2.5 ダイカストにおけるホットチャンバ方式とコールドチャンバ方式の特徴を説明せよ．

2.6 インベストメント法で複雑な形状の鋳物を正確に製作できる理由を説明せよ．

2.7 シェルモールド法で鋳物の大きさに制限がある理由を説明せよ．

2.8 鋳物欠陥の湯回り不良とその対策を説明せよ．

2.9 鋳物の外部欠陥の検査方法を説明せよ．

溶　接

材料どうしをつなぎ合わせる接合技術のなかで，主に金属材料を接合する際に外せない技術が溶接である．単純な形状の材料どうしで溶接でき，溶接部の品質に対する信頼性が高いことから，船舶や自動車，橋梁，ビル，電子機器などのさまざまな分野で用いられている．

溶接は，その過程において入熱と冷却により変化する金属材料の組織や機械特性などの性質を理解しておくことが重要である．本章では，材料の特性などを含めた基礎を説明し，代表的な各種溶接技術について紹介する．

3.1　溶接の基礎

溶接（welding）とは，材料どうしのつなぎ合わせたい箇所に熱を与えて（入熱），それぞれの材料を溶融させることで材料どうしを融合させ，その後の凝固，冷却により接合が達成される加工法である．

まずは，溶接の基礎的な内容を説明する．また，板どうしを溶接する際に溶接部に設ける溝（開先（かいさき））や，二つの材料のつなぎ合わせ方である溶接継手（つぎて），溶接姿勢についても説明する．

3.1.1　溶接の特徴

溶接は，古くは紀元前 1350 年頃に古代エジプトの王族の装飾品を接合するために用いられていた．溶接が工業的に使われ始めたのは 19 世紀の終盤である．それ以前は，工業製品や構造物を組み立てる際にはねじ接合やリベット接合の機械的接合が主流であった．しかし，19 世紀中頃にかけていろいろな溶接法が発明され，大型の建造物などの製造に使われるようになった．

板材などの材料どうしをつなぎ合わせる技術（金属接合法）には，

- **冶金（やきん）的接合**（metallurgical joining．主に，本章で学ぶ溶接技術）

・**機械的接合**（mechanical joining. ボルトとナットを用いたねじ接合やリベット接合など）

がある．代表的な技術として，冶金的接合は溶接，機械的接合はねじ接合がある（図3.1）．それぞれの特徴は表3.1のとおりである．表からわかるように，溶接とねじ接合はおおむね相反する特徴となっている．

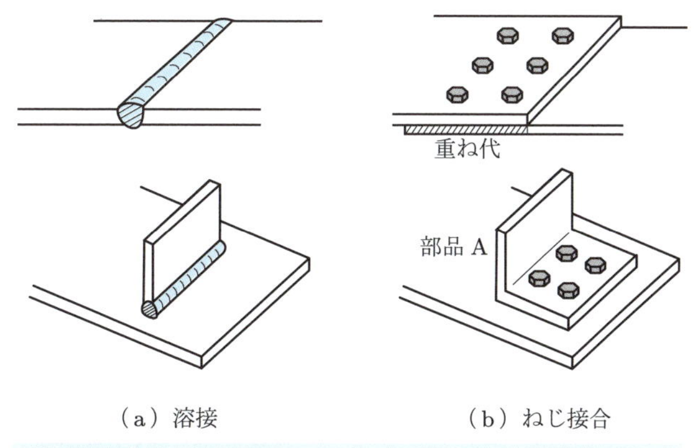

溶接は
・ボルト，ナット，下穴がいらない
・板どうしの重ね代がいらない
・部品 A を曲げる必要がない
⇒ 構造の簡易化，軽量化

図 3.1　溶接とねじ接合の比較

表 3.1　溶接とねじ接合の比較

項目	溶　接	ねじ接合
作業性	・作業工程の自動化，ロボット化が可能である． ・溶接技能者の技量が必要である（技能資格がある）．	・穴あけ，ねじ切り，締め付け作業の工程が多く効率がわるい． ・資格などはとくに不要．
構造	・ボルト，ナットなどは使用せず経済的であり，構造の簡易化，軽量化が可能である．	・ボルト，ナットなどの部品点数が多く，構造が複雑になる． ・ボルト，ナットなどの部品や板の重ね代は必須であり，当て板が必要な場合もあり，構造物の重量が重くなる．
接合部の品質	・入熱や加圧の影響により母材から金属組織や機械特性が変化する． ・局所的な加熱と冷却により溶接ひずみや溶接残留応力が生じる． ・溶接技能者の技量に左右される．	・ボルト，ナットの強度や点数，締結力が構造物の強度として信頼できる． ・締結後の寸法変化がほとんどない．

日本では，1940年代から全溶接の電車や大型船，橋などがつくられるようになった．代表的な構造物であるスカイツリー（2012年）は鉄骨の組み立てに溶接が駆使されているのに対して，東京タワー（1958年）は機械的接合が使われていた．

溶接は，大型の構造物だけでなく，身近にある小型の製品にも使われている．図3.2に示すように，自転車のフレームの接合，やかんの本体と注ぎ口の接合，スプレー缶や缶詰の缶の接合などである．

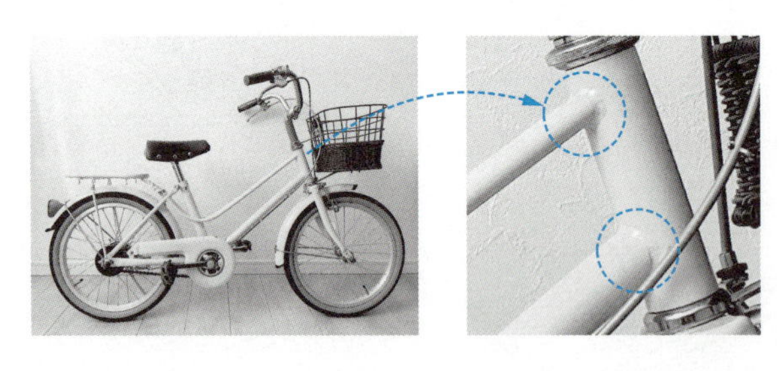

（a）自転車のフレーム

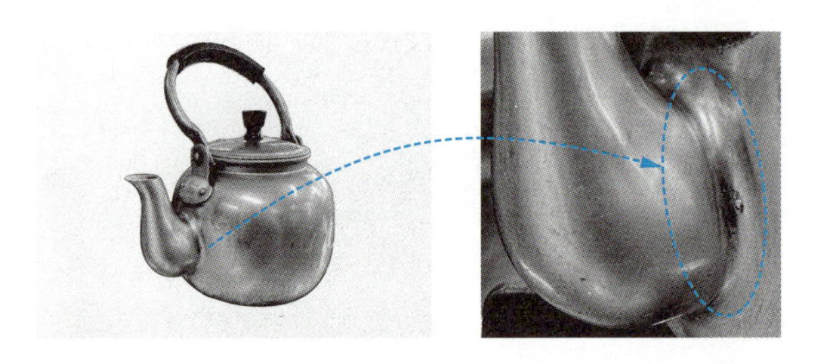

（b）やかんの注ぎ口

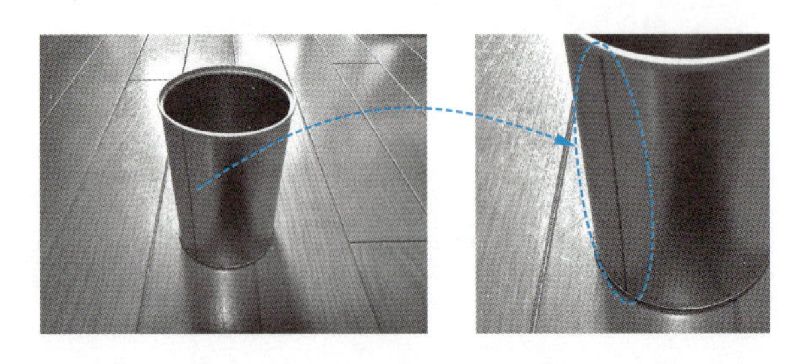

（c）缶（溶接缶）

図3.2　溶接が使われている身近な製品例

3.1.2 溶接の種類

溶接は，2個以上の材料（**母材**（base metal）という）の接合しようとする箇所に，局所的な熱（必要に応じて**溶加材**（filler metal）を加える）または大きな力を加え，連続性のある構造物をつくり出す加工法である．熱や力などの加えるものによって，溶接は，さまざまな方法に分類されるが，代表的な方法が，融接，圧接，ろう接である（詳しいメカニズムは3.4節参照）．

① **融接**（fusion welding．図3.3(a)）：大きなエネルギーを与え，溶融状態になった母材どうしを融合させる，または，必要に応じて溶加材を加えることにより融合させ，その融合した金属（**溶融金属**（molten metal））が凝固することで接合させる．代表的な融接には，ガス溶接やアーク溶接がある．

② **圧接**（pressure welding．図3.3(b)）：母材どうしに大きなエネルギーを与え，溶融状態になったときに大きな力を加える接合を**抵抗溶接**（resistance welding），母材を溶融することなく固体状態のままで機械的に大きな力を加える接合を**固相接合**（solid-state bonding）といい，これらをあわせて圧接という．抵抗溶接の代表的な方法として，自動車の薄板どうしを溶接する抵抗スポット溶接がある．また，固相接合は，異なる材料どうしを接合するための技術（**異材接合**（dissimilar metal joining））として注目されており，構造物のマルチマテリアル化（3.5節参照）の鍵を握っている．

③ **ろう接**（brazing and soldering．図3.3(c)）：接合箇所に溶融状態のろう材を流し込み，ろう材が凝固することで母材どうしの仲介となり接合させる．身近なろう接としてははんだ付けがある．

上で挙げたものも含め，溶接には，図3.4に示すさまざまな手法がある．

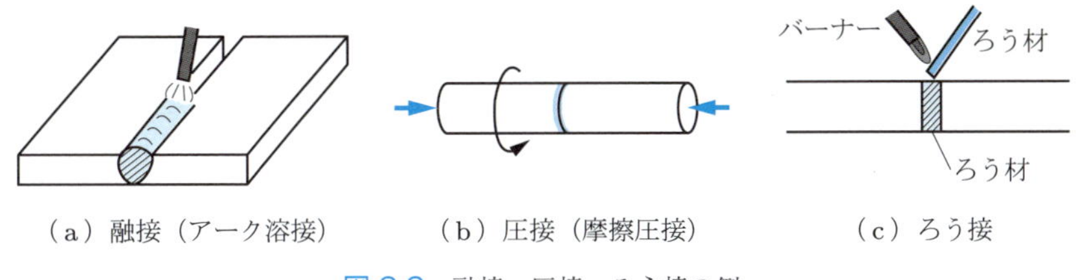

図3.3 融接，圧接，ろう接の例

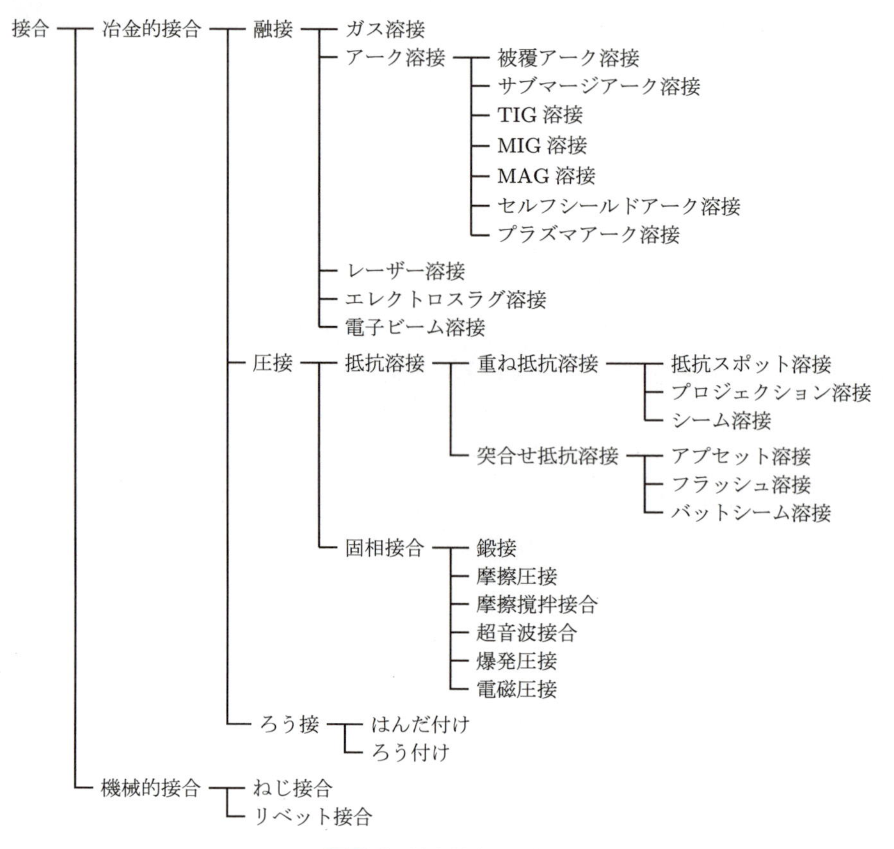

図 3.4 接合技術の分類

3.1.3 開 先

厚板どうしを溶接する場合，図 3.5 に示すように，母材の裏面まで完全に溶接することは難しい．そこで，図 3.6 に示すように，板材どうしの合せ面を加工し，溝を設けて溶接する．この溝のことを**開先**（かいさき）（groove）といい，板の厚さに適したいろいろな種類がある．この開先を設けた板材どうしの溶接を，突合せ溶接（開先溶接）という．突合せ溶接では，溶加材を用いて溶接部を充填したり，1 回で溶接できな

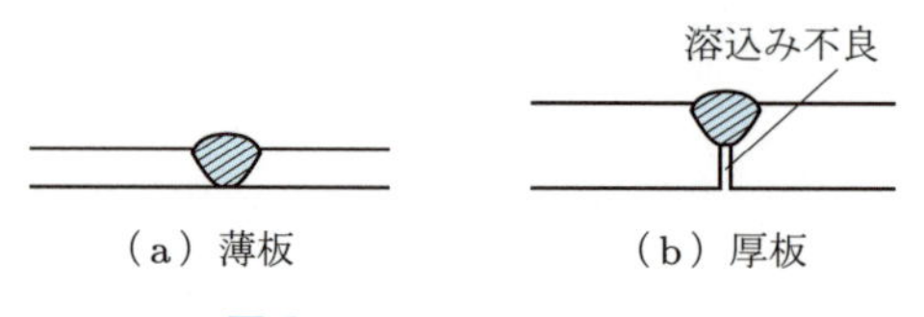

図 3.5 薄板と厚板の溶接

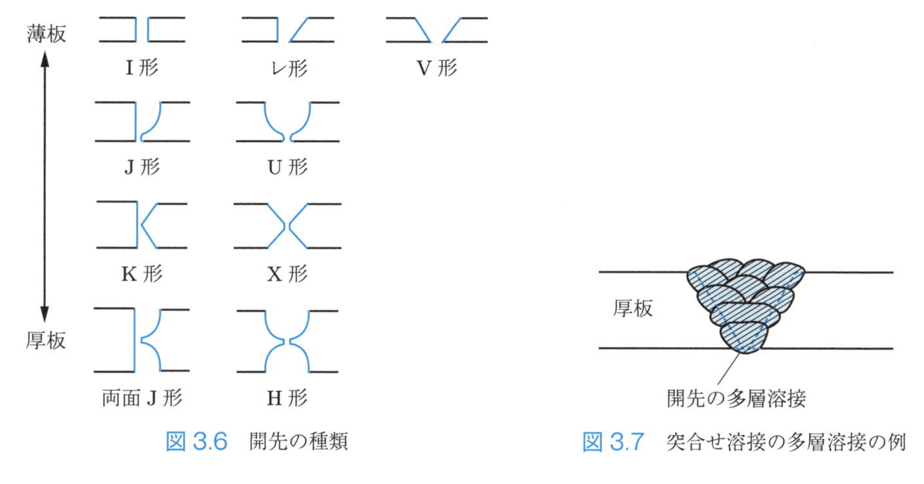

図 3.6 開先の種類

図 3.7 突合せ溶接の多層溶接の例

い場合は図 3.7 に示すように多層溶接をしたりする.

3.1.4 溶接継手の形式と溶接の種類

溶接によって二つの材料をつなぎ合わせた構造を，**溶接継手**（welded joint）と

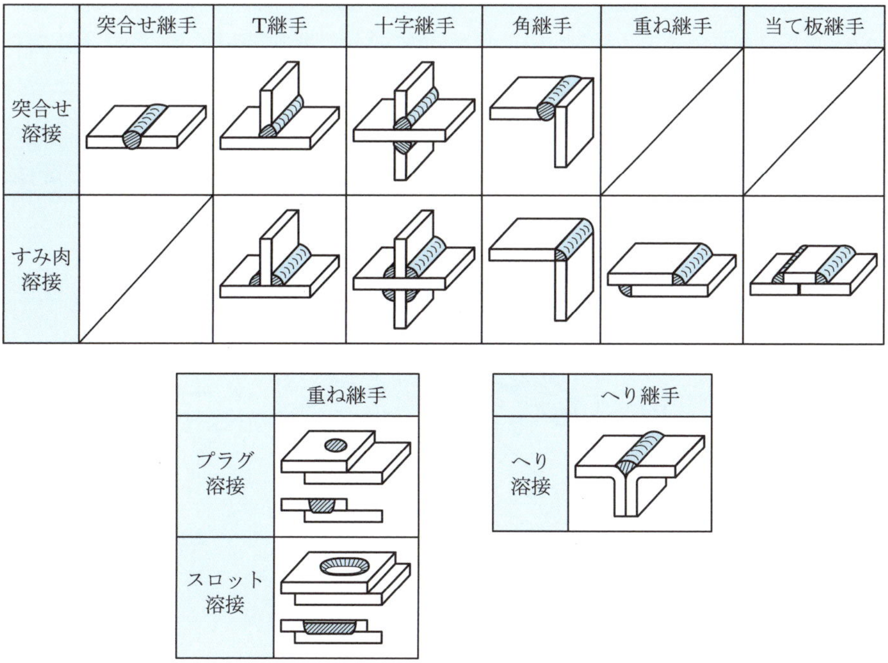

	突合せ継手	T継手	十字継手	角継手	重ね継手	当て板継手
突合せ溶接						
すみ肉溶接						

	重ね継手
プラグ溶接	
スロット溶接	

	へり継手
へり溶接	

図 3.8 溶接継手の形式と溶接の種類

いう．溶接継手の形式と溶接の種類を図 3.8 に示す．溶接の種類には 3.1.3 項で説明した突合せ溶接のほかに，板材を直交させたり重ねたときにほぼ直交する二つの面のすみに溶接金属を盛るすみ肉溶接，板材を重ねたときに一方の板に穴をあけ溶接金属で穴を埋めるプラグ溶接，穴の縁をすみ肉溶接のように溶接するスロット溶接，板材のへり（縁）を溶接するへり溶接などがある．溶接の種類が同じであっても板材の合わせ方によっていろいろな溶接継手があり，溶接継手は同じであっても異なる溶接の種類で溶接することもある．

3.1.5 溶接姿勢

溶接技能者がとる姿勢を**溶接姿勢**（welding position）といい，溶接する向きに応じてつぎのものがある．

① **下向き溶接**（flat welding）：溶接面が上を向いており，技能者は下向きで溶接する．

② **横向き溶接**（horizontal welding）：溶接面が鉛直で，技能者は水平方向に溶接する．

③ **立向き溶接**（vertical welding）：溶接面が鉛直で，技能者は垂直方向に溶接する．

④ **上向き溶接**（overhead welding）：溶接面が下を向いており，技能者は上向きで溶接する．

大きくて複雑な構造物になるほど，下向き溶接以外の手法が求められる．ただし，横向き溶接，立向き溶接，とくに上向き溶接では溶けた金属が垂れるので難しい．

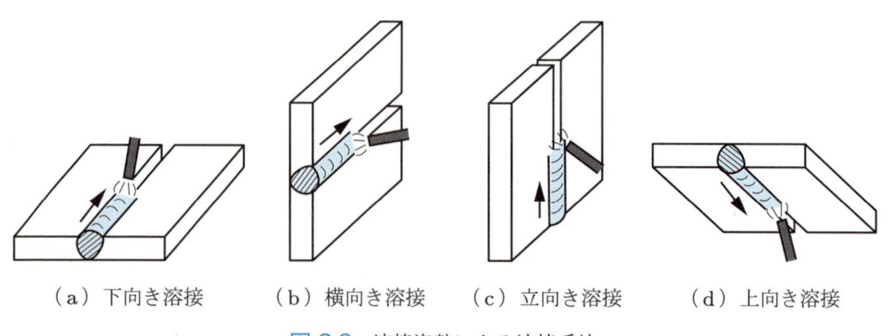

図 3.9 溶接姿勢による溶接手法

3.2 溶接部の性質

溶接の特徴である局所的な入熱と冷却は，溶接部の金属組織を変化させ，機械特性も母材から変化させる．つまり，これは構造物全体の特性に影響を及ぼす．ここでは，それらの関係や，溶接残留応力（応力については章末の Column 参照）と溶接変形，欠陥などについて説明する．

3.2.1 溶接部の組織と機械特性

溶接した後の溶接部は，図 3.10(a)に示すように，つぎの三つの部分で構成される．

① **溶接金属**（weld metal）：入熱により母材が溶けて凝固した領域．

② **熱影響部**（heat affected zone：HAZ）：溶融はしていないが，入熱の影響により母材から組織が変化した領域．

③ **母材**：入熱の影響を受けず，母材の組織が維持されている領域．

母材は元々の組織から変わらず，圧延した板材が母材の場合は圧延組織のままで

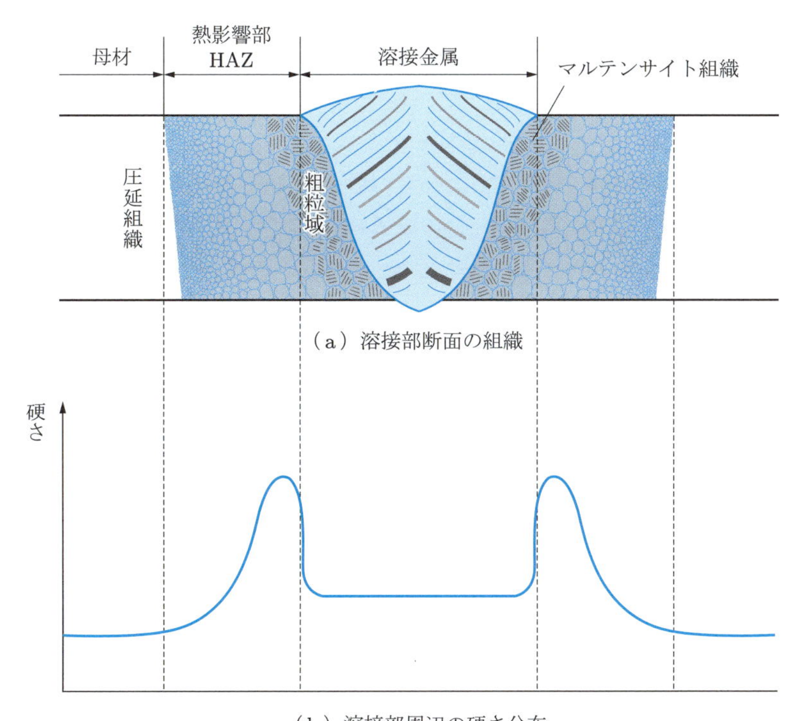

（a）溶接部断面の組織

（b）溶接部周辺の硬さ分布

図 3.10 溶接部断面の組織と溶接部周辺における硬さの分布

ある．溶接金属は，母材が溶けて凝固することで，図 2.10 で示したような鋳造組織になる．熱影響部では，入熱と冷却の影響を受けて再結晶が起こる．溶接金属に近いほどより高い温度に加熱されるので，大きな結晶粒になる．とくに熱影響部と溶接金属の境界付近は，大きな結晶粒となり，粗粒域とよばれる．鉄鋼材料の場合，熱影響部の溶接金属に近い粗粒域では，急冷作用による焼入れの影響によりマルテンサイト組織が生じやすい．マルテンサイト組織とは，鉄鋼材料を加熱し急冷した後に生じる組織のことである．マルテンサイト組織が生じることにより，機械特性も影響を受ける．

鉄鋼材料の溶接部周辺における硬さ分布は，図 3.10(b)のようになる．母材は溶接する前の元々の特性なので，硬さは一定である．熱影響部では溶接金属に向かうに従って硬くなり，粗粒域がもっとも硬くなる．マルテンサイト組織は非常に硬い特性をもっているので粗粒域の硬さが最大になる．一方で，マルテンサイト組織はもろい特性ももっていることから，粗粒域では衝撃値の低下（脆化）も生じる．鉄鋼材料のなかでも，低炭素鋼の軟鋼ではマルテンサイト組織が生じにくく，高張力鋼や高炭素鋼ほどの硬化は起こらない．

✚ 3.2.2 溶接残留応力と溶接変形の発生メカニズム

金属材料は一様に加熱して冷却すると，元の形状に戻る．溶接の場合は，溶接部が局所的に加熱されるので，溶接部とその周辺のみが膨張，収縮し，入熱の影響がない領域は変化しない．このように加熱と冷却の過程が一様ではないことから，溶接部の周辺には応力が生じる．冷却後は，この過程で生じた応力が溶接部周辺に残ったままとなる．この応力を**溶接残留応力**（welding residual stress）という．また，溶接した構造物の形状は元の形状から変化する．この変形を**溶接変形**（welding deformation），または**溶接ひずみ**（welding strain）という．

図 3.11 に，溶接残留応力と溶接変形が生じるメカニズムを示す．それぞれの状態を詳しく説明する．

a）初期状態（図 3.11(a)）　溶接金属と母材は，実際の構造物では連続的であるため，溶接金属と母材を剛体で結合している．初期状態は溶接する前の状態であり，応力は 0 である．

b）溶接金属を加熱したとき（図 3.11(b)）　溶接金属は加熱により自然と膨張しようとする．しかし，溶接金属は剛体によって母材とつながっているので，母材によって膨張が抑えられている状態となり，圧縮応力が生じる．一方，母材は溶接金

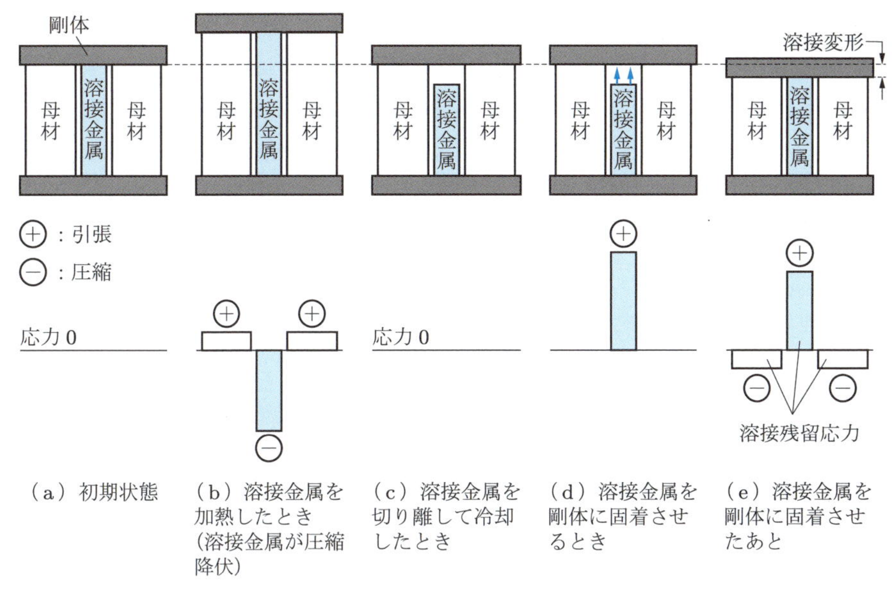

図 3.11　溶接残留応力と溶接変形の発生メカニズム

属の膨張につられて伸びることにより引張応力が生じる．ここで，溶接金属は加熱された状態であり，一般に加熱された金属の降伏応力（力を取り除いたときに，元の形に戻らないほどの変形が生じるようになる基準となる応力のこと）は低下するので，圧縮応力により降伏した（元の形に戻らない）状態となっている．

c）溶接金属を切り離して冷却したとき（図 3.11(c)）　現象を理解するために，溶接部周辺でいったん溶接金属と母材を切り離したとして考える．ここで，切り離した溶接金属は図(b)のときに圧縮応力が生じた状態で降伏しているので，元の長さより短くなる．一方，母材は降伏することなく伸びていたので，溶接金属と切り離したことで，生じた力が取り除かれ，元の長さに戻る．このとき，溶接金属，母材それぞれの応力は 0 となる．

d）溶接金属を剛体に固着させるとき（図 3.11(d)）　元々，溶接金属と母材はつながっているので，剛体から切り離した溶接金属を再度剛体に固着させる．ここで，圧縮応力により降伏し，短くなった溶接金属を剛体まで伸ばすことで引張応力が生じる．

e）溶接金属を剛体に固着させたあと（図 3.11(e)）　溶接金属を剛体に固着させたことにより，溶接金属は図(c)の長さに戻ろうとするが，母材がそれをさせずに突っ張っている状態となり，溶接金属と母材の長さはわずかに短くなる．最終的には，図(a)の長さより短くなる．この変形が溶接変形である．図(d)で生じた溶接金属の引張応力は，母材に支えられていることにより0には戻らず，若干低下する．母材には，溶接金属が元の長さに戻ろうとする力を受けて圧縮応力が生じる．溶接金属の引張応力と母材の圧縮応力はつり合った状態となり，溶接部周辺には応力が残る．この応力が溶接残留応力である．

3.2.3 溶接残留応力の影響と除去

溶接残留応力は，一般には静的強さに影響はないと考えられているが，溶接残留応力が大きすぎると，溶接部の割れの原因となる．溶接部に割れが生じると，静的強さや疲労強度，脆性破壊などに影響を及ぼすことになるので，必要に応じて溶接残留応力を除去する．その代表的な方法が熱処理の**焼なまし**（annealing）である（章末 Column 参照）．焼なましには目的に応じて種々の方法がある．とくに溶接残留応力の除去を目的とした焼なましを**応力除去焼なまし**（stress relief annealing）という．図 3.12 に応力除去焼なましの加熱温度範囲を示す．炭素鋼の応力除去焼なましは A_1 線以下の適切な温度（450 ～ 650℃）に加熱し，その温度で十分保持したのちに炉内で徐冷する．

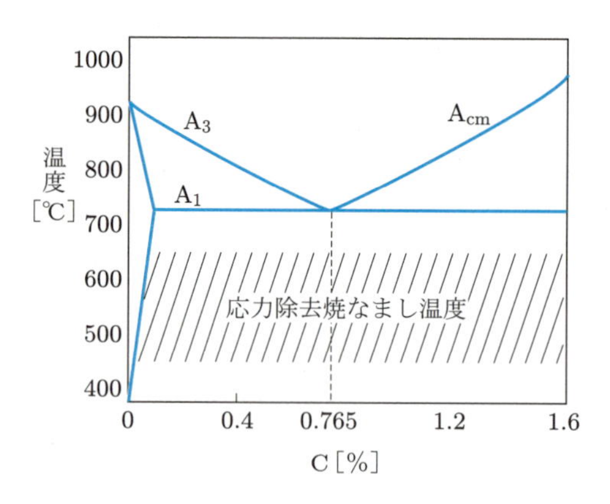

図 3.12 応力除去焼なましの加熱温度範囲

応力除去焼なましは，熱影響部の硬化層の軟化，延性の回復，靭性の回復など熱影響部の材質改善にも効果的である．このように，溶接した後に溶接部または溶接した構造物に行う熱処理（主に応力除去焼なましを指す）のことを**溶接後熱処理**（post weld heat treatment：PWHT）ということもある（そのほかの各種熱処理については章末の Column 参照）．

✚ 3.2.4 溶接変形とその軽減

溶接変形の主な原因は，溶接後の溶接金属の収縮である．図 3.13 にいろいろな溶接変形を示す．実際には，加熱温度や加熱時間，溶接速度，溶接金属の量，継手の形式，板の厚さなどの多くの要因が影響し，複雑な変形が生じる．単品ごとの溶接変形が小さい場合でも，溶接した部品を組み立てていくことで寸法誤差が大きくなり，最終的に組み上げることができなくなる場合もある．このため，溶接変形にも十分注意する必要がある．

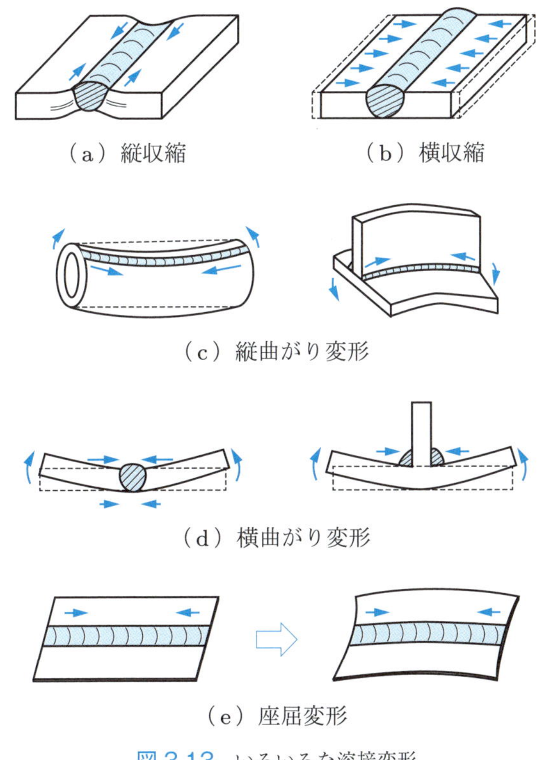

図 3.13 いろいろな溶接変形

溶接変形を抑えることは難しいが，加熱温度や加熱時間，溶接速度，溶接金属の量などをコントロールすれば，ある程度は軽減できる．また，溶接順序を変える，溶接変形を見込んで母材を配置する，母材を変形させておく，などの対策も効果的である．これらは経験的に対策されることが多いが，近年ではコンピュータを駆使した**数値解析**（CAE：computer aided engineering）を活用することで溶接変形を予測して対策することもできる．

3.2.5 溶接欠陥と対策

溶接部には，溶接技法や溶接の条件によって，いろいろな欠陥が生じる．**溶接欠陥**（weld defect）の分類を図 3.14，各溶接欠陥とその対策を表 3.2 に示す．溶接欠陥の中で，とくに注意が必要なのが，継手の強度に直接影響する割れである．割れは発生する温度によって高温割れと低温割れに，また，溶接ビード内で発生する縦割れや横割れ，クレーター割れ，熱影響部内で発生する割れなどに区別される．主な対策は，母材の材質に適した溶接棒（溶接する際に用いる電極の役割をする金属棒）の選択，適切な電流値，運棒速度での溶接，適切な予熱や冷却の仕方などである．

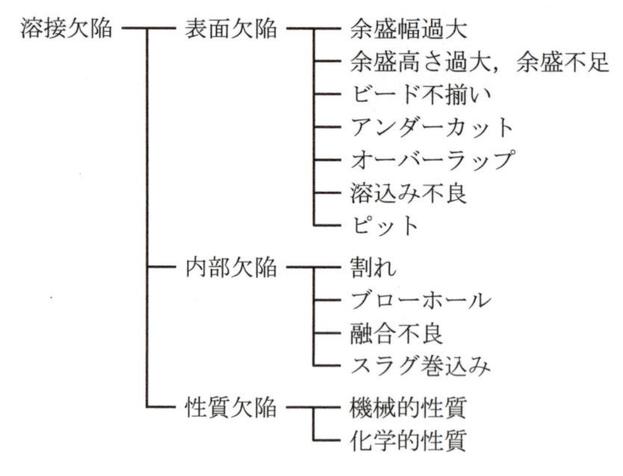

図 3.14 溶接欠陥の分類

気孔による欠陥は，ブローホールとピットに区別される．ブローホールは，炭素鋼であれば炭素と大気中の酸素が反応して生成された CO_2，そのほかの金属材料であれば母材に固溶していた水素や酸素，窒素によって形成された気泡が逃げ切らずに溶接金属の内部に残留したものである．ピットはそれらが溶接金属の表面に現れたものである．これらの対策としては，母材に適した電流値を使用すること，シールドガスにより十分に溶接金属部を保護することなどがある．

余盛にかかわる欠陥やビード不揃い，アンダーカット，オーバーラップ，溶込み不良，融合不良などは，母材の材質や板厚などに応じた適切な溶接棒の選択（種類やサイズ），溶接電流の設定などの溶接条件や，運棒法や運棒速度などの適切な溶接技法で防止できる．

表 3.2　溶接欠陥とその対策

溶接欠陥		対　策
外観不良 (ビード不揃い)	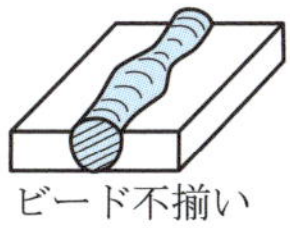 ビード不揃い	適切なビード長さで溶接し，一定の溶接速度を保ってアークを安定させる．
アンダーカット	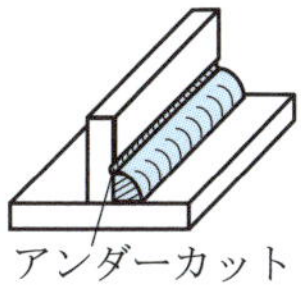 アンダーカット	板厚に応じた溶接電流に下げ，溶接速度も下げる．
オーバーラップ	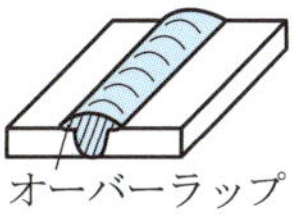 オーバーラップ	板厚に応じた溶接電流に調節し，溶接速度は上げる．
溶込み不良	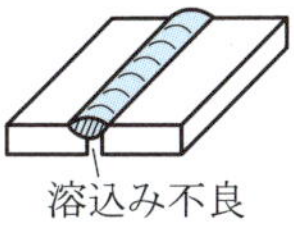 溶込み不良	溶接棒を太くし，溶接電流を多くする．
ビード割れ	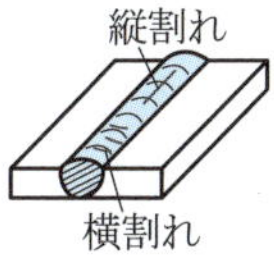 縦割れ 横割れ	母材に対して適当な溶接棒を選択し，適当な予熱と徐冷を行う．
熱影響部内の割れ	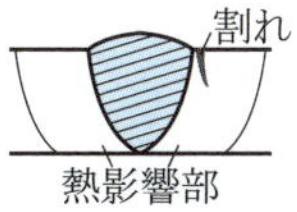 割れ 熱影響部	急冷を防ぐために，適当な予熱を行う．
クレーター クレーター割れ	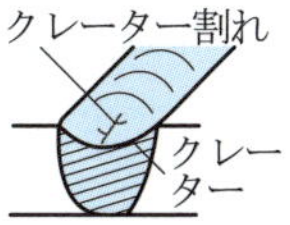 クレーター割れ クレーター	溶接部終端でいきなりアークを止めずに十分に溶着金属で埋めてからアークを止める． 再びアークを出してクレーターを埋める．
ピット ブローホール	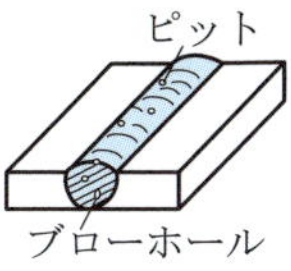 ピット ブローホール	シールドガスで十分に保護する． 吸湿している溶接棒を使わない．
融合不良	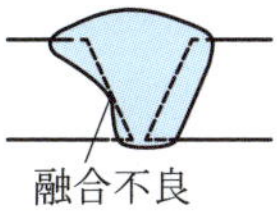 融合不良	溶接電流を多くし，適切な溶接速度で溶接する．
スラグ巻込み	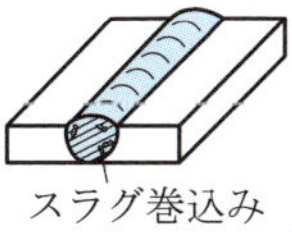 スラグ巻込み	多層溶接で生じやすいので，溶接前に前層のスラグを入念に除去する．

3.3 金属材料の溶接性

金属材料を溶接する場合，それぞれの金属材料の特性や添加元素などによって溶接の難しさがある．ここでは，代表的な金属材料の溶接性について説明する．

(1) 鋼（炭素鋼）

炭素鋼（carbon steel）はFe-C系の合金であり，添加元素である炭素の含有量が溶接性に影響する．炭素鋼は，炭素含有量によって，低炭素鋼（～0.30％C），中炭素鋼（0.30～0.50％C），高炭素鋼（0.50～0.80％C）に分類される．一般に，炭素含有量が増えることでマルテンサイト組織が生じやすくなり，粗粒域における硬化と脆化が著しくなる．これは割れの原因にもなるので，中炭素鋼，高炭素鋼の溶接は難しい．

(2) 鋳 鉄

炭素含有量が2.14％C以上の炭素鋼を鋳鉄という．鋳鉄もFe-C系の合金である．鋳鉄を溶接すると，溶融状態から冷却する際に白鋳鉄化が起こる．白鋳鉄は硬くてもろく，かつ熱膨張係数が母材から大きく変化するため，割れが生じやすい．また,鋳鉄はそもそも硬くてもろい特性をもつことから母材での割れも生じやすい．炭素含有量が多いことから，溶接中に大気中の酸素と反応してCOとなったガスがブローホールやピットとなり欠陥を生じやすい．以上のように，鋳鉄の溶接性はきわめてわるい．

(3) 銅

銅は，少量の酸素を含んでいるタフピッチ銅と，酸素をほとんど含んでいない脱酸銅や無酸素銅に分けられる．タフピッチ銅は，銅に含まれている酸素が溶接雰囲気中の水素と反応することで水蒸気となり，ブローホールが生じやすい．一方，酸素が除去されている脱酸銅や無酸素銅の溶接性は良好である．また，銅は熱伝導率に非常に優れているために，溶接時の熱が母材を通じて逃げやすく，十分な溶込みを得るためには熱の集中性が重要となる．また，熱影響部も広くなる．

(4) アルミニウム

アルミニウムは一般に表面が酸化皮膜によって覆われている．この酸化皮膜は融点が非常に高く，溶接金属中に酸化皮膜が残留すると溶接部にとって有害になるため，クリーニング作用（3.4.2項(3)参照）により酸化皮膜を除去する必要がある．また，熱伝導性に優れた材料であるため，熱の集中性が重要であり，熱影響部が広くなる．

3.4 各種の溶接法

溶接法は，3.1.2 項で説明したように，溶接技法によって融接，圧接，ろう接に分けられ，それぞれの分類のなかに多くの溶接法がある．ここでは，融接のなかでとくに産業界で広く使われているガス溶接とアーク溶接，圧接のなかで自動車などの薄板の溶接に使われている抵抗スポット溶接，近年注目されている固相接合，ろう接などの代表的な溶接法のメカニズムや特徴について説明する．

3.4.1 ガス溶接

ガス溶接（gas welding）は，燃焼ガスの炎の熱を利用する融接の溶接法である．教育現場から実際の製造現場まで幅広く使われており，電源を必要としないので屋外作業でよく使われている．ここでは，ガス溶接の特徴，溶接装置，火炎，フラックスなどの基本を説明する．

(1) ガス溶接の概略

ガス溶接は，図 3.15 に示すように，燃焼ガスと酸素の混合ガスの炎で局所的に加熱して母材を溶融し，溶加材を加えながら溶けた金属どうしを融合させて溶接する方法である．ガス溶接の特徴はつぎのとおりである．

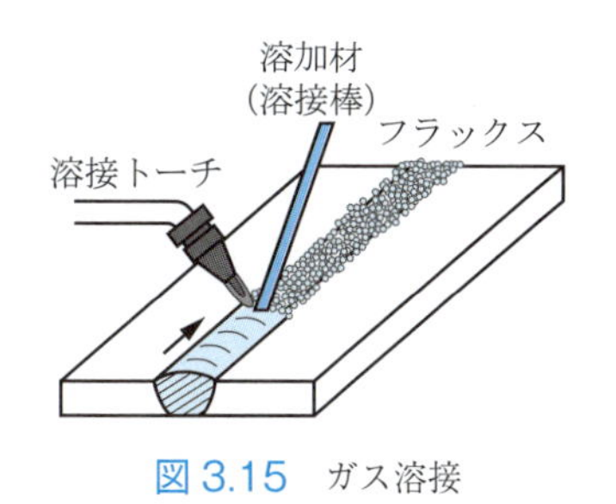

図 3.15 ガス溶接

［長所］ ① 設備費が比較的安価である．

② 設備の移動が容易にできる．

［短所］ ① 炎による加熱範囲が広く，熱の集中性がわるい．

→ 厚肉材や大型材の溶接は難しい．

→ 溶接時間が長く，加熱範囲も広くなるので，熱影響部が広くなる．溶接部の組織，機械特性の変化に注意が必要である．

② 爆発などの危険性があり，取り扱いに注意が必要である．

(2) 溶加材とフラックス

主に溶接金属の溶着量を補充することを目的として，母材の溶接しようとする箇所に付加する金属材料を**溶加材**という．ガス溶接の場合，溶接棒が溶加材として用いられる．ガス溶接棒の材質は，母材と融合させる必要があるため，基本的に母材と同じ材質とし，また母材の板厚に応じて適切な太さとする．

溶接箇所が高温になると，大気中の酸素や窒素を吸収しやすくなり，それらが母材の金属と反応して酸化物や窒化物を生成する．この酸化物や窒化物は溶接部の機械特性に著しく影響を及ぼすため，その生成を防ぐために用いるのが**フラックス**(flux) である．フラックスは溶接しようとする箇所に粉状のものを散布するか，のり状のものを塗布して使用する．また，次節のアーク溶接では溶接金属を大気から遮断するためにシールドガスを用いる方法がある (3.4.2 項(3)，(4)参照)．フラックスの主な役割はつぎのような点である．

① 溶接部を覆って溶接金属と外気との反応を防ぐ．

② 溶接金属中に生成された酸化物や窒化物を溶解し，スラグとして浮遊させて除去する．

③ 形成されたスラグにより溶接部の急冷を防ぐ．

(3) ガス溶接装置

ガス溶接装置の概略を図 3.16 に示す．燃焼ガス（溶解アセチレンガス）と酸素のボンベにはそれぞれ圧力調整器が取り付けてあり，適切な圧力に減圧して噴出するようになっている．圧力調整器には安全器を取り付け，ホースを介して溶接トーチに燃焼ガスと酸素ガスが供給される．

ガス溶接では，逆火（火炎が火口からガス供給側へ戻る現象）が起こる危険性が

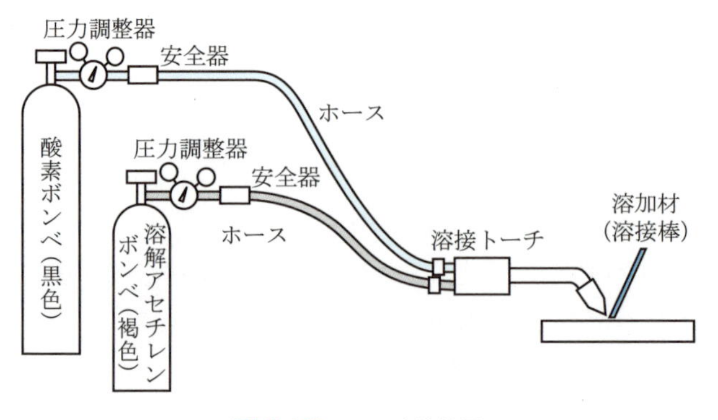

図 3.16 ガス溶接装置

あり，その安全対策として安全器の設置が義務付けられている．安全器にはつぎの機構がある．

① **逆火防止機構**：逆火してきた火炎を消火する．

② **逆流防止機構**：逆火の原因となる，燃焼ガスの酸素側への流入，酸素の燃焼ガス側への流入を防ぐ．

③ **遮断機構**：逆火による温度上昇や圧力上昇を感知して，燃焼ガスの供給を遮断する．

溶接トーチには，溶解アセチレンガスと酸素の混合方式の違いにより，図 3.17(a)のノズルミキシング（ドイツ式）と図(b)のトーチミキシング（フランス式）がある．**ノズルミキシング**（nozzle mixing）は火口（ひぐち）にアセチレンと酸素の混合を行う混合部（ミキサ）が内蔵されている．この混合部の酸素吹出口の大きさは火口の大きさによって決まるため，ガス混合の効率はよい．**トーチミキシング**（torch mixing）は混合部が混合管に内蔵されており，酸素バルブとインゼクタノズル（混合ガスを形成する装置）が混合部と一体化している．インゼクタノズルが内蔵されていることにより，酸素バルブで酸素ガスの流量を調整することで，アセチレンガスの吸入量も自動で加減される．混合比の調整は容易であるが，点火ごとに火炎を調整する必要がある．

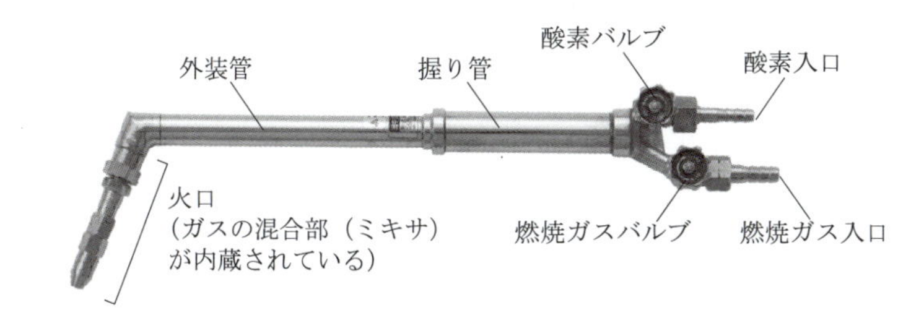

（a）ノズルミキシング（ドイツ式）

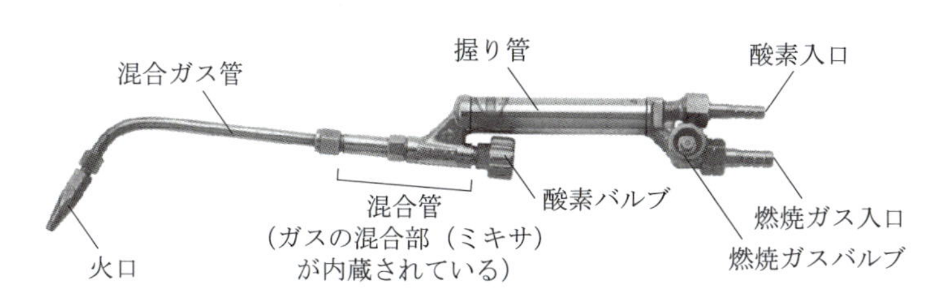

（b）トーチミキシング（フランス式）

図 3.17 溶接トーチの種類と構造（写真提供：日酸 TANAKA(株)）

(4) 燃焼ガスと火炎

燃焼ガスには，アセチレン，水素，プロパンなどがあり，これらの燃焼ガスと酸素を混合させ，混合ガスとして燃焼させる．溶解アセチレンガスは燃焼ガスのなかで火炎温度がもっとも高く，炎の調整が容易であり，また運搬も比較的容易であるため，一般に燃焼ガスとして広く使われている．

アセチレンと酸素の混合ガスを燃焼させた酸素アセチレン炎は，混合の割合（酸素の供給量）によって火炎の形態が変化する．酸素アセチレン炎の種類と特徴を，表3.3にまとめる．酸素の供給量が少なくアセチレンが多い場合(b)は**アセチレン過剰炎**となり，輝白色のアセチレンフェザーが見られ，アセチレンの割合が多くなるとアセチレンフェザーの長さが長くなる．酸素供給量がアセチレンと等量の場合(c)は**中性炎**（neutral flame）となり，輝白色の**白心**（inner cone）が見られる．白心先端の最高温度は約3050°C程度になり，外炎先端は約2500°Cになる．酸素供給量がアセチレンより多くなった場合(d)は**酸素過剰炎**となり，外炎がかすれ，短くなる．

表3.3　酸素アセチレン炎の種類と特徴

火炎の種類	火炎の形態	混合割合	概　略
(a) アセチレンのみの火炎		アセチレンのみ	着火時の炎．オレンジ色をしている．
(b) アセチレン過剰炎	アセチレンフェザー 外炎	アセチレン ＞ 酸素	輝白色のアセチレンフェザーが現れ，その長さはアセチレンの割合が多くなると長くなる．外炎は半透明の薄青色をしている．
(c) 中性炎	白心 約3050℃	アセチレン ＝ 酸素	輝白色の白心と外炎の火炎になる．ガス溶接で使用する適切な火炎である．
(d) 酸素過剰炎		アセチレン ＜ 酸素	中性炎に比べて白心がわずかに短くなり，外炎も短くなる．騒音が大きくなる．母材を酸化させる傾向がある．

(5) ガス切断

ガス切断（gas cutting）は，切断箇所を熱で溶融または燃焼することによって切断する熱切断法の一つである．ガス溶接で使うトーチを切断用トーチに取り換えるだけで行えるので，屋外などの製造現場で広く使われている．そのほかの熱切断法には，アーク切断やプラズマ切断（7.1.4 項参照）がある．

ガス切断は鉄鋼材料（鉄または低炭素鋼）の切断によく使われている．切断したい箇所を酸素アセチレン炎などの予熱炎で加熱し，そこへ高圧の酸素を吹き付けることで鉄と酸素の間で化学反応が起こり酸化鉄となる．酸化鉄は母材よりも融点が低いので溶融し，高圧の酸素の勢いで吹き飛ばされて切断されていく．ガス切断は 3.1.3 項で説明した開先の加工（ガウジング）にも使われている．

✚ 3.4.2 アーク溶接

アーク溶接（arc welding）は，電極間に発生するアーク放電の熱を利用する融接の溶接法である．教育現場から実際の製造現場まで幅広く使われている．アーク溶接のなかでもっとも一般的な被覆アーク溶接の特徴，被覆アーク溶接棒などの基本を説明する．また，その応用技術のいろいろなアーク溶接のしくみや特徴を説明する．

(1) アーク溶接の概略

アーク溶接では，母材と溶接棒を電極として，母材と溶接棒との間にアーク（2.2.6 項参照）を発生させ，高温となるアーク熱により母材を溶融し溶接を行う．

a) アーク溶接の分類　アーク溶接は，つぎの三つに大きく分けられる．

① **手溶接**（manual welding）：母材と溶接棒の距離の調整や溶接トーチの移動を手動で行う．

② **半自動アーク溶接**（semi-automatic arc welding）：溶接棒の送給を自動で行い，溶接トーチの移動を手動で行う．

③ **自動アーク溶接**（automatic arc welding）：溶接棒の送給や溶接トーチの移動などのすべてを自動で行う．

図 3.18 に示すように，それぞれに各種の溶接法が分類される．また，電極の消耗式と非消耗式によっても区別される．

b) アーク溶接の極性　アーク溶接は，使用する電流によって，直流アーク溶接と交流アーク溶接に分類される．とくに直流アーク溶接では，溶接棒と母材の極性が溶込みに影響する．

直流アーク溶接（D.C. arc welding）では，溶接棒をマイナス，母材をプラスにつなぐ**棒マイナス**（electrode negative），溶接棒をプラス，母材をマイナスにつな

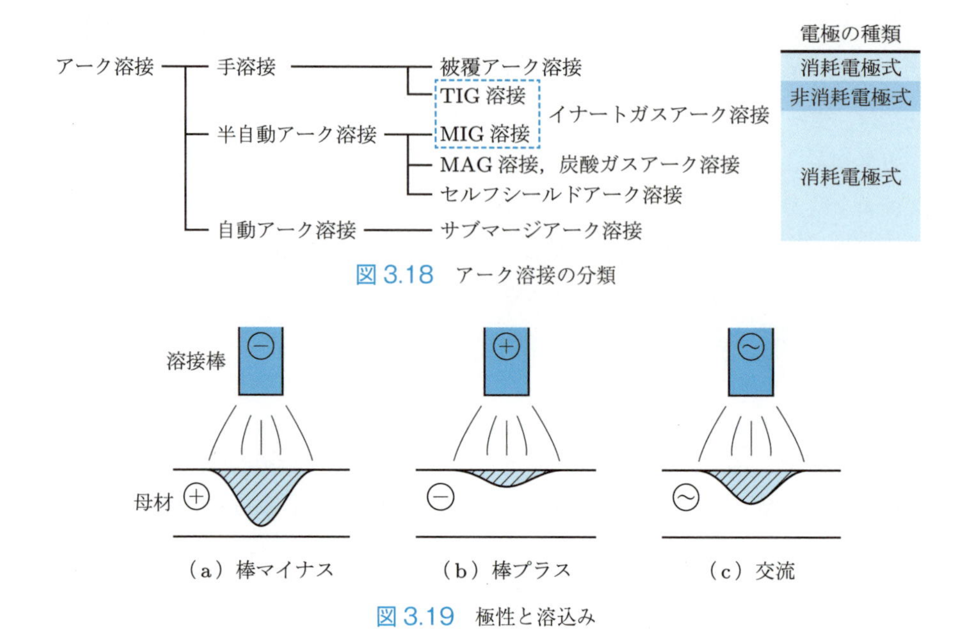

図 3.18　アーク溶接の分類

図 3.19　極性と溶込み

ぐ**棒プラス**（electrode positive）がある．棒マイナスと棒プラスとでは，図 3.19 に示すように溶接する際の溶込みが異なる．電極のマイナスからプラスへ移動する電子が，棒マイナスの場合は溶接棒から母材へ移動する．このとき，溶接棒から放出された電子が母材に衝突し，電子の衝突を受けた母材の発熱量が多くなることによって溶込みが深くなる．一方，棒プラスでは，電子が母材から溶接棒へ移動し，溶接棒が電子の衝突を受けるため，溶接棒の消耗が激しくなる．

交流アーク溶接（A.C. arc welding）は，母材と溶接棒の極性がつねに交互に変わるので，棒マイナスと棒プラスの中間程度の溶込みになる．十分な溶込みを得るためには，棒マイナスと棒プラスの比率を適当な比率にコントロールする必要がある．

(2) 被覆アーク溶接

被覆アーク溶接（shielded metal arc welding）は，電極となる溶接棒として**心線**（core wire）が**被覆材**（coating flux）に覆われた**被覆溶接棒**（coated electrode）を用いる溶接法である．溶接棒の心線には母材とほぼ同じ成分のものを選定する．また，心線を覆っている被覆材には，下記の役割がある．

① アークの発生・維持を容易にし，アークを安定させる．

② 保護ガスを発生することで溶接部への大気の侵入を防止し，酸化物や窒化

物の生成を防ぐ．

③ 溶接金属中の脱酸・清浄化作用があり，溶接金属中に生成された酸化物や窒化物を溶解し，スラグとして浮遊させて除去する．

④ スラグを形成することで溶接金属表面を保護し，酸化や窒化を防止して機械特性を向上させる．また，ビードの断面形状を整える．

⑤ スラグが形成されることで溶接部の冷却速度を遅くし，急冷による亀裂の発生を防ぐ．

⑥ 溶込みを良好にする．

⑦ 大電流溶接を可能にする．

⑧ 必要な合金元素を添加する．

被覆アーク溶接は，図 3.20 に示すように，被覆溶接棒の先端からアークを発生させる．発生したアークのアーク熱は約 5000 ～ 6000°C にも達し，母材を溶かすことで**溶融池**（molten pool）が生じる．溶接棒の心線と被覆材は溶滴となって溶融池に移動するため，溶接棒は消耗していく（消耗電極式）．溶滴により溶接金属が補充されるので，溶接棒は溶加材の役割を兼ねる．このとき，心線が先に溶融し，被覆材が遅れて溶融するので，溶接棒の先端には筒状の部分が形成される．これを**保護筒**（protective cylinder）という．被覆材からはガスが発生し，発生したガスは**保護ガス**（shielding gas）となり，アークや溶融池を外部から保護している．溶接棒を溶接線に沿って動かしていくことで溶融池が移動していき，溶融池が凝固することで溶接金属となる．このときの母材の表面を基準にした溶融池の深さが**溶込み**（penetration）となり，溶接の良否の判断基準として用いられる．また，母材

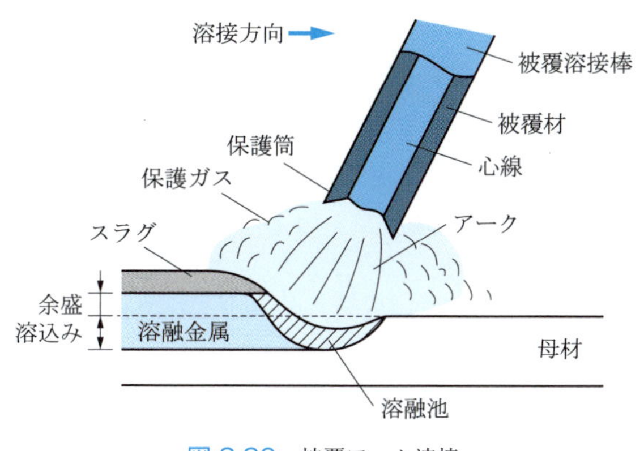

図 3.20 被覆アーク溶接

の表面から盛り上がった溶接金属のことを**余盛**（reinforcement of weld）という．

溶込みに影響するのは主につぎの 3 条件である．

① 電流の強さ

② 溶接棒の極性

③ 溶接速度

溶融池が凝固して溶接金属になった痕跡を**ビード**（bead）といい，溶接金属の表面には硬くてもろい**スラグ**（slag）が形成される．

(3) イナートガスアーク溶接

イナートガスアーク溶接（inert gas shielded arc welding）は，溶接部にアルゴンなどの**イナートガス**（不活性ガス）を噴射させながら行う溶接法である．噴射されるイナートガスは溶接部周辺を大気から遮断するので，高温でも不活性（大気と反応しない）な雰囲気のなかで溶接を行うことができ，溶接部の酸化や窒化を防ぐことができる．このため，酸化しやすい金属（アルミニウムなど）の溶接に使われることが多い．また，フラックスは必要とせず，スラグも形成されることがないので，スラグを除去する工程を省略できる．

イナートガスアーク溶接は，使用する電極の種類により，つぎの二つの方式がある．

① **TIG 溶接**（tungsten inert gas arc welding．図 3.21(a)）：電極にタングステン棒を用いる溶接法である．タングステンは融点が約 3400°C と金属のなかでもっとも高く，アーク溶接の電極として用いても消耗しにくい．そ

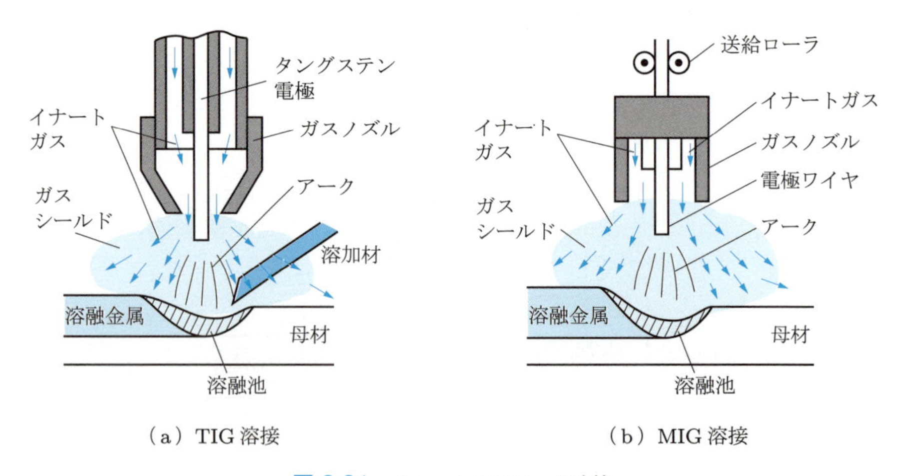

（a）TIG 溶接　　（b）MIG 溶接

図 3.21　イナートガスアーク溶接

のため非消耗電極式に分類され，溶接中に電極を供給する必要がなく，手動で溶接トーチを移動して溶接するので手溶接に分類される．また，電極が消耗しにくいので，溶加材を溶かしながら溶接を行う．

② **MIG 溶接**（metal inert gas arc welding．図 3.21(b)）：電極となる溶接ワイヤに母材とほぼ同じ材質のものを用いる溶接法である．溶接中に溶接ワイヤも消耗していくため，消耗電極式となる．また，溶接ワイヤは自動で供給されるので，半自動アーク溶接に分類される．溶けた溶接ワイヤが溶滴となって溶融池に移動するので，溶加材は必要ない．

極性は，TIG 溶接は一般に棒マイナスが使用される．タングステン電極の棒マイナスは電極の消耗がとくに少なく，母材の溶込みが深くなる．棒プラスを用いる場合は，溶込みは浅くなるが，クリーニング作用により健全なビードを盛ることができる．棒プラスは溶込みが浅いため，溶込みを深くしたい場合は交流を用いる．

MIG 溶接では一般に棒プラスが用いられる．TIG 溶接の棒プラスと同様に溶込みは浅くなるが，MIG 溶接は電流密度が高く，TIG 溶接と比べると溶込みが深いので，薄板と厚板の溶接に適している．また，クリーニング作用により酸化皮膜を除去できる．

クリーニング作用（cleaning action）とは，棒プラスのみで起こる，酸化皮膜を除去する作用のことである．棒プラスの場合，母材から電極に電子が放出され，シールドガスとしてのアルゴンガスのガスイオンが母材に衝突することで母材表面の酸化皮膜が分解され，清浄化される．アルミニウムやマグネシウムは元々厚い酸化皮膜に覆われているので溶接することが難しいが，イナートガスアーク溶接の棒プラスで溶接することで良好な溶接部を得られる．

TIG 溶接，MIG 溶接ともに，ステンレス鋼や耐熱合金，アルミニウム合金，マグネシウム合金，銅合金，チタン合金などの溶接が可能である．

(4) 炭酸ガスアーク溶接と MAG 溶接

炭酸ガスアーク溶接（CO_2 gas shielded arc welding）は，シールドガスに安価な炭酸ガス（CO_2）を用いる溶接法である．炭酸ガスは溶接部周辺を大気中の窒素から保護する役割があるが，溶接中に分解して酸素を発生させ，溶接金属を酸化させたり，溶接金属内にガスが残りブローホールをつくったりする．これらを防ぐために，シリコン（Si）やマンガン（Mn）などの脱酸剤を含んだ金属線のソリッドワイヤを用いる．ソリッドワイヤではスパッタ（溶接中に飛散する溶けた金属）が多く発生するため，その対策としてフラックス入りワイヤが使用される．

MAG溶接（metal active gas arc welding）は，シールドガスにイナートガスのアルゴンと炭酸ガスの混合ガスを用いる溶接法である．混合ガスの一般的な割合はアルゴンが80%，炭酸ガスが20%である．炭酸ガスにアルゴンを混ぜることでスパッタの発生を抑えることができ，良質なビードが得られる．炭酸ガスアーク溶接に比べて，シールドガスに含まれる炭酸ガスが少ないので，使用するソリッドワイヤは脱酸剤が少なめのものを選ぶ．炭酸ガスアーク溶接と同じように，フラックス入りワイヤを使用することで，スパッタの発生がきわめて少なくなる．

炭酸ガスアーク溶接とMAG溶接は，溶接中に溶接ワイヤは消耗していくため消耗電極式となる．また，溶接ワイヤは自動で供給されるので半自動アーク溶接に分類される．

(5) セルフシールドアーク溶接

セルフシールドアーク溶接（self-shielded arc welding）は，シールドガスを使わない溶接法である．大気中で溶接することになるので，フラックス入りワイヤを用いることで溶接中の酸化や窒化を防ぐ．

溶接ワイヤには母材とほぼ同じ材質のものを用いるので，溶接している最中に溶接ワイヤは溶滴となり消耗していくため，消耗電極式となる．また，溶接ワイヤは自動で供給されるので半自動アーク溶接に分類される．

(6) サブマージアーク溶接

サブマージアーク溶接（submerged arc welding）は，溶接しようとする母材の上にフラックスを散布し，そのなかに溶接棒を沈めてアークを発生させる溶接法である（図3.22）．サブマージ（submerge：沈める）とよぶように，フラックスに覆われたなかで溶接するため，溶けたフラックスが溶融池を覆うことで大気と遮断して溶接できる．また，アークは遮蔽されるため遮光のための保護具などは必要ない

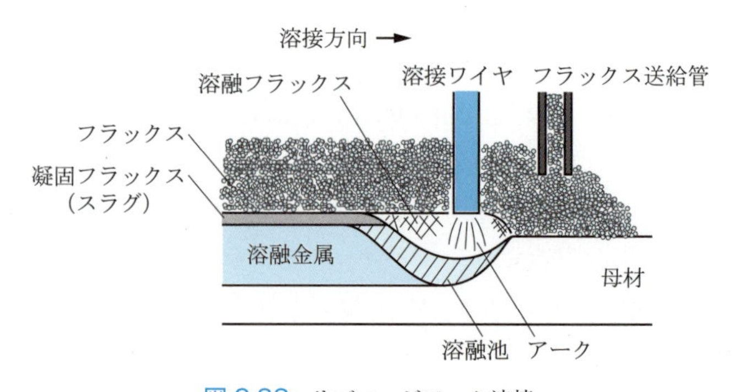

図3.22 サブマージアーク溶接

が，良否を確認しながらの溶接はできない．フラックスはフラックス送給管から供給され，溶接棒の心線は溶接ワイヤとして自動で供給される．サブマージアーク溶接の特徴はつぎのとおりである．

[長所] ① 大電流で溶接できるため，溶込みが深く，かつ溶接速度が速く能率的である．
② アークが見えないので，遮光する必要がない．
③ ビード外観がきれいに仕上がる．

[短所] ① 入熱量が多く，溶接部周辺の機械特性の変化に注意が必要である．
② 複雑な形状の溶接には不向きで，下向き溶接に限られる．

3.4.3 抵抗溶接

抵抗溶接（resistance welding）は，溶接しようとする母材に電流を流し，母材間の接触面で生じるジュール熱により溶融し，大きな力を加えることで溶接する圧接に分類される溶接法である．抵抗溶接のなかでもっとも広く使われている抵抗スポット溶接を基本として，抵抗溶接のしくみや特徴を説明する．

(1) 抵抗スポット溶接

抵抗スポット溶接（resistance spot welding）のしくみを図 3.23 に示す．まず銅合金の丸棒状の固定電極の上に 2 枚以上の重ねた板材を置き，上の可動電極を下して挟む．そして，可動電極で加圧しながら電流を流すと，ジュール熱が発生して溶融する．ジュール熱の発熱量はつぎのジュールの法則に従い，抵抗の大きい板材の接触面でもっとも高くなる．

$$Q = I^2Rt \tag{3.1}$$

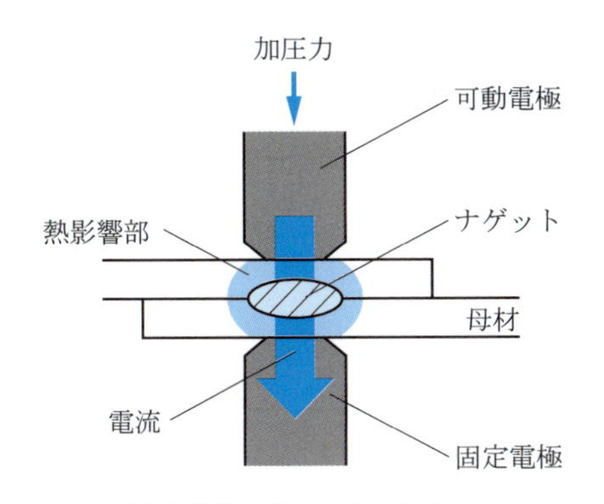

図 3.23 抵抗スポット溶接

ここで，Q は発熱量［J］，R は電気抵抗［Ω］，I は電流［A］，t は電流を流した時間［s］である．板材の接触面は，ごく短時間で千数百度に達する．このとき，溶融・凝固して形成された溶接部には，碁石状の**ナゲット**（nugget）が形成される．

発熱の一部は板材を伝って溶接部の周囲に逃げたり，大気中に放散されたりするため，つぎの材料が溶接しやすい．

- ・電気抵抗が大きい材料
- ・熱伝導率が小さい材料
- ・融点が低い材料

抵抗スポット溶接は点溶接であるため，構造物としての強度を確保するために，強度を必要とする範囲内に複数の溶接を行うのが一般的である．自動車の薄板どうしの溶接にもっとも多く使われており，溶接ロボットによる自動化が主流になっている．

(2) そのほかの抵抗溶接

抵抗溶接は，母材の組み合わせ方によって分けられる．図 3.24 に示すように，板材を重ね合わせて溶接する**重ね抵抗溶接**（lap resistance welding）と，丸棒などの端面どうしを突き合わせて溶接する**突合せ抵抗溶接**（butt resistance welding）である．抵抗スポット溶接は，重ね抵抗溶接に分類される．図 3.25 に抵抗溶接の分類を示す．

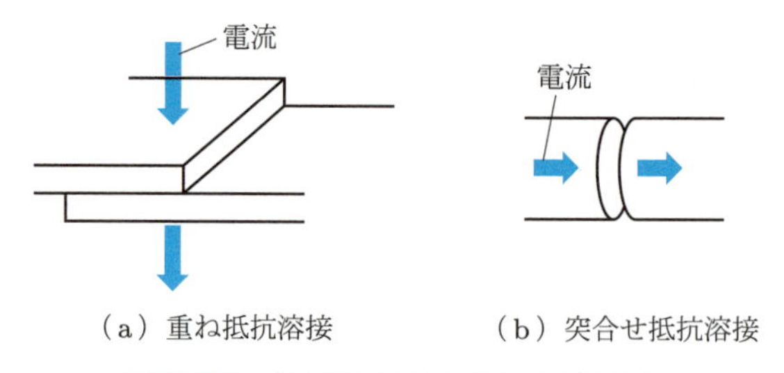

図 3.24　重ね抵抗溶接と突合せ抵抗溶接

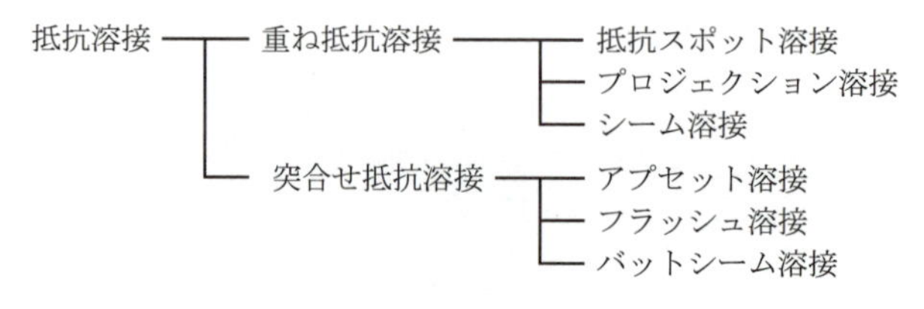

図 3.25　抵抗溶接の分類

a）プロジェクション溶接（projection welding）　プロジェクション溶接は，図3.26に示すように，母材の一方の溶接したい箇所に電流が通電するようにあらかじめ突起を設けて，平板に重ねて加圧しながら電流を流すことで，突起部と平板の接触面が発熱して溶接する溶接法である．平面上の電極を用いて電流を流すので，複数の突起部を設けておけば，一度の通電で複数個所を溶接でき，効率的である．実用例として，図3.27にプロジェクションナットの使用例を示す．プロジェクションナットは，ねじ締結する前にプロジェクション溶接により板材にナットを溶接することで，ねじ締結する際にナットを押さえる工程を省略でき，作業工程を簡易化できる．

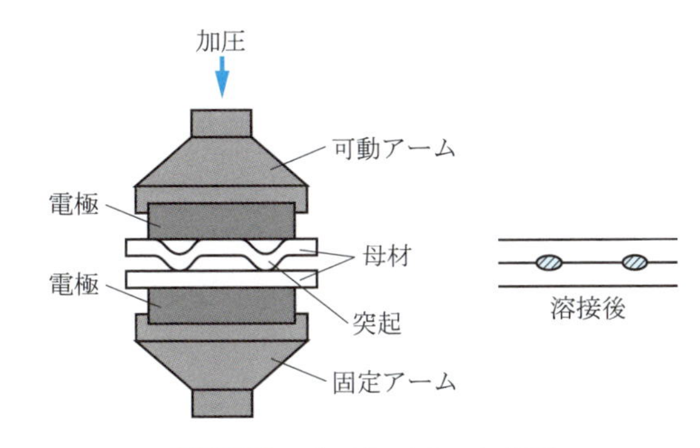

図3.26　プロジェクション溶接

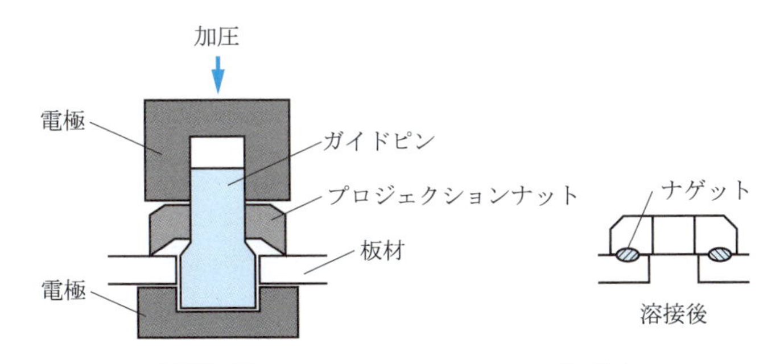

図3.27　プロジェクションナットの使用例

b）シーム溶接（seam welding）　シーム溶接は，図3.28に示すように，重ねた板材を電極ローラで挟んで加圧し，ローラを回転して板材を送りながら，電流を流すことにより板材の接触面が連続的に発熱する溶接法である．連続的に溶接できるので，溶接部は線状になり，気密性や水密性を必要とするタンクやスプレー缶などの溶接缶に用いられる．

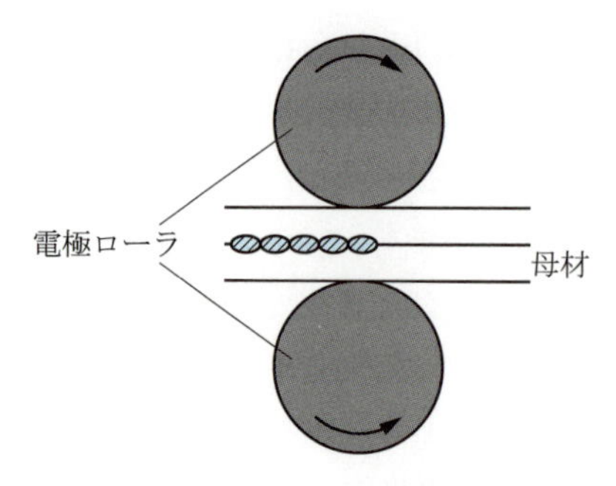

図 3.28 シーム溶接

c) **アプセット溶接**（upset welding） アプセット溶接は，図 3.29 に示すように，丸棒などの端面どうしを突き合わせて，両側から加圧とともに電流を流し，接触面が発熱し溶接可能な温度に達したらさらに圧力を上げて行う溶接法である．高温の状態で大きな圧力を加える工程をアプセット過程といい，溶接部は圧縮の力により外側に膨れ，据込みが生じる．アプセット溶接は，比較的小さな断面をもつ棒材や管材などの溶接に使われる．

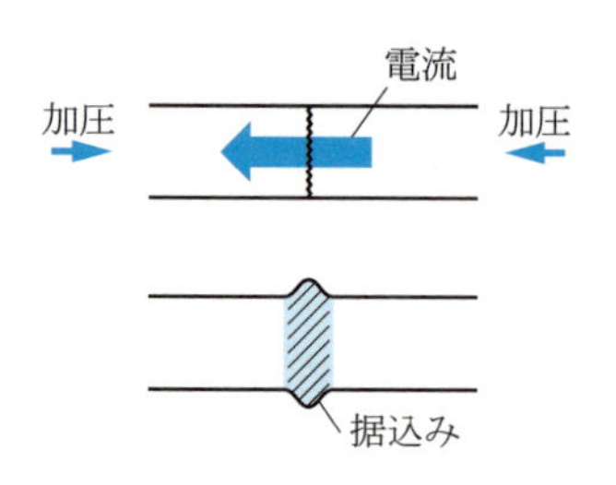

図 3.29 アプセット溶接

d) **フラッシュ溶接**（flash welding） フラッシュ溶接は，図 3.30 に示すように，まず丸棒などの母材の端面に電圧をかけながら近づけていく．そして，母材どうしが接触すると火花（フラッシュ）とアークが発生し，溶接面全体の温度が上昇する．溶融状態になったら大きな圧力を加え，電流を流す．フラッシュ溶接では，アプセット溶接ほどの据込みは生じない．また，溶接面全体を均一に溶融できるので，鉄道レールのような比較的大きな断面をもつ材料の溶接に使われる．

e) **バットシーム溶接**（butt seam welding） バットシーム溶接は，図 3.31 に示すように，スクイーズロールにより板材をパイプ状に加工しながら，板の端面どうしを接触させ，そこに電極ローラから電流を流し，圧力を加える溶接法である．

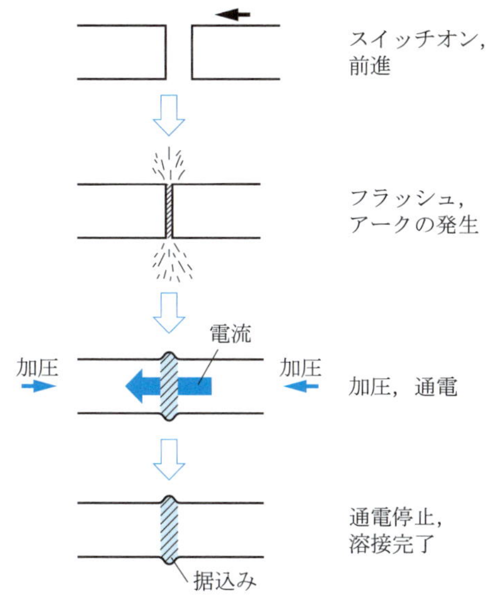

図 3.30 フラッシュ溶接

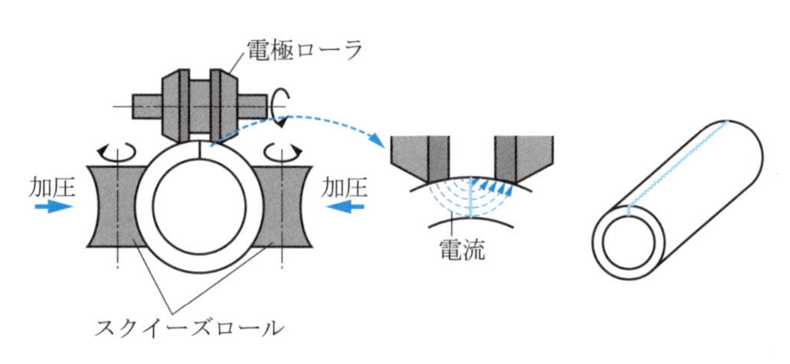

図 3.31 バットシーム溶接

バットシーム溶接でつくられた連続的なパイプのことを電縫管といい，大口径かつ長尺ものを製造できるため，産業用機械のパイプ，ガスや水道などのライフラインの管に使われている．

✚ 3.4.4 固相接合

固相接合（solid-state bonding）は，まず母材が溶融しない程度に接合部を加熱する．そして，清浄な面どうしを密着させるために大きな圧力を加え，近接した清浄面どうしの両原子間に引力を作用させ，固体のまま接合する．母材を溶融しないので溶接金属は生じないが，熱影響部が生じる．

固相接合を達成するためには，接合面に存在する酸化皮膜などの汚染層を除去し，接合面を清浄にすることが重要である．また，接合強度を保証するためには，できるだけ広い面積で接合する必要がある．

固相接合にもいろいろな接合法があり，なかでも熱を加えながらハンマでたたいて接合する**鍛接**（forge welding）は，古代エジプトの王族の装飾品を接合するためにも使われていた技術である．ほかにも，摩擦圧接や超音波接合，1990 年代に発明された摩擦攪拌接合などがある．

固相接合技術の代表的な接合法の一つである**摩擦圧接**（friction welding）は，図 3.32 に示すように，母材どうしを突き合わせ，軸方向に圧力を加えながら相対運動（回転運動）をさせる．このときの接触面に発生する摩擦熱が母材を軟化して接合面の酸化皮膜や汚染層の破壊と除去を促す．そして，大きな変形が生じて清浄になった接合面どうしが密着することで接合される．

接合過程は自動化されており，接合時間が短く，接合強度も優れているなどの利点がある．

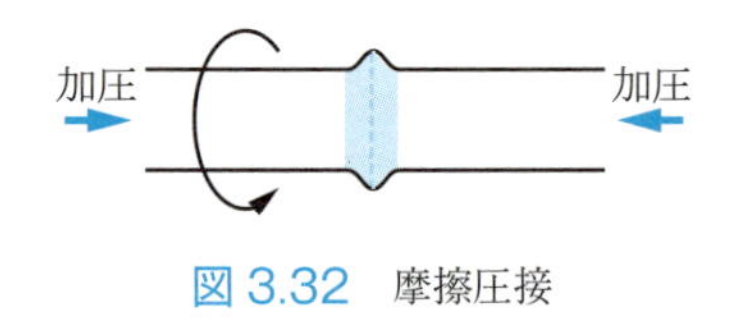

図 3.32　摩擦圧接

3.4.5　ろう接

ろう接（brazing and soldering）は，接合しようとする母材どうしの間に**ろう材**（brazing filler metal．母材より低い融点の金属）を溶かし込み，母材どうしをつなぎ合わせる溶接法である．母材どうしを溶融凝固するわけではなく，母材どうしの間に溶かし込んだろう材が溶接の仲介をしている．優れた機械特性を得るためには，フラックスを塗布して母材表面にある酸化皮膜を除去する必要がある．ろう接は，母材を溶融する必要がないので，異なる金属どうしの接合（異材接合）が可能である．

ろう接に使用するろうには，つぎの二つがある．

① **軟ろう**（solder）：450°C 未満の低温で溶融するろう材．軟ろうを使用するろう接のなかにはもっとも代表的で身近な**はんだ付け**（soldering）がある．はんだ付けで使用する**はんだ**（solder）は鉛とすずの合金が一般的である．

はんだは機械特性が劣るため，強度を必要としないプリント基盤や配線の接合に使われている．

② **硬ろう**（brazing filler metal）：450°C 以上の高温で溶融するろう材．硬ろうには銀ろうや黄銅ろうなどがあり，硬ろうを使用するろう接のことを**硬ろう付け**（brazing）という．軟ろうに比べて優れた機械特性をもつことから，アーク溶接などの融接が困難な小型部品の接合，流体機械のパイプなどの接合に使われている．

3.5 マルチマテリアル化

近年，超高張力鋼板などの鋼材，アルミニウムやマグネシウム，チタンなどの軽金属材料，炭素繊維強化プラスティック（CFRP）などの複合材料など，さまざまな材料が開発されている．これらの材料はそれぞれ特有の特性をもっているので，適材適所に使うことによって，構造物の軽量化が可能になる．たとえば，自動車などの乗り物では，軽量化は燃費を向上させるために効果的な手段であるので，強度を必要としない箇所はアルミニウムや炭素繊維強化プラスチック（CFRP）などの軽い材料への転換が積極的に行われている．また，強度が必要な箇所には高強度ハイテン鋼などの強い材料を使うことで板材を薄くでき，強度を維持したまま軽量化できる．このように，適材適所でいろいろな材料を使うことを**マルチマテリアル化**（multi-material）という．図 3.33 にマルチマテリアル車体の一例を示す．

マルチマテリアル化を進めていくためには，異なる材料どうしの接合技術の発展が必要になる．機械的接合は容易であるが，構造が複雑になり軽量化の効果も減ってしまうため，溶接による接合が求められる．しかし，たとえば，鉄鋼材料と軽金

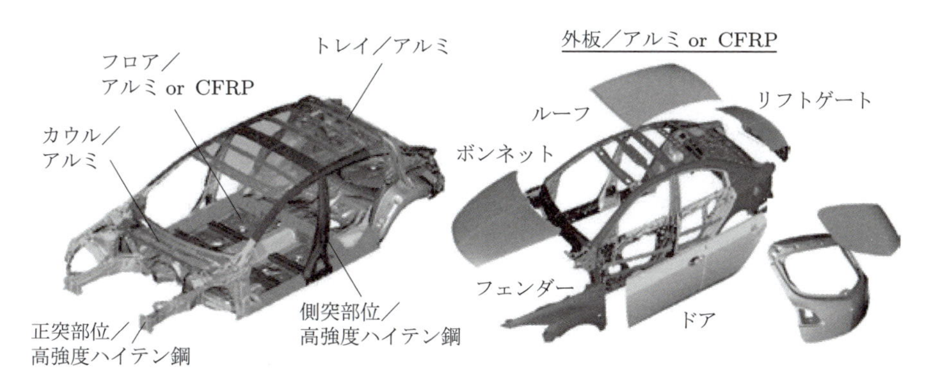

図 3.33 マルチマテリアル車体の例（出典：新エネルギー・産業技術総合開発機構（NEDO））

属材料として代表的なアルミニウムをアーク溶接などの融接で接合しようとすると，もろい金属間化合物が生成されて接合強度が著しく低下し，簡単に壊れてしまう．そこで近年注目されている技術が，固相接合（3.4.4項）やろう接（3.4.5項）である．固相接合やろう接は異なる金属どうしの接合（異材接合）に適しており，実用化も進んでいる．とくに固相接合は，異材どうしを直接接合できる技術として，マルチマテリアル化の鍵を握っている接合技術である．

演習問題

3.1 溶接と機械的接合の長所と短所をまとめよ．

3.2 熱影響部の組織と硬さ分布を図示し，その関係性について説明せよ．

3.3 溶接残留応力と溶接変形が生じるメカニズムについて，図を用いてまとめよ．

3.4 溶接残留応力を取り除く方法について説明せよ．

3.5 フラックスの役割を説明せよ．

3.6 被覆材の役割を説明せよ．

3.7 TIG溶接，MIG溶接，炭酸ガスアーク溶接，MAG溶接について，保護ガス，電極の種類，溶加材の必要性，分類の観点からそれぞれの違いを説明せよ．

3.8 抵抗スポット溶接の原理を説明せよ．

3.9 固相接合の原理を説明せよ．

Column「応力」

応力とは，物体の内部に作用する単位面積あたりの内力のことである．内力と外力はつり合うので，計算上は圧力と同じ式で表すことができる．式からわかるように，加わる外力が一定であれば，断面積の大きさによって応力が変わる．

●圧力（物体外部に加える単位面積あたりの外力）

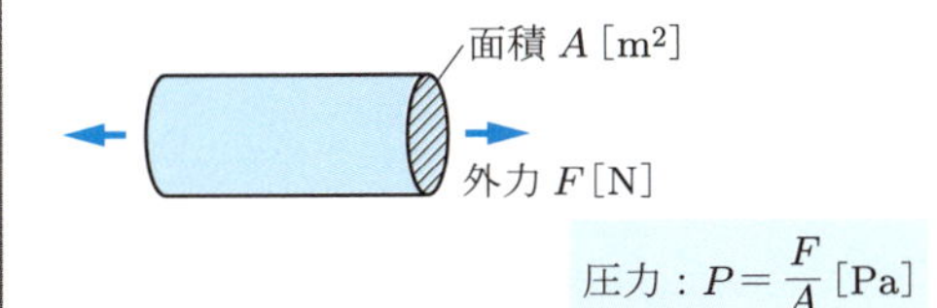

圧力：$P = \dfrac{F}{A}$ [Pa]

●応力（物体内部に作用する単位面積あたりの内力）

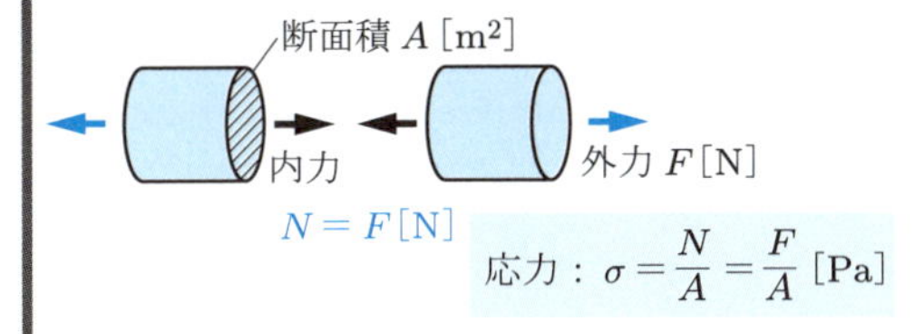

●異なる断面積をもつ物体の応力の考え方

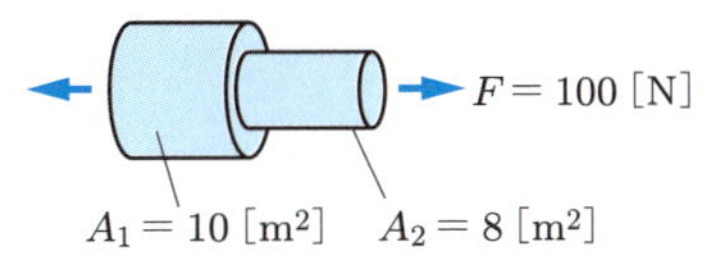

断面積 A_1 に対して

$$\sigma_1 = \frac{F}{A_1} = \frac{100}{10} = 10 \text{ [Pa]}$$

断面積 A_2 に対して

$$\sigma_2 = \frac{F}{A_2} = \frac{100}{8} = 12.5 \text{ [Pa]}$$

異なる断面積をもつ物体に一定の外力が加わった場合，断面積が小さいほうが大きな応力が作用する

外力がかかっていない場合でも応力が作用する場合がある．たとえば，熱応力である．物体を一様に加熱した場合は物体全体が膨張するので応力は生じない．しかし，一部のみを加熱した場合は加熱部が膨張しようとするのに対して，加熱していない周囲から膨張に抵抗する応力が生じる．これが熱応力である．熱応力は，溶接部の残留応力の基本的な考えであり，材料の拘束条件によって複雑な応力状態になる．

●外力を加えなくても応力が作用する場合（例：熱応力）

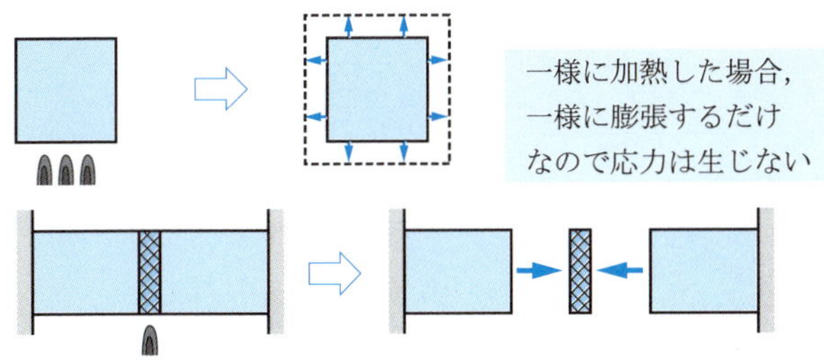

一部のみを加熱した場合，加熱部は膨張しようとするが，加熱していない周囲から膨張に抵抗する力が生じる
➡ 熱応力

Column「熱処理」

機械工作で扱う工作法（鋳造（第 2 章），溶接（第 3 章），塑性加工（第 4 章），切削（第 5 章），研削（第 6 章））では，それぞれの加工の条件などによってそれぞれの特徴的な組織が生じたり，機械特性の変化が生じたりする．これらの特徴的な組織や機械特性は改善する必要があり，その方法が熱処理である．熱処理の操作は，加熱の仕方や温度，冷却速度の組み合わせによって異なるので，目的に応じた操作を選択する必要がある．表 3.4 に各種熱処理の特徴を示す．

表 3.4 熱処理の操作と目的

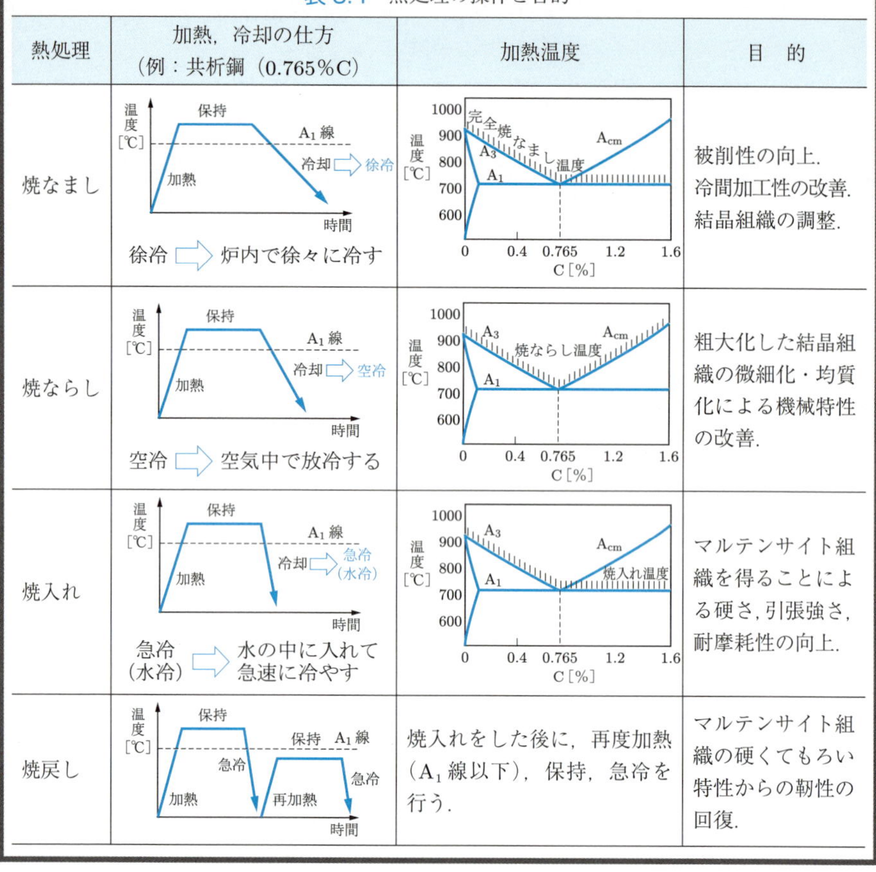

熱処理	加熱，冷却の仕方（例：共析鋼（0.765％C））	加熱温度	目　的
焼なまし	温度[℃]，保持，A_1 線，冷却 ⇨ 徐冷，加熱，時間 徐冷 ⇨ 炉内で徐々に冷す	温度[℃]，1000，900，800，700，600，完全焼なまし温度，A_3，A_1，A_{cm}，0，0.4，0.765，1.2，1.6，C[%]	被削性の向上． 冷間加工性の改善． 結晶組織の調整．
焼ならし	温度[℃]，保持，A_1 線，冷却 ⇨ 空冷，加熱，時間 空冷 ⇨ 空気中で放冷する	温度[℃]，1000，900，800，700，600，A_3，焼ならし温度，A_{cm}，A_1，0，0.4，0.765，1.2，1.6，C[%]	粗大化した結晶組織の微細化・均質化による機械特性の改善．
焼入れ	温度[℃]，保持，A_1 線，冷却 ⇨ 急冷（水冷），加熱，時間 急冷（水冷） ⇨ 水の中に入れて急速に冷やす	温度[℃]，1000，900，800，700，600，A_3，A_{cm}，焼入れ温度，A_1，0，0.4，0.765，1.2，1.6，C[%]	マルテンサイト組織を得ることによる硬さ，引張強さ，耐摩耗性の向上．
焼戻し	温度[℃]，保持，保持 A_1 線，急冷，急冷，加熱，再加熱，時間	焼入れをした後に，再度加熱（A_1 線以下），保持，急冷を行う．	マルテンサイト組織の硬くてもろい特性からの靭性の回復．

塑性加工

塑性加工は，さまざまな形の製品を大量に，精度よくつくることができる．この特徴から，自動車や家庭用電化製品などの構成部品の製造にもっとも広く用いられており，現代社会の発展を支えてきた代表的な加工技術である．

本章では，まず塑性加工の基本を説明する．つぎに，圧延，鍛造，押出しと引抜き，プレス加工の 4 種に大別できる塑性加工の加工法の特徴を説明する．

4.1 塑性加工の基礎

引っ張ったゴムから手を離すと，ゴムは元の形に戻る．この性質を弾性（elasticity）という．一方，針金を折り曲げると，手を離しても折り曲がったままで，元の形に戻らない．この性質を塑性（plasticity）といい，この変形を塑性変形という．

塑性加工（plastic working）は，塑性変形を利用して材料を目的の形状・寸法にする加工法である．塑性加工は，圧延，鍛造，押出しと引抜き，プレス加工に分けることができるが，まずは基本として，一般的な特徴を説明し，各加工法の特徴を紹介する．また，塑性加工で重要となる加工温度についても説明する．

4.1.1 塑性加工の特徴

塑性加工の一般的な特徴はつぎのとおりである．

[特徴] ① 大量の製品を短時間でかつ高精度につくることができる．
② 素材を変形して製品をつくるため，材料の無駄が少ない．
③ 加工により引張強さや圧縮強さといった強度や粘り強さ（靭性）が向上し，丈夫な製品をつくることができる．

このような特徴から，塑性加工は同一形状の製品を大量生産できる加工法として発展した．元々は切削加工や鋳造でつくられていた製品も，いまでは塑性加工でつくられるようになっている．

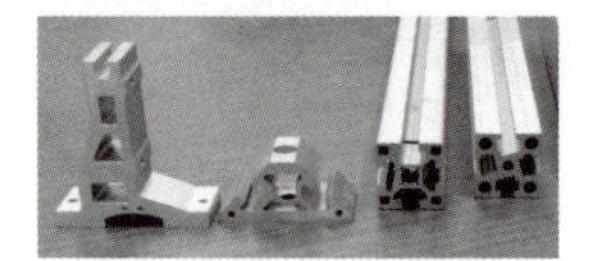

（a）一次加工品

（b）二次加工品

図 4.1　塑性加工製品

塑性加工では，まず図 4.1(a)に示すような厚板，薄板，棒鋼，線材，レール，H 形鋼，山形鋼，溝形鋼などの素材を製作する．これを一次加工という．板材やレールなどは素材の形のまま製品として利用されるが，多くはさらにプレス加工，鍛造，切削などの加工を経て，図(b)に示すような日用品から工業製品までの幅広い製品となる．これを二次加工という．日常生活で「塑性加工」を耳にすることはほとんどないが，身のまわりにある多くの製品が塑性加工でつくられている．

✚ 4.1.2　塑性加工の種類

塑性加工は，その製作方法から，図 4.2 に示すように分類される．代表的な方法としてつぎの 4 種類がある．

① **圧延**：二つあるいは複数のロールの間に板材を通して，板・棒・管などの形状に加工する方法．

② **鍛造**：工具や金型などを用いて，塊状の材料を圧縮や打撃することにより加工する方法．

③ **押出し・引抜き**：棒材を工具の穴から押し出したり引っ張ったりして，断面形状を変形させる方法．

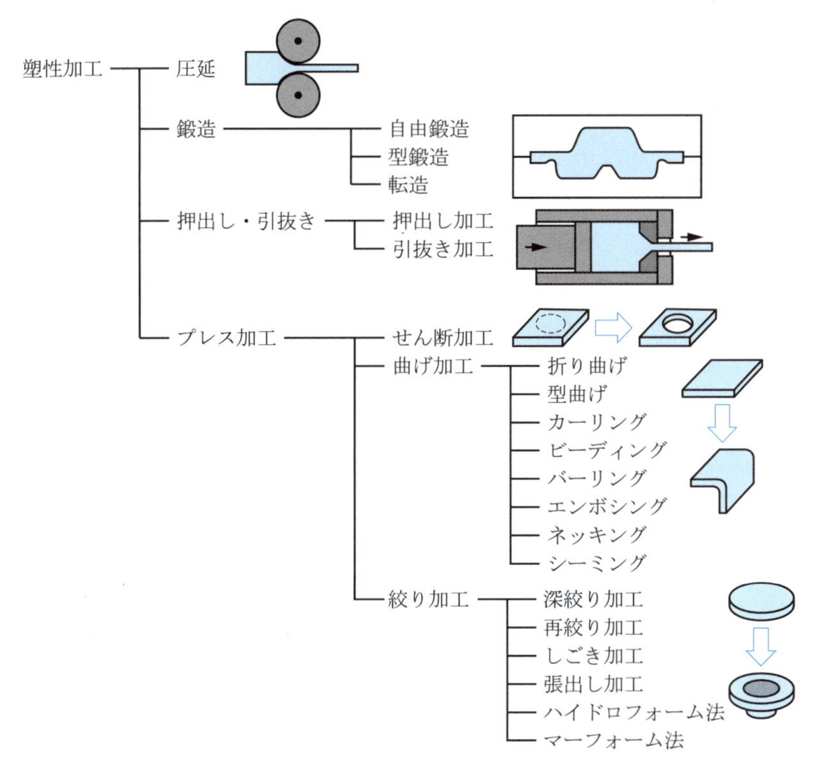

図 4.2　塑性加工の分類

④ **プレス加工**：一対の工具の間に板材を挟み，加圧力で素材を工具の形に加工する方法.

✚ 4.1.3　加工温度

塑性加工では，加工時の材料の温度がその成形性などに大きな影響を及ぼす．加工温度が低いと，金属材料は強さや硬さが増し，加工が進むほど抵抗（変形抵抗という）が大きくなり，伸びにくくなる．この現象を**加工硬化**（work hardening）という．一方，加工温度が高いと，表面が酸化したり粗くなったりするが，変形はしやすくなる．これは，加工温度を高くしていくと，金属材料の硬さや引張強さが急激に減少し，伸びや絞り（材料を引っ張ったときの引張方向に垂直な面の断面積の変化の割合）が増加するためである．このとき，金属材料は，変形を受けた結晶粒から加工の影響のない新しい結晶粒に変化している．このような現象を**再結晶**（recrystallization）といい，再結晶の始まる温度を再結晶温度という．再結晶温度は，加工度や金属の種類などによって異なる．一般に，加工温度の違いからつぎのように分類される．

① **冷間加工**（cold working）：材料を加熱せず常温（主に室温）で行う加工．加工硬化が起こり，また高温の場合に起こる表面の酸化や粗くなることを避けられる．強さや硬さが求められる場合や，滑らかな加工面と高い寸法精度で加工したい場合に用いられる．

② **熱間加工**（hot working）：再結晶温度以上で行う加工．加工力を小さくできるなどの理由から，大型部品や難加工材に対して，圧延，鍛造，押出しなどを行う際に用いられる．表4.1は，主な金属材料の熱間加工における標準の加工温度である．熱間加工では，材料の加熱温度が低すぎると残留応力が生じて内部割れが発生することがあるため，再結晶温度よりやや高めの温度で加工を終了させ，内部ひずみを残さないようにする必要がある．

表4.1 主な金属材料の熱間加工における加工温度

金属材料	加熱温度［°C］	加工終了温度［°C］
炭素鋼	1200	800
ステンレス鋼	1200	900
高張力鋼	1250	800
アルミニウム合金	450	360
銅	870	750
マグネシウム合金	400	200

③ **温間加工**（warm working）：再結晶温度以下の温度まで加熱して行う加工．冷間加工と熱間加工の中間で，それぞれの特徴を活かしたい場合に用いられる．

4.2 圧 延

板材，形材，管材，棒材，線材など，多くの素材の生産に用いられるのが圧延である．ここでは，圧延の特徴や圧延による素材の各種製造方法について説明する．

4.2.1 圧延とその特徴

図4.3に示すように，回転するロールの間に板状，棒状の金属材料を通して，摩擦によって長さ方向に素材を延ばしながら断面積を減少させる加工法を**圧延**（rolling）という．圧延は，材料内部に変形する領域と変形しない領域が存在するが，

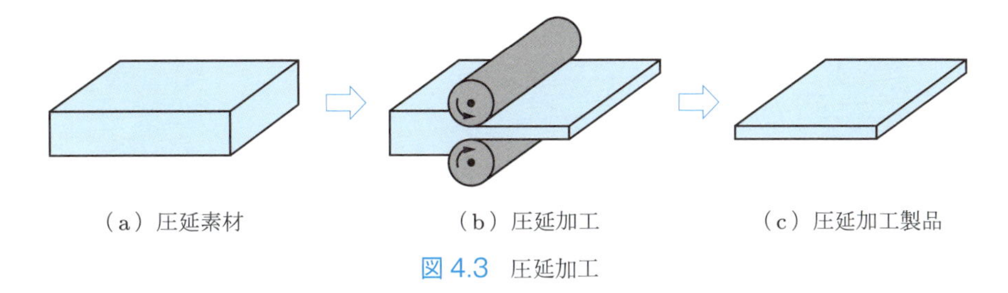

（a）圧延素材　　（b）圧延加工　　（c）圧延加工製品

図 4.3　圧延加工

ロール間の材料を連続的に変形できるため，一様な断面形状をもった種々の形状の製品の大量生産に適している．また，製作できる大きさとしては，板材では板幅が最大 5.5 m，板厚は数 100 μm から 300 mm という広範囲にわたり，長さも数キロメートルに及ぶ帯鋼まで製造されている．さらに，鋼板の熱間圧延（hot rolling）では約 1500 m/min（90 km/h），冷間圧延（cold rolling）では約 2500 m/min（150 km/h），線材の場合は約 6000 m/min（360 km/h）の高速度で成形できる．

4.2.2 圧延機

一般に用いられる**圧延機**（rolling mill）の構造を図 4.4 に示す．ロール直径が小さい一対の作業ロール（ワークロールという）と，ロールのたわみを防ぐ，直径の大きい一対の支えロール（バックアップロールという）が，軸受を介してハウジングに納められた構造である．図 4.5 に示すように，ロール本数，ロール回転方向，ロール配置などは多種多様である．

(1) ロール本数による分類

図 4.5(a) ～ (e)に示すように，圧延機を構成するロール本数が 2 本の場合は 2

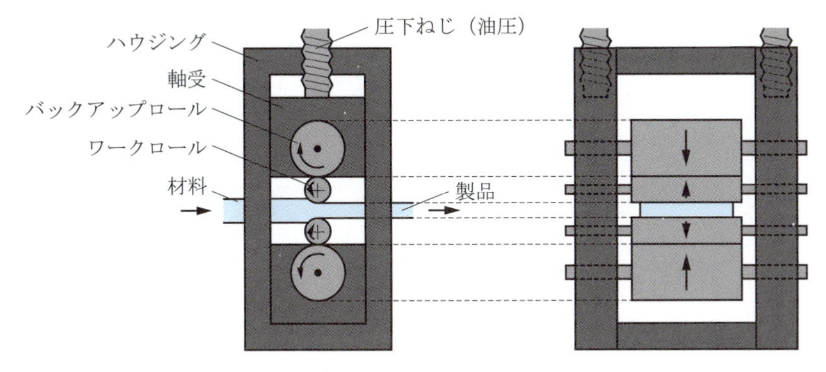

図 4.4　圧延機の構造

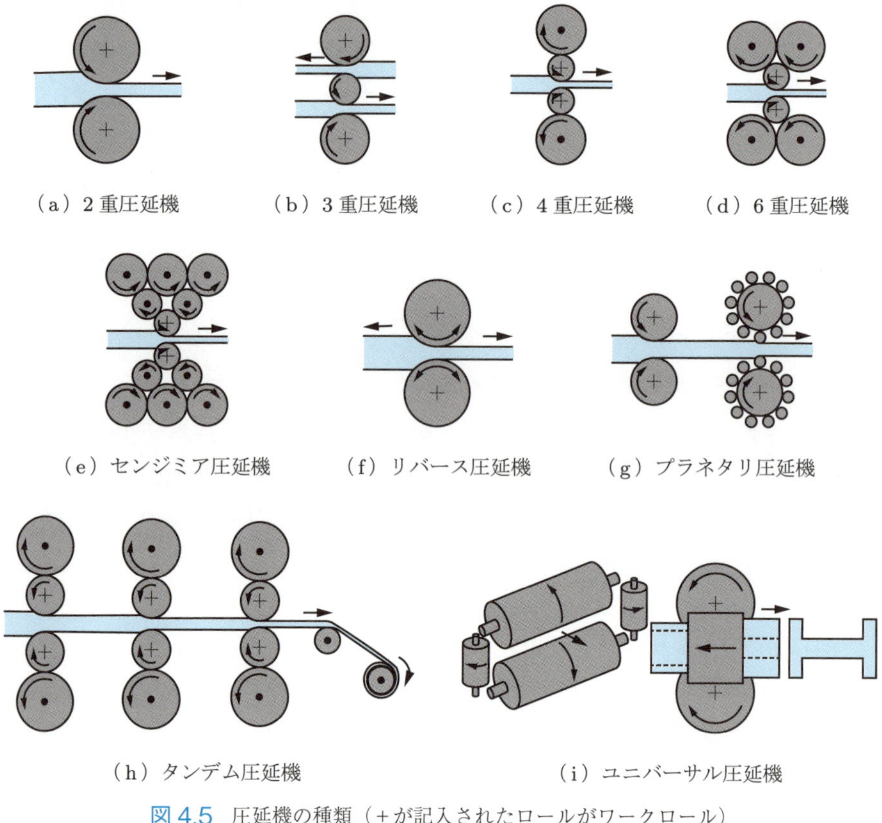

図 4.5 圧延機の種類（＋が記入されたロールがワークロール）

重式，3 本の場合は 3 重式などという．ロールの中央に＋が記載されているロールがワークロール（作業ロール）である．

2 重圧延機（図 4.5(a)）は，直径が等しい 2 本のロールで構成されているもっとも簡単な形式のもので，熱間あるいは冷間で比較的厚い素材の圧延に用いられる．3 重圧延機（図(b)）は，二つのワークロールの間に中間ロールがあり，ロールの方向を逆転しなくても，上のワークロール・中間ロールと，中間ロール・下のワークロールの間で往復圧延でき作業能率が高い．そのため，比較的大きい材料や形材の粗（あら）圧延に用いられる．4 重圧延機（図(c)）は，もっとも用いられる一般的な圧延機である．多重圧延機は，材料の厚みが薄く製品の形状精度が要求される仕上げ圧延に用いられる．ロールの本数を増やしてバックアップロールで支えることで，より硬い材料やより薄い材料の圧延が可能になる．

(2) ロール回転方向による分類

圧延機には，ロールの回転方向が一方向のみのものと，ロール回転を逆転して往復圧延できるものがある．2 重圧延機（図 4.5(a)）は一方向のみなので，さらに圧延する場合は，圧延後の材料を圧延機入口側に戻して圧延する必要がある．この方式をプルオーバ圧延機という．一方，圧延入口に戻すのが困難な大型材料の粗圧延で用いられているのが，図(f)で示す往復圧延するものである．この方式を**リバース圧延機**（reversing mill）という．プルオーバ圧延機は低効率などのために，可逆式や後述のタンデム式などに代わっている．

(3) ロール配置による分類

直径の小さいワークロールと，そのロールを補強する多数のバックアップロールから構成される圧延機を多重圧延機といい，ロール配置により図 4.5(c) ～ (e)のような圧延機がある．圧延荷重を減少させる目的でワークロールの径を小さくすることがあるが，ロール径が小さくなるとロールのたわみが大きくなるため，多数のバックアップロールで支えてたわみを防止する．バックアップロール本数がとくに多い 6 重以上の圧延機は**センジミア圧延機**（sendzimir mill．図(e)）といい，ステンレス鋼，ケイ素鋼，ベリリウム青銅，チタンなどの硬質材料や，アルミ箔などのような極薄板の圧延に用いられている．

変形抵抗の小さなアルミニウムや熱間薄板の圧延では，直径の大きな上下のバックアップロールの周囲に多数の小径のワークロールを設けた**プラネタリ圧延機**（planetary mill．図 4.5(g)）が用いられることがある．材料を圧延機に通すことをパスといい，プラネタリ圧延機では押込みロールで材料を押し込むことにより，1 パスで圧下率（4.2.4 項(1)参照）90％以上の大きな変形を与えることができる．また，大きな圧下が必要な場合は，リバース圧延機（図(f)）では数回の圧延が必要になるが，圧延機を直列に数台並べて一度に圧延する**タンデム圧延機**（tandem mill．図(h)）が用いられる．さらに，水平の 2 本のロールに垂直なロールを配置して，ロールの間隙を製品の断面形状にして形材を圧延する**ユニバーサル圧延機**（universal mill．図(i)）を用いれば，H 形鋼などを能率よく製作できる．

4.2.3 一次加工と各素材の圧延方法

図 4.6 に鉄鋼材料の一次加工の工程を示す．鉄鋼材料の多くは板材や形材などを製造する前段階として，スラブ，ブルーム，ビレットを製造する．

スラブ（slab）は大型の長方形鋼片で熱延薄板用素材として用いられ，その形状

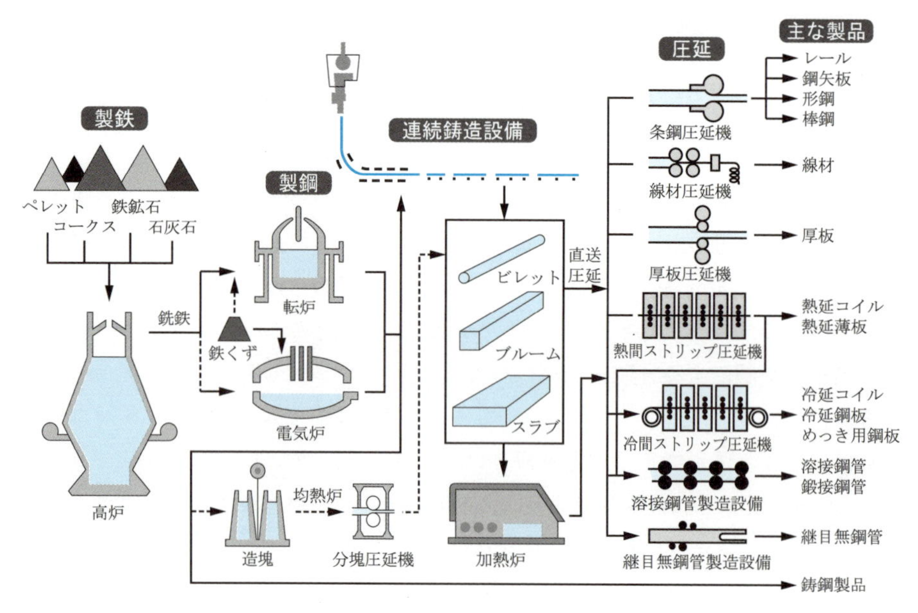

図 4.6 鉄鋼材料の製造工程（資料提供：(株)大東）

は厚さ 130 ～ 300 mm，幅 600 ～ 2300 mm の矩形断面で長さ 3 ～ 14 m 程度である．**ブルーム**（bloom）は大型の角鋼片で大型や中型条鋼用素材として用いられ，その形状は一辺 150 ～ 550 mm，長さ 1 ～ 10 m 程度の大きさである．もっとも小さいものが**ビレット**（billet）といわれる小型の丸や角の鋼片である．その形状は一辺 160 mm 程度まで，長さ 1 ～ 20 m の範囲のもので，主に小型条鋼，線材，シームレスパイプ用素材として用いられる．

(1) 分塊圧延と連続鋳造

鉄鋼の原料から素材を製作するには二つの方法がある．一つは，転炉などでつくられた溶鋼を大きな塊として鋳造する造塊を行い，この鋳塊から鋼片を製作する**分塊圧延**（blooming, slabbing）による方法である．もう一つは，造塊をしないで鋼片を製作する**連続鋳造**（continuous casting）による方法である．

連続鋳造は，造塊する方法と比べてつぎの特徴がある．

［特徴］ ① 造塊後の再加熱や分塊工程が省略できる．
② 原材料に対する良品の割合を示す歩留まりが向上する．
③ 偏析や非金属介在物が少ない．

(2) 板と形材の圧延

さらにスラブは，熱間圧延により厚板にしたり，タンデム圧延機で熱間圧延する**ホットストリップミル**（hot strip mill）に通して熱延鋼板にしたりする．熱延鋼板をタンデム圧延機でさらに冷間圧延する**コールドストリップミル**（cold strip mill）に通せば，冷延鋼板となる．

棒鋼，形鋼なども，板材と同様に圧延により製作するが，図 4.7 に示すように，板材を圧延する際に用いられる円柱状ロールの代わりにロールに溝形状を彫った孔型ロールを用いる．そして，ブルームから棒線，形材の最終形状になるように少しずつ圧延を繰り返し，所望の製品を得る．この圧延を**孔型圧延**（caliber rolling）という．H 形鋼は，上下水平ロールと左右の縦ロールの計 4 本の平ロールからなるユニバーサル圧延機を用いた方法でも製作できる．この方法は構造が簡単で調整幅が大きいため，H 形鋼の大量生産や鋼矢板，杭枠鋼，レールなどの中間成形にも用いられる．

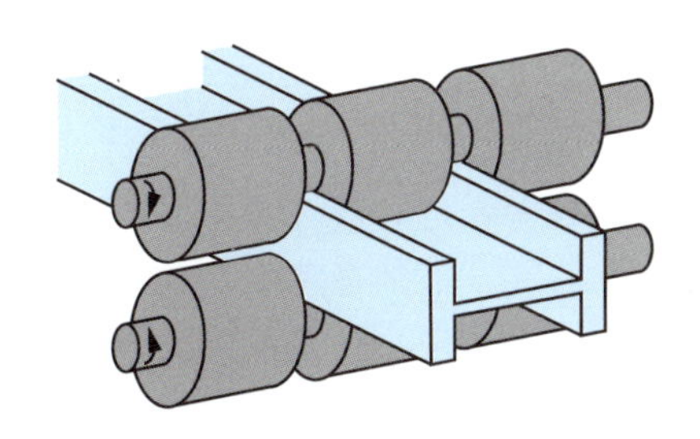

図 4.7 孔型圧延

(3) 管の製造

管の製造方法は，板材を接合する方法と，素材に穴をあける方法がある．

板材を接合する方法では，スラブから厚板や薄板を製作する．**UO 鋼管**（UO steel pipe）は，厚板を円筒状に曲げて直線で溶接する．**電縫鋼管**（electric resistance welded pipe．シームパイプともいう）は，薄板をロールなどで長手方向に円形に成形し，直線的に溶接する．**スパイラル鋼管**（spiral steel pipe）は，薄板をらせん状に巻いて溶接する．このほかに，鍛造による**鍛接鋼管**（forge welded pipe）がある．

素材に穴をあける方法には，図 4.8 に示すせん孔機により円形ビレットの中心に穴をあけ，その後延伸機などにて圧延して製作する**マンネスマン穿孔法**（Mannesmann process）がある．この方法で製作されたものを**継目なし鋼管**（シー

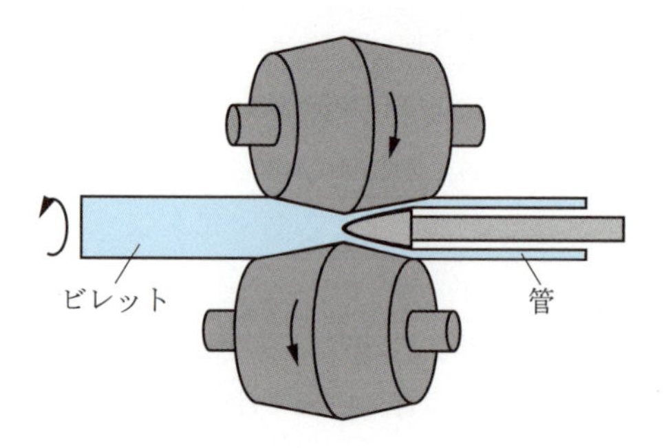

図 4.8 マンネスマン穿孔法

ムレスパイプ(seamless pipe))という．強度が大きく大量生産に適した方法である．

以上のように，厚板，熱延薄板，形鋼，棒，線，シームレスパイプなど多くの鋼材が熱間圧延によって製造される．より優れた表面性状や平坦度，薄い板厚と高い寸法精度などが要求される場合は，熱間圧延後さらに冷間圧延を行う．

4.2.4 材料の変形

(1) 圧下率

圧延加工における変形の程度を表すものとして，**圧下率** (rolling reduction ratio) がある．図 4.9 に示すように，ロール通過前の厚さを h_0，通過後を h_1 とすれば，圧下量 Δh は $h_0 - h_1$ となり，圧下率 r は

$$r = \frac{h_0 - h_1}{h_0} \times 100\ [\%] = \frac{\Delta h}{h_0} \times 100\ [\%] \tag{4.1}$$

で求められる．1 パスあたりの圧下率には限界があるので，大きな圧下を行うには数回に分けて圧延するリバース圧延機，タンデム圧延機などが用いられる．

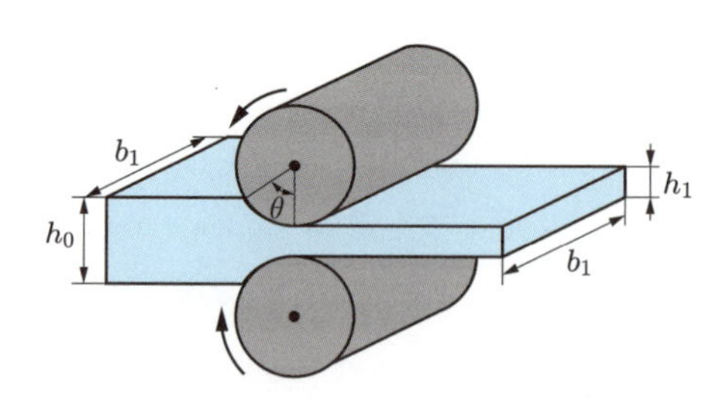

図 4.9 ロールによる素材の変形

(2) 幅広がり

材料が圧延されると，圧延方向だけでなく板幅方向にも変形を生じる場合がある．これを**幅広がり**（width spread）という．幅広がりは，材料の幅と厚さ，圧下量，材質，温度，圧延速度，ロール直径などに影響される．幅広がりを理論的に求めることは難しいが，つぎに示すGeuzeの式とよばれる経験式がある．図4.9に示すように，ロール通過前の幅を b_0，通過後を b_1 とすれば，幅広がり Δb（$= b_0 - b_1$）は，

$$\Delta b = 0.35\Delta H \tag{4.2}$$

となる．このほかにも多くの式が提案されている．

(3) そのほかの要因

圧延では，このほかにロールが素材をかみ込むときの角度 θ（図4.9），ロールの周速度に対する素材の速度の増加度である先進率，摩擦係数や圧延油などが材料の変形に影響を及ぼす．

4.2.5 ロールの変形とクラウン制御

圧延された製品では，板材の端部や中央部が不整に伸びる欠陥が生じる．欠陥の場所により，端伸び，中伸び，片伸びという．また，板の中央と端の厚さの差を**板クラウン**（sheet crown）といい，クラウンは小さいほどよい．厚さの不整には，板幅中央が厚い凸クラウン（図4.10），板幅両端部が厚い凹クラウン（図4.11），

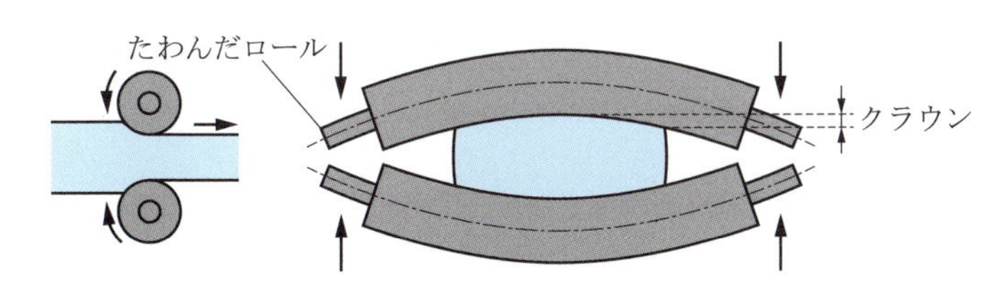

図4.10 ロールのたわみにより生じる板クラウン（凸クラウン）

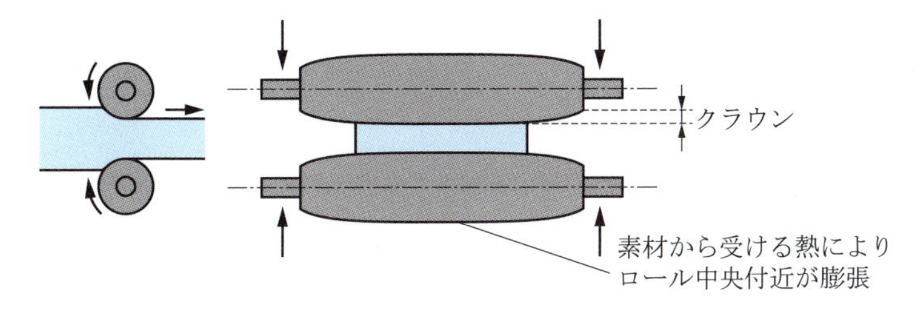

図4.11 ロールのサーマルクラウンにより生じる板クラウン（凹クラウン）

板幅方向で両端の厚みが異なる幅ウエッジなどがある.板クラウンに対しては,ロールにさまざまな対策を施してクラウンの制御を行う必要がある.

(1) たわみ対策

圧延機（図4.4）では，圧延時に圧延荷重は圧下ねじによりロールの両端に加えられ，この荷重で材料が変形して圧延される．ロール両端に加えられる圧延荷重が大きくなると,図4.10に示したように,上ロールは凸に下ロールは凹に弾性変形し,材料中央部が厚くなる．これが板の凸クラウンの原因の一つである．これを防止するために，多重圧延機や図4.12(a)に示すロール中央部の直径を若干大きくした**ロールクラウン**（roll crown）などを用いる．ロールクラウンを用いることで，圧延加工時にロールがたわんでも，図(b)のように板クラウンを防ぐことができる.

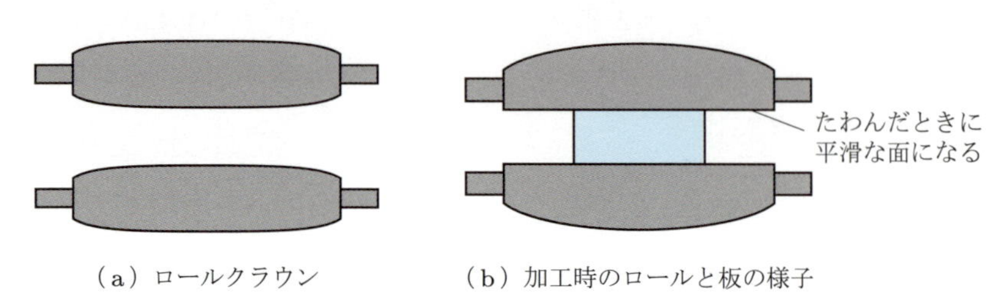

（a）ロールクラウン　（b）加工時のロールと板の様子

図4.12 ロールのたわみによる板クラウン（凸クラウン）の対策

(2) 熱膨張対策

熱間圧延による材料の熱はロールにも伝わる.そのとき,ロールの端に比べてロールの中央部がとくに高温になり，より熱膨張する．このようにロール中央部の径が大きくなることを**サーマルクラウン**（thermal crown. 図4.11）といい，板の凹クラウンの原因になる．この場合は，図4.13(a)に示すロール中央部の直径を若干小さくしたロールを用いる.

このように,ロールの弾性変形や熱膨張などが板形状に影響を及ぼす場合は,ロールの形状制御を施すことでその影響を低減させる.

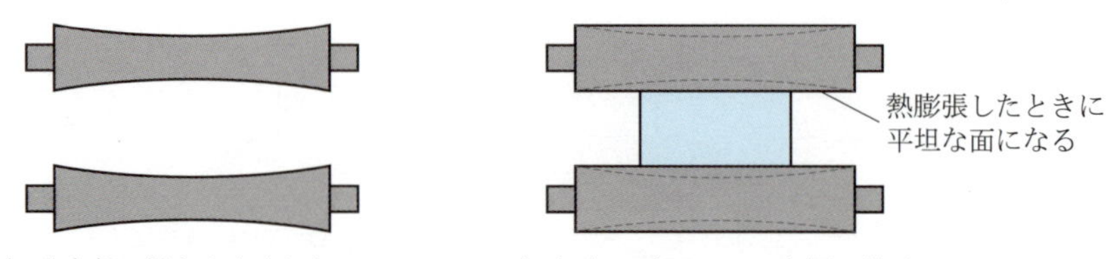

（a）中央部の径を小さくしたロール　（b）加工時のロールと板の様子

図4.13 サーマルクラウンによる板クラウン（凹クラウン）の対策

4.3 鍛 造

素材に圧縮力を加えてさまざまな形状に加工する方法を，鍛造という．ここでは，鍛造の特徴，鍛造型の分類などを説明する．

4.3.1 鍛造とその特徴

金属素材をハンマやプレスによって打撃・加圧して所定の形状に塑性変形させる加工法を**鍛造**（forging）という．鍛造で打撃・加圧することにより金属の機械特性を改善して鍛えることをとくに**鍛錬**（forging）という．その歴史は古く，紀元前 4000 年頃の中国では，天然の金を鍛造によって加工して装飾品をつくっていたといわれる．その後，金属の精錬や鋳造技術の進歩に伴い，さまざまな金属材料の鍛造が行われるようになった．近代になってからは，工作機械の発達により鍛造機械が導入され，製品の量産化が実現した．現在では生産性の向上だけでなく，鍛造品の寸法精度の向上なども図られるようになった．

鍛造の一般的な特徴はつぎのとおりである．

［特徴］ ① 主に圧縮加工であるため，大きな変形を与えることができる．
② 材料の機械特性を改善できる．
③ 作業が間欠的となり，大量生産に不向きである．

鍛造では，鍛錬により気孔や穴を圧縮して密着させたり，金属結晶や偏析をつぶ

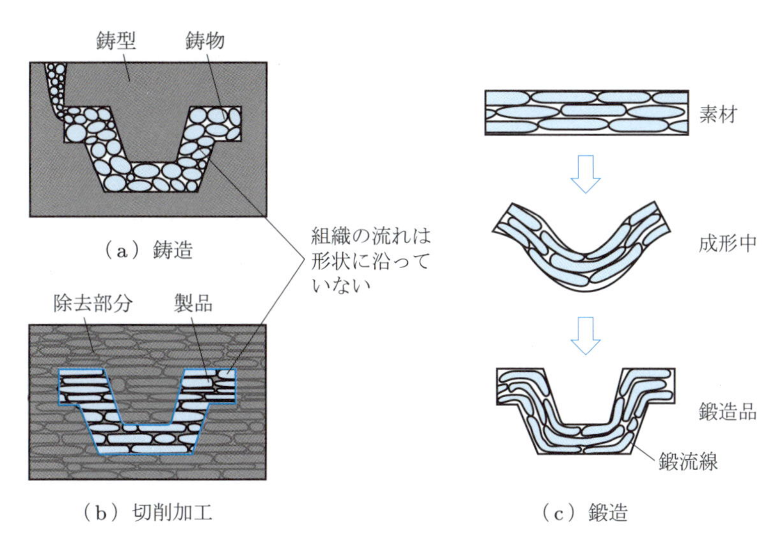

図 4.14 各種加工法による断面組織の模式図

して一様にしたりすることで材料の組織が均質になり，また，一方向のみに鍛錬すれば結晶粒は延伸されて繊維組織となり，機械的強度が改善される．このような金属組織の流れを**鍛流線**（grain flow）という．図4.14は鋳造，切削加工，鍛造により製作された製品組織の模式図である．鋳造品（図(a)）には鍛流線は存在せず，一様な組織となっている．切削品（図(b)）は，素材製作時の塑性加工でできた鍛流線が製品の途中で切断されている．一方，鍛造品（図(c)）では鍛流線が製品全体に連続している．このように，鋳造や切削加工にはない鍛錬効果により，鍛造では高靭性，高強度の製品をつくることができる．

4.3.2 熱間鍛造と冷間鍛造

鍛造を加工温度で分類すると，材料を再結晶温度以上に加熱して行う**熱間鍛造**（hot forging），加熱しないで常温で行う**冷間鍛造**（cold forging）がある．これらの鍛造温度は，加工の目的，材料の種類や大きさ，材料の機械特性や鍛造設備の能力などにより決定する．

熱間鍛造の特徴はつぎのとおりである．

[長所] ① 再結晶温度以上に加熱するため，材料が軟らかくなり，変形しやすくなる．
② 加工荷重を小さくでき，大型の製品でも加工できる．
③ 加工中や加工後に再結晶して加工硬化がほとんど残らないため，残留ひずみを減らすことができる．

[短所] ① 高温での成形であるため，材料表面が酸化しやすい．
② 加熱冷却により寸法精度が劣り，仕上げ加工が必要である．
③ 型寿命は冷間鍛造用金型よりも短い．

また，冷間鍛造の特徴はつぎのとおりである

[長所] ① 熱間鍛造とは逆に，酸化皮膜が生じないため，製品の表面状態は良好で寸法精度もよい．
② 製品によっては切削などの後工程が不要な場合（ネットシェイプ成形という）や軽度の仕上げ加工（ニアネットシェイプ成形という）ですむ．
③ 大きな加工荷重を必要としない小型製品の大量生産に適している．

[短所] ① 熱間鍛造と異なり，加熱による素材の軟化がないため，加工荷重が大きく，大容量の設備が必要である．
② 大きな力がかかるため，金型に高い剛性と精度が要求される．

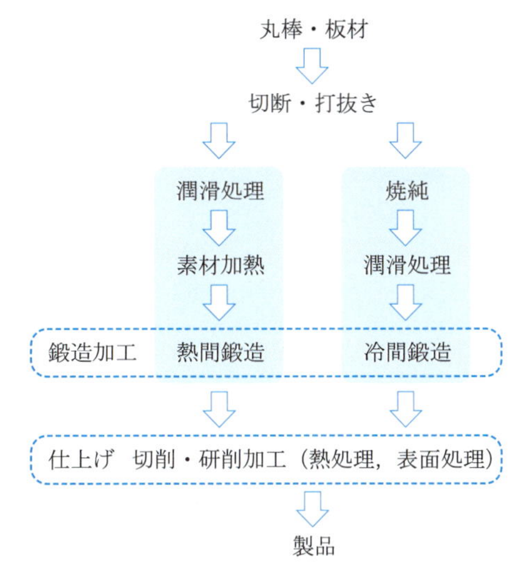

図 4.15 熱間鍛造と冷間鍛造の工程

鍛造では，図 4.15 に示すように，部品体積として必要な素材分量を棒材や板材から切断や打抜きにより切り離す．鍛造の前処理として，熱間鍛造では潤滑処理や素材加熱を，冷間鍛造では焼鈍や潤滑処理を行って，鍛造加工に移る．鍛造では熱間鍛造で予備成形を行い，冷間加工で所要形状に加圧成形するが，変形後の工作物には不要な部分の除去が仕上げとして必要である．近年では，切削加工（第 5 章）などの仕上げ加工を要しないで最終製品形状に加工するネットシェイプ成形や，仕上げ加工を少なくするニアネットシェイプ成形が精密鍛造法として広く利用されている．

4.3.3 自由鍛造

簡単な型や金敷などの汎用工具と打撃用のハンマなどを用いて，加熱した材料を少しずつ鍛造して成形する加工法を**自由鍛造**（free forging）という．自由鍛造は，比較的単純な形状の多品種少量生産や大型鍛造品の加工に適している．自由鍛造の主な作業には以下の作業があり，それぞれ図 4.16 に示す．

① **実体鍛錬**（solid forging．図 4.16(a)）：中実材の横断面積を減少させて長手方向に伸ばす作業．

② **中空鍛錬**（mandrel forging．図 4.16(b)）：中空材の穴に心金（マンドレルという）を入れて断面積を減少し軸方向に伸ばす作業．

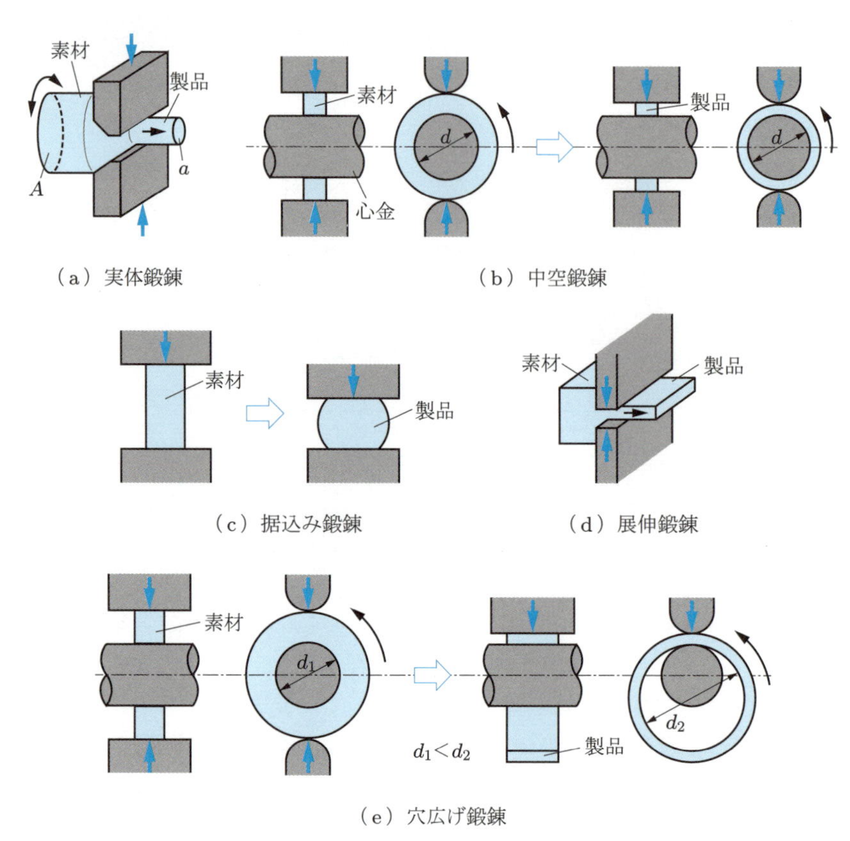

図 4.16　自由鍛造の主な作業

③ **据込み鍛錬**（upset forging. 図 4.16(c)）：中実材の断面積を増やして長手方向に圧縮する作業.

④ **展伸鍛錬**（flat forging. 図 4.16(d)）：中実体角材を 1 方向から圧縮して長手方向に伸ばす作業.

⑤ **穴広げ鍛錬**（expand forging. 図 4.16(e)）：中空材を心金と工具との間で肉厚を減らし，中空部を拡大させる作業.

鍛錬の程度は，鍛錬成形比で表す．たとえば，図 4.16(a)の実体鍛錬では，長さ L，横断面積 A の材料を鍛錬し，長さ l，横断面積 a になったとすれば，このときの鍛錬成形比 S は，

$$S = \frac{l}{L} = \frac{A}{a} \tag{4.3}$$

となる．鍛鋼品の例では，S を 3 以上にすると衝撃値を改善できるといわれている．

4.3.4 型鍛造

製品の形状に彫られた上下一組の鍛造型を用いて，鍛造用機械による打撃で加熱した材料を型に充満させて，所望の形状に成形する方法を**型鍛造**（die forging）という．型鍛造の特徴はつぎのとおりである．

［長所］① 複雑な形状の製品を加工できる．
② 寸法精度がよい．
③ 同一形状の部品の大量生産に適している．
④ 鍛流線が成形品の形状に近く，鍛錬効果が大きくなるため，成形品の機械特性が向上する．

［短所］① 製品一つにつき一対の金型が必要になる．
② ネットシェイプ成形のように製品形状に近い加工の場合は，とくに金型製作に精密さが要求され，金型費用が高くなる．

型鍛造の方式は，図 4.17 に示すように，金型内での材料の拘束度合により三つの方式に分けられる．図(a)の開放型の鍛造は，型による拘束が比較的小さく自由鍛造に近い．図(b)の密閉型の鍛造は，ネットシェイプ成形であり，自動車部品などの鍛造に用いられる．ただし，材料の逃げる場所がないため，型内の圧力が高くなりすぎて型を破損したり，プレスの負荷能力不足によって材料が型のすみまで届かず一部が欠損してしまう欠肉が生じたりしやすい．したがって，一般的な型鍛造では，材料の一部分が薄いばりとなって逃げるようにした図(c)の半密閉型の鍛造を行う．

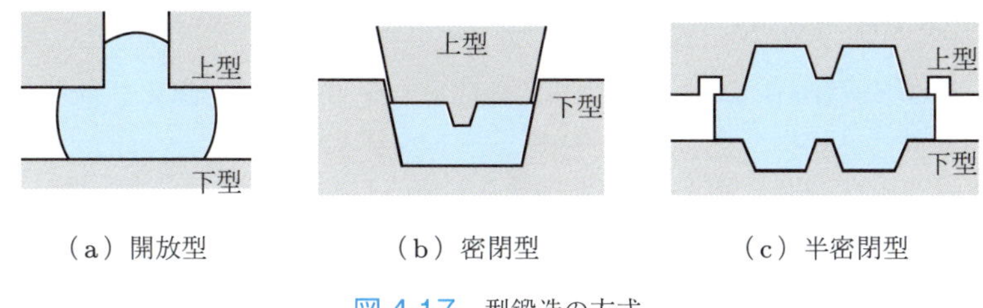

図 4.17 型鍛造の方式

(1) 鍛造用型

a) 型材料　鍛造用型は，一般的に型と高温の材料が高速・高圧で接触したり滑ったりするため，型材料は耐熱性，耐衝撃性，耐圧，耐摩耗性を備え，硬さよりも高温時の機械特性の低下を抑える工夫がされている．一般的にハンマ型には耐衝撃性が，プレス型には耐摩耗性と耐熱性が必要とされ，JIS 規格でそれぞれ合金工具鋼の SKT や SKD などの金型用鋼材が用いられる．

b）型要素　半密閉型彫込み部の例を図 4.18 に示す．それぞれの要素について説明する．

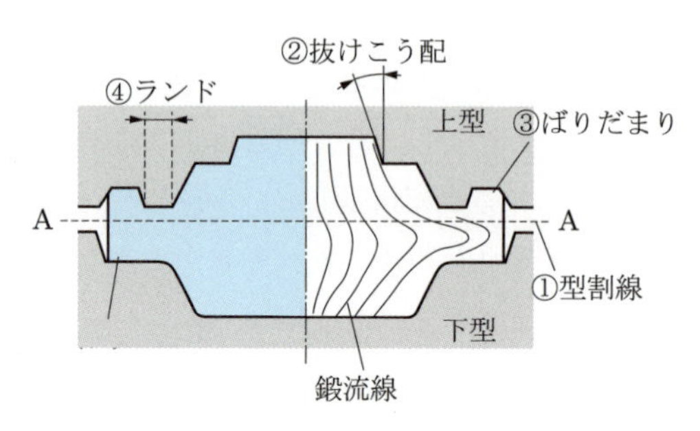

図 4.18　半密閉型彫込み部の要素

① **型割線**（parting line）：上型と下型との合わせ面（図 4.18 の A–A 線）のことで，型割線をどの位置にするかで鍛造作業のやりやすさや成形品の機械的強度が決まる．

② **抜けこう配**（draft angle）：型の彫込み部分の垂直面に設けた角度のことで，傾斜を設けることで鍛造品が型から取り出しやすくなる．一般的には 7～10°を用いる．

③ **ばりだまり**（gutter）：鍛造は上型と下型が接近することで材料が圧縮されて，型内に充満するように進行する．このとき，余分な材料は両側にある型合わせ面の隙間（ランド）より外側に出る．余肉を**ばり**（フラッシュ（flash））といい，ばりだまりにたまる．

④ **ランド**（land）：ばりが通過する隙間をランドといい，隙間を小さくしてばりの通過を阻止することで，型の中に材料を充満させる．ばりはランド入口でトリミングされ，中央からランド入口までが製品となる．

(2) 型鍛造の工程

図 4.19 に，一般的に行われている半密閉型の熱間型鍛造工程を示す．鍛造品はつぎに示す複数の工程で完成させることが多い．

① **予備成形**（performing）：割れ防止や成形を均一にするために行う加工．据込みを主としたつぶしのほか，ロールや曲げなどの作業がある．

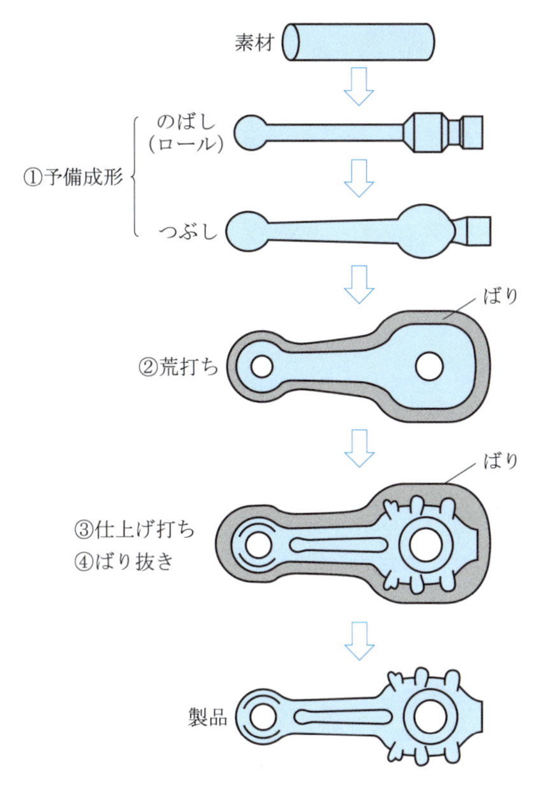

図 4.19 半密閉型の鍛造工程

② **荒打ち**（rough forging）：仕上げ寸法に近い形状へ成形する作業．この工程を終えた鍛造品を荒地（あらじ）という．

③ **仕上げ打ち**（finish forging）：鍛造品を図面寸法どおりの最終形状へ仕上げる作業．

④ **ばり抜き**（trimming）：鍛造品の最終形状に発生したばりをせん断により分離する作業．

熱間鍛造品は，加工中に発生した表面の酸化皮膜をショットブラスト（6.2.3 項参照）で落とし，潤滑処理後に，冷間鍛造で仕上げられたり，あるいはそのまま切削加工で仕上げられたりする．また，鍛造品はその特性から構造材料に用いられる強度部品が多いので，寸法検査，硬さ検査，欠陥検査が行われる．鍛造加工で鋼の部品を製作する場合は，冷間あるいは温間での密閉型鍛造で一工程で鍛造されることが多い．図 4.20 に鍛造製品の例を示す．

図 4.20　鍛造成形部品（写真提供：東京精密鍛造(株)）

4.3.5　鍛造用機械

鍛造用機械はプレス機械またはプレスとよばれ，往復動が一般的である．液圧プレス，機械プレス，ハンマに大別される．機械プレスは液圧プレスより保守が容易なので，大量生産を必要とする自動車などの部品の製作に用いられる．また，型打ち1回で鍛練効果が中心部まで及ぶ．ハンマでは，数回の型打ちで作業を終了し，鍛練効果は比較的浅い．プレスには，ラムとよばれるハンマーあるいはプレス上型を取り付けて往復運動するスライドブロックの運動方向により横型と立て型，フレームの形式によりC形，ストレートサイド形，コラム形（図5.5(b)参照）などがある．また，鍛造用プレスと一般的なプレスの違いは，一般的なプレスでは下型を載せるボルスタ（図4.21，4.22参照）の下に製品を取り出すダイクッションなどを置く空間があるが，鍛造用プレスでは集中荷重を支えるためにボルスタの下は剛性を高める構造となっている．

(1) 液圧プレス

液圧プレス（hydraulic press）の原理を図4.21に示す．液圧プレスは水や油などの高圧液体をシリンダに送り，金型を取り付けるラムを駆動する形式のプレスで，水圧プレスと油圧プレスがある．液圧プレスの特徴はつぎのとおりである．

[特徴] ① シリンダ径を大きくすることで大きな力を発生でき，加圧保持ができる．

② 全ストロークにわたって一定の圧力を発生させられ，シリンダを長くすることで加工ストロークの長い機械をつくることができる．

③ 長尺物や材料ごとに高さが大きく変化するような材料の鍛造にも用いることができる．

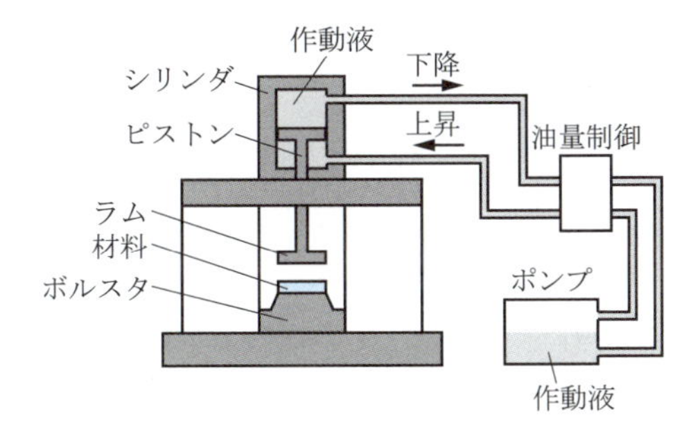

図 4.21 液圧プレス

④ 液圧プレスの負荷速度は 0.3 m/s 程度までと低速であるため，騒音や振動の発生が比較的小さい．

液圧プレスは小型から大型まで広く用いられ，素材質量 6 MN（6×10^6 N）の原子炉容器を鍛造する水圧プレスや大型部品のプレス用として加圧力 500 MN の大型プレスもある．

(2) 機械プレス

機械プレス（mechanical press）は，モータの回転力を機械的にラムの往復運動に変換して行うプレスの総称で，その変換機構によりクランクプレス，エキセンプレス（クランクレスプレス），ナックルプレス，フリクションプレスなどに分類される．機械プレスのなかでもクランク機構などの回転を利用しているプレスは，2 m/s 程度までの加工速度を発生できるので大量生産に適している．また，機械プレスは加圧力を変えることはできないが，加圧力 60 MN 程度のものもあり，熱間鍛造用として用いられる．ただし，機械プレスの加圧力は，下死点（ラムの最下点）から離れるに従い急激に減少するため，長いストローク（ラムの往復距離）や加工初期に大きな荷重を必要とする鍛造には不向きである．以下に主な機械プレスの概要をまとめる．

① **クランクプレス**（crank press．図 4.22(a)）：クランクシャフトの回転運動をラムの往復運動に変えて材料を加圧する．クランクプレスは，加工ストロークが短くなると上下死点近傍での出力を非常に大きくできるので，一般に，数メガニュートンまでの小型・中型部品の大量生産用に用いられる．また，後述する加工ストロークが短い後方押出しや，加工の進行とともに加工力が増大するせん断，据込み，圧印などの加工に適している．なお，エキセンプレス（クランクレスプレス）は，クランク機構に類似した偏心

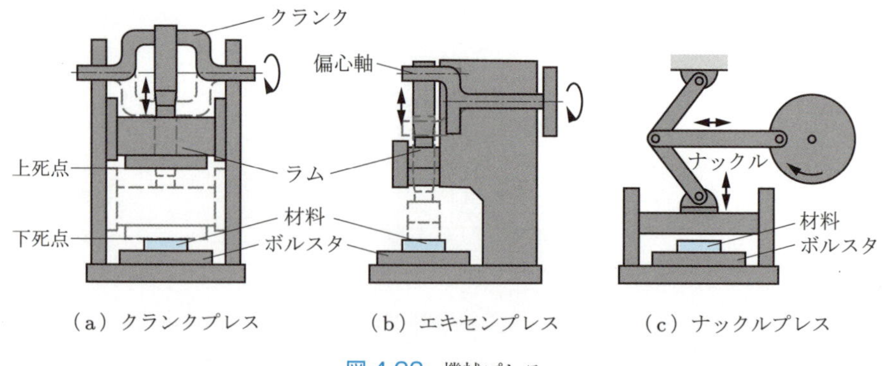

（a）クランクプレス （b）エキセンプレス （c）ナックルプレス

図 4.22 機械プレス

軸を回転させることにより，軸の回転運動を上下運動に変換するプレスで数十メガニュートンの能力をもち，ばり取りに用いられる．

② **ナックルプレス**（knuckle joint press．図 4.22(b)）：回転運動を直線運動に変えるクランクと二つのリンクからなるナックルによりラムを上下に運動させるプレスである．ラムが下死点に近づくに従い加圧速度は小さく荷重は大きくなるので，加工ストロークの小さい冷間鍛造などに用いられる．

(3) ハンマ

ハンマ（hammer）は，もっとも古くから用いられてきた鍛造用機械で，ドロップハンマとパワーハンマがある．ドロップハンマ（gravity drop hammer）は，ラムを自由落下させることによって材料に打撃を与えるもので，ローラやボードでラムを引き上げるボードハンマ（図 4.23(a)），圧縮空気でラムを引き上げるエアドロップハンマ（図(b)）がある．ドロップハンマの落下高さはおよそ 1 ～ 2 m，加工速度は 5 m/s 程度まで，打撃数は毎分 15 回程度である．パワーハンマ（power

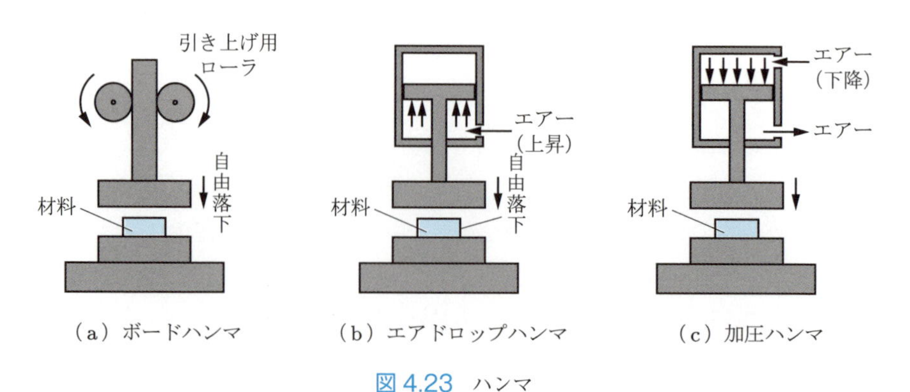

（a）ボードハンマ （b）エアドロップハンマ （c）加圧ハンマ

図 4.23 ハンマ

drop hammer. 加圧ハンマともいう）は，図(c)に示すように，圧縮空気や蒸気の圧力でピストンを動かすことにより材料に打撃を与える．加圧ハンマの加工速度は 9 m/s 程度までである．

このほかに，ばねの力を利用したスプリングハンマや上下のラムを相打ちさせる相打ちハンマなどがある．なお，ハンマは大きな騒音・振動を発生することから，機械プレスに代わりつつある．

4.3.6 鍛造用加熱炉

鍛造用加熱炉の役目は，素材を適正な鍛造温度まで加熱することである．また，鍛造後の製品に所定の材料特性を与えるために行う熱処理にも用いられる．熱源としては，重油，灯油，ガスなどの燃料を用いる燃焼炉と，抵抗加熱や誘導加熱に代表される電気炉がある．発熱原理は鋳造用溶解炉と同じである．燃焼炉は，設備価格と運転費用が比較的安価であるが，燃焼ガスによる被加熱材の損傷を考慮する必要がある．一方，電気炉は，設備価格と運転費用が高くなるが，材料内部の温度分布がよく，加熱雰囲気も汚染されず温度調整も比較的簡単に行える．鍛造用加熱炉には，高周波誘導加熱炉がもっとも用いられている．高周波誘導加熱炉の周波数はビレット径が ϕ10 ～ 120 mm の素材に対して約 1 k ～ 12 kHz の範囲で調整する．

炉の構造には，材料の搬入と搬出の方法や，それを断続的に行うか連続的に行うかにより，以下の形式がある．

(1) バッチ式

図 4.24 の示す**バッチ式** (batch type) は，鍛造用燃焼炉として古くから用いられ，

(a) 外観

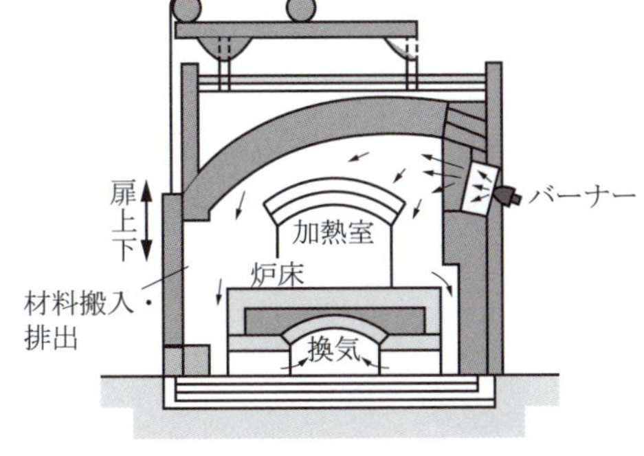

(b) 内部

図 4.24 バッチ式加熱炉（写真提供：新潟ファーネス工業(株)）

箱型形状の加熱炉で素材の出し入れを一つの扉の開閉で行う構造である．材料の出し入れをしやすくするため，間口が広く奥行きの浅い炉が多い．断続的な加熱となるため，比較的少量の場合や大型の材料の加熱に用いられる．燃焼炉，電気炉いずれにも用いられる．

(2) 回転炉床式

図 4.25 に示す**回転炉床式**（rotary type）は，鍛造用連続加熱炉としては比較的多く用いられている．この炉は，円形の炉床だけが回転するようになっており，投入された材料は炉床が 1 回転する間に鍛造温度まで加熱される．燃焼炉，電気炉いずれにも用いられる．

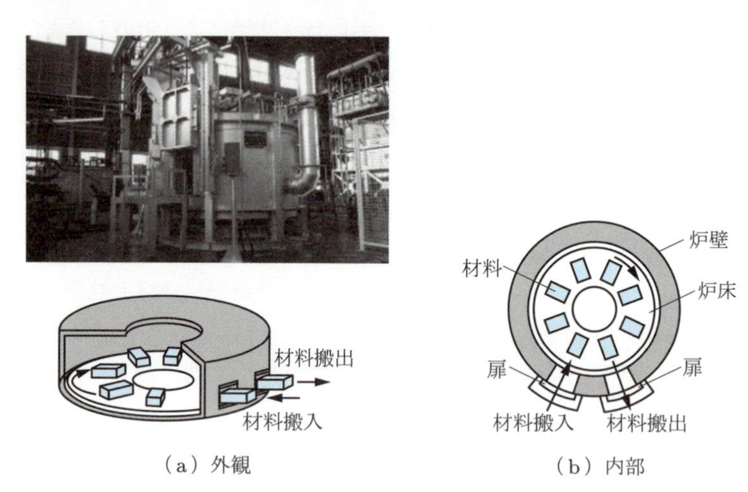

（a）外観　（b）内部

図 4.25 回転炉床式加熱炉（写真提供：新潟ファーネス工業(株)）

(3) プッシャー式

図 4.26 に示す**プッシャー式**（pusher type）は，ストック内の材料をプッシャー

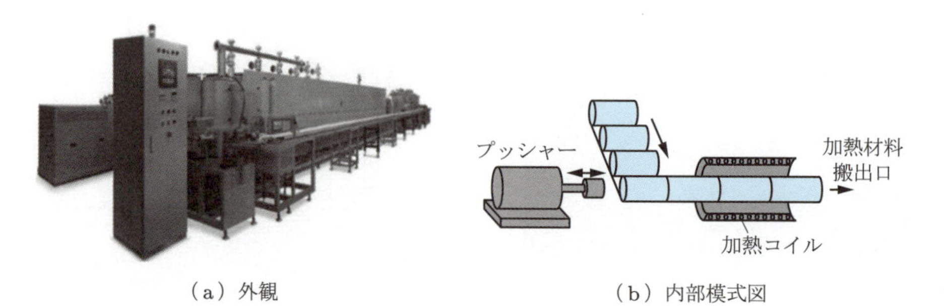

（a）外観　（b）内部模式図

図 4.26 プッシャー式加熱炉（写真提供：(株)モトヤマ）

で金属製水冷トレー上を滑らせて炉内に搬入し，材料が炉の出口に達したときに鍛造温度まで加熱される．高周波誘導加熱を利用した炉にこの方式のものが多い．

(4) ピンチローラ式

図 4.27 に示す**ピンチローラ式**（pinch roller type）は，材料をピンチローラで炉内に連続的に投入し，材料が炉の出口に達したときに鍛造温度まで加熱される．生産数量の多い場合の加熱装置の多くは，温度制御，生産性，自動化，省力化や環境対策に有利なピンチローラ式誘導加熱装置に置き換わっている．ただし，ビレットの長さが極端に短い場合や極端に長い場合などで材料を連続的に加熱したいときにはプッシャー式も使用されている．

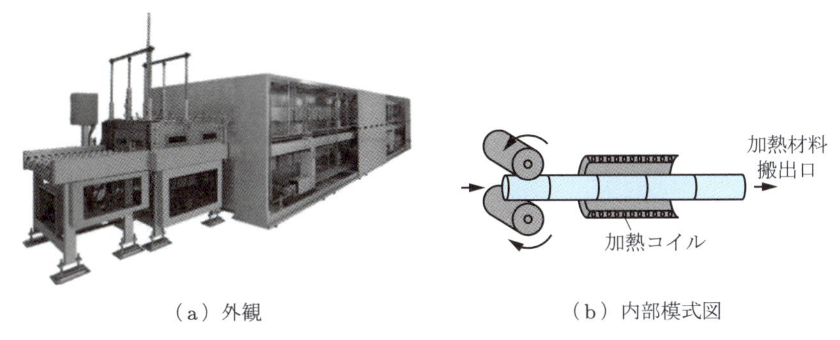

（a）外観　（b）内部模式図

図 4.27 ピンチローラ式加熱炉（写真提供：日本ガイシ(株)）

4.3.7 転 造

素材または工具（ロール）を回転させて成形する鍛造法を，総称して回転鍛造という．代表的な方法として，ねじ，歯車などの製造に広く用いられている転造がある．

転造（form rolling）は，表面に凹凸のある工具の間に円柱素材を回転させながら押し付け，工具の断面形状を材料に転写する加工法である．ねじの転造方式には，図 4.28 に示すように，平形転造ダイス方式と丸形転造ダイス方式がある．平形転造ダイス方式は，平形のダイスの一方を固定し，他方を加圧しながら往復運動させ，1 回の往復で素材からねじ成形を行う．丸形転造ダイス方式は，同一方向に同期回転している二つのダイスの軸の間に素材を入れて，ねじ成形を行う．切削加工と転造により製作されたねじの断面組織を，図 4.29 に示す．図(a)のように，切削加工ねじでは鍛流線が切断されるのに対して，図(b)の転造ねじでは鍛流線が連続する．

ねじ転造と同様な方法で歯車の転造も行われる．歯形形状をしたラック形工具に

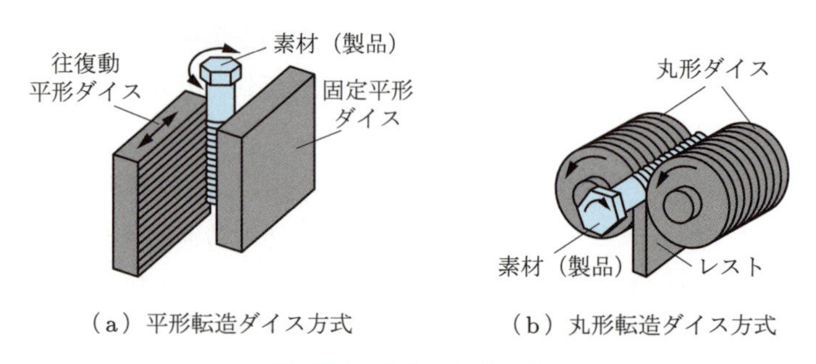

（a）平形転造ダイス方式　（b）丸形転造ダイス方式

図 4.28 ねじの転造方式

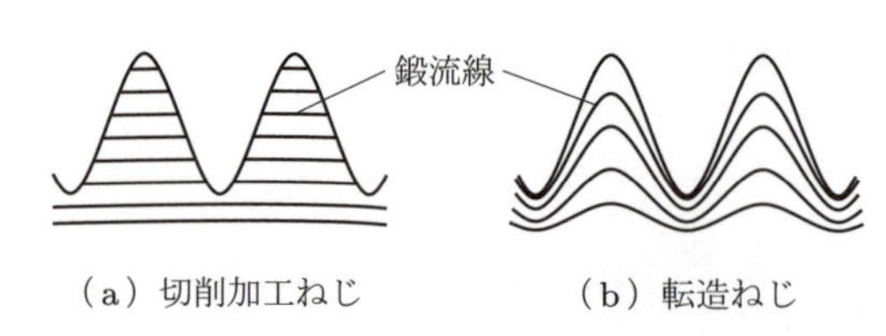

（a）切削加工ねじ　（b）転造ねじ

図 4.29 切削加工と転造によるねじ断面組織の模式図

往復運動を与えながら歯形を成形する方式と，小歯車の形状をしたピニオン形工具と素材をかみ合わせて回転させながら歯形を成形する方式がある．ピニオン形工具による方法は，工具が普通の歯車の形状であり加工も容易であるので，ラック形工具による場合よりも大きな歯車の製作に向いている．

転造で用いる加工機械を**転造盤**（rolling machine）といい，工具形状により丸ダイス転造盤，平ダイス転造盤，プラネタリ転造盤，歯車転造盤などがある．

4.3.8 鍛造欠陥

鍛造品に生じる欠陥の要因としては，素材，材料加熱，加工法に大別できる．このような欠陥は，疲労破壊，腐食や異常摩耗につながる可能性があり，注意が必要である．

(1) 素材の欠陥

素材の表面に割れ，きず，スラグ混入，リンや硫黄などの偏析，ガスによる白点や割れなどの欠陥がある場合がある．このような素材を鍛造すると，製品表面や内部に欠陥が残って破壊の原因になる．

(2) 加熱に起因する欠陥

熱間加工において加工前後の素材の加熱温度などが不適なために起こる欠陥には二つある．一つは過熱による欠陥で，結晶粒の界面において酸化が生じるバーニング，結晶粒が成長しすぎて表面が荒れるオーバヒート，素材表面の炭素量が減少する脱炭がある．もう一つは仕上げ温度や加熱温度が低いことによる欠陥で，鍛造割れが生じたり，型打ち後の冷却・収縮による寸法減や機械特性の低下につながったりする可能性がある．

(3) 不適な加工法による欠陥

素材形状や金型設計などの加工法が不適切で生じる欠陥には，型鍛造において材料が型に完全に充満しない欠肉，加工時の肉流れ不良によるファイバーフロー不良，高さと直径の比（アスペクト比）が 2.5 程度以上の高い素材を据え込む場合に生じやすい座屈，加工中の内部応力の不整によるせん断割れ・もみ割れがある．そのほかに，型ずれ，かぶり，フラッシュきずなどがある．加工法が不適切な場合は，金型形状，成形方法や工程を再検討する必要がある．

4.4 押出しと引抜き

材料を穴のある枠の中に入れ，その穴から材料を押し出して棒材や形材をつくる加工法を**押出し**といい，穴から材料を引っ張って棒材や線材をつくる加工法を**引抜き**という．これらの加工法は寸法精度が非常によいため，ほかの加工法では製造が難しい複雑な断面形状の製品や小断面の線の製造に用いられる．ここでは押出しと引抜きの方法について説明する．

4.4.1 押出し

押出し（extrusion）は，図 4.30 に示すように，コンテナのなかにビレットを入れ，パンチにより荷重を加えてビレットをダイスの穴から押し出し，目的の断面形状や断面積に押し出す加工法である．押出しには，ラムの進む方向に製品が出る**前方押出し**（forward extrusion．**直接押出し**（direct extrusion）ともいう．図(a)）と，

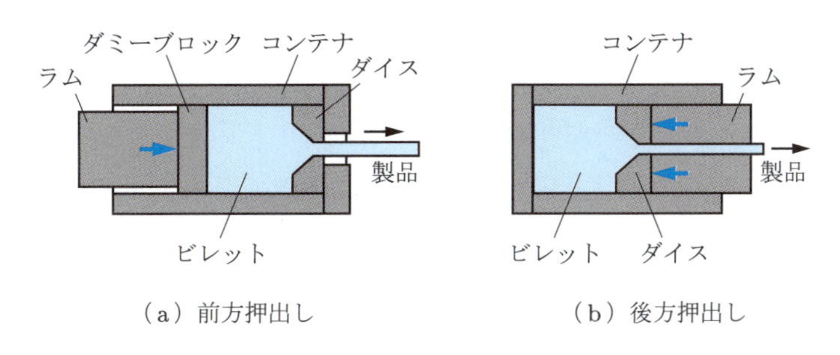

図 4.30 押出し加工

製品が逆方向に出る**後方押出し**（backward extrusion．**間接押出し**（indirect extrusion）ともいう．図(b)）がある．変形しやすい材料を用いて，長さの短い製品をつくる場合には，作業スペースが狭くてすむ後方押出しが用いられる．押出し加工は，圧縮応力下で行われるため，材料が破断する危険が小さく，図4.31に示すような棒材，管材，形材のほかに，ダイスを工夫することで複雑な断面をもった製品の加工が可能である．炭素鋼，ステンレス鋼，銅，アルミニウム合金，チタン合金などの成形に用いられている．また，押出しにおいても熱間押出し，冷間押出しがあり，材質などに応じて使い分けられる．

図4.31 押出し製品例（写真提供：不二ライトメタル(株)）

押出しでは材料と型との摩擦を減らす必要がある．アルミニウムなどの押出しでは無潤滑で行われるが，銅では黒鉛と鉱物油の混合物が用いられる．鉄鋼は1100℃以上の温度で押出しされるため，ガラス粉末を用いるユージン・セジュルネ法で熱間加工される．

押出し加工では，加工速度は比較的低速であるが，非常に大きな押出し力を必要とすることから，主に液圧式の押出し機が用いられる．

✚ 4.4.2 引抜き

図4.32に示すように，先端を細く（口付けという）した素材をダイに通して断面積を減少させ，ダイ穴と同じ中実材（丸，六角など）や管などをつくる加工法を**引抜き**（drawing）という．引抜きは一般的に冷間で加工するが，常温で変形困難なタングステン，モリブデン，鋼の一部は熱間で加工する．圧延で製作された棒の寸法精度が±0.5 mm程度であるのに対し，引抜きは−0.05 ～0 mm程度と寸法精度が非常によい．したがって，高精度な製品製造では熱間圧延や熱間押出しででき

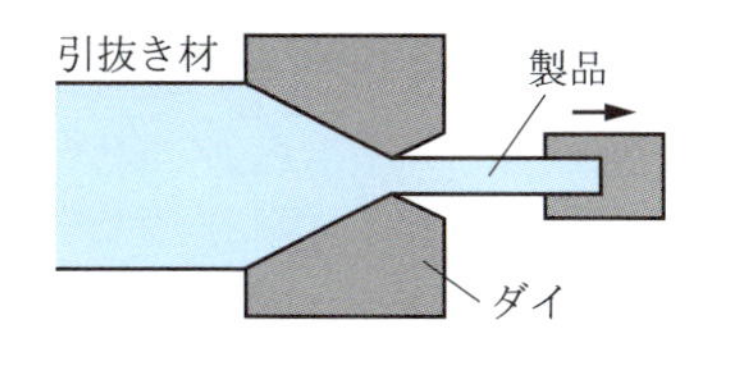

（a）中実材の引抜き（芯引き）

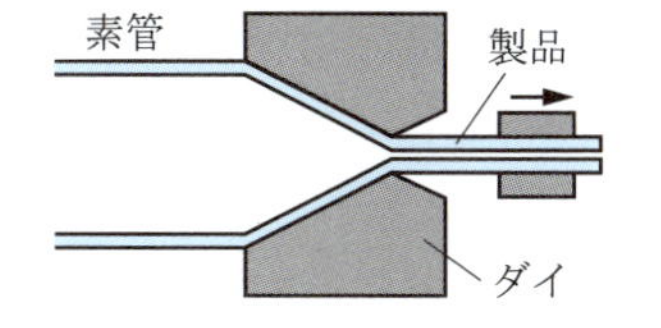

（b）中空材の引抜き（空引き）

図 4.32 引抜き

るだけ細い棒や管にしておき，仕上げを引抜きで行う．また，直径が 5 mm 未満の線や，肉厚が 1.5 mm 以下の管は，引抜き以外ではつくることができない．このような細い線をつくる加工法を伸線または**線引き**（wire drawing）という．軟鋼を冷間で引抜き加工すると，表面粗さの良好な，寸法精度の高い棒材が得られる．これを磨き棒という．また，熱間加工された軟鋼材を黒皮という．磨き棒は，二次加工として切削加工などを行う場合に仕上げ加工を省略できる．引抜きで用いる加工装置を伸線機（ドローベンチ）という．

4.5 プレス加工

身のまわりには，大物から小物まで板材からつくられるいろいろな形をした多くの製品がある．これらの製品は，工具を押し付けて，板材を切ったり，曲げたり，絞ったりして製作されている．これらの加工を板金加工といい，それぞれの方法をせん断加工，曲げ加工，絞り加工という．このような加工はプレス機械を用いるため板金プレス加工，あるいは単に**プレス加工**（press working）という．プレス加工の特徴は，塑性加工の一般的な特徴のほかに，それぞれの製品に対応した金型が必要になることである．ここでは，さまざまなプレス加工の方法について説明する．

4.5.1 せん断加工

はさみのように，切れ刃をもった一対の工具で素材を押しきって分離させる加工法を**せん断加工**（shearing）という．加工対象となる素材には，板，棒，管などがある．ここでは，主に板材の加工について説明する．分離現象はせん断変形によって行われ，その作業は，図 4.33 に示すように大きく三つに分類される．切断・分断あるいは切込みなどを行うことを狭い意味でのせん断加工（図(a)），打ち抜かれたものが製品となるものを**打抜き加工**（blanking．図(b)），打ち抜かれて残った部分が製品となるものを**穴あけ加工**（piercing．図(c)）という．直線的な単純な

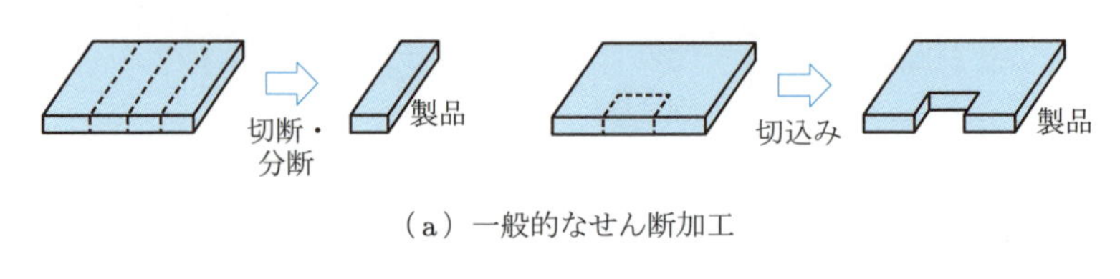

（a）一般的なせん断加工

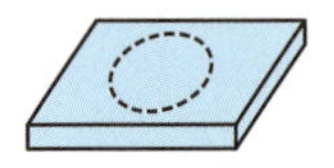

（b）打抜き加工　　　　（c）穴あけ加工

図 4.33　せん断加工の種類

切断では，シャーリングとよばれる切断機が用いられる．

(1) せん断工程と加工力

加工は，図 4.34 に示すようにパンチとダイによって行われる．複雑な輪郭形状をもつ製品であっても 1 工程で短時間に加工できるため，各種の機械部品や二次加工用素材の製造技術として広く用いられている．

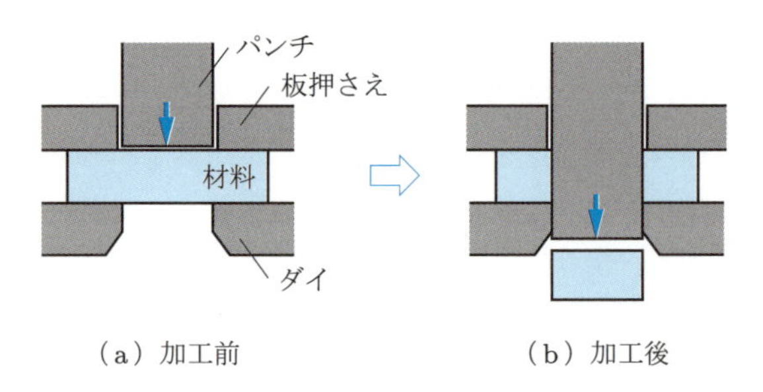

（a）加工前　　　　（b）加工後

図 4.34　打抜き加工の工程

図 4.35 は，せん断加工でパンチを押し込んだときの荷重と板断面の状態をまとめたものである．通常，せん断は図の① ～ ④の過程で進み，ダイ上の材料にパンチを押し込み，パンチ側とダイ側のクラックが結合するとせん断が完了する．ここで，直径 D [mm] のパンチで円盤を打ち抜くときの加工力 P [N] は，板のせん断強さ τ_s [N/mm^2]，板厚 t [mm] とすると，次式で計算できる．

$$P = \tau_s \pi D t \tag{4.4}$$

(2) せん断加工後の切り口

せん断加工後の切り口は，図 4.36 に示すように，だれ，せん断面，破断面，かえりで構成される．

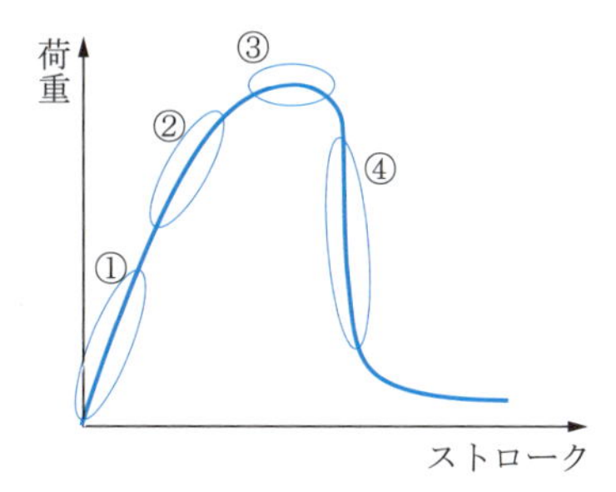

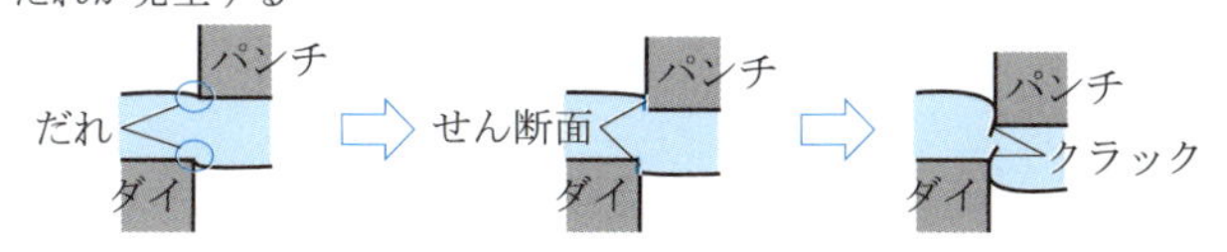

図 4.35 荷重-ストロークとせん断工程の関係

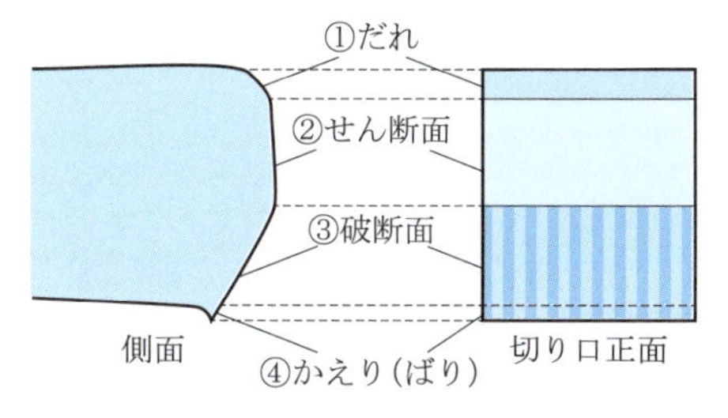

図 4.36 せん断加工後の切り口

① **だれ**（roll off）：パンチとダイが板に食込むことで変形した部分．

② **せん断面**（shear plane）：せん断変形によりパンチとダイの側面でこすられた光沢のある面．

③ **破断面**（ruptured surface）：クラックにより破断した凹凸の激しい面．

④ **かえり**（**ばり**（burr））：パンチとダイが交差するときにできるばりの面．

切り口（切断面）の良否は，加工精度の観点からつねに問題とされる．パンチとダイのすきまを**クリアランス**（clearance）といい，ダイ穴径よりもパンチ径を小さくするのが一般的であるが，クリアランスの大きさによって切り口の状態は異なる．図 4.37 はクリアランスと切り口の関係をまとめたものである．クリアランスが大きいと加工力は小さくなるものの，図(a)に示すように板の上下面から発生するクラックが離れすぎていて破断面が広くなり，段のついた粗い切り口面となる．逆にクリアランスが小さすぎると加工力は増大し，図(b)に示すようにクラックが

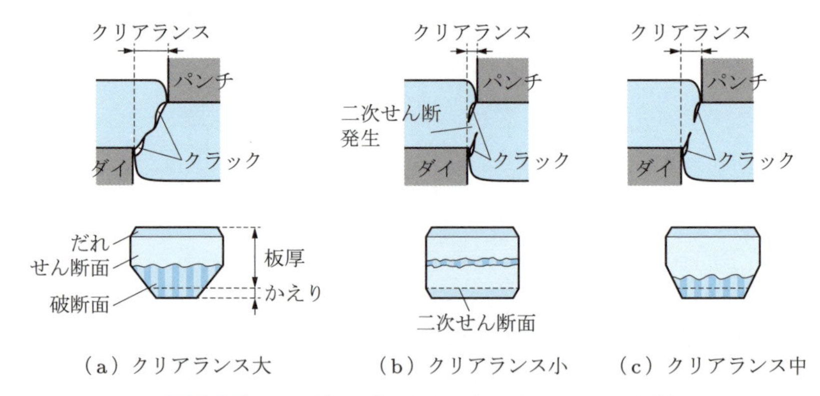

（a）クリアランス大　（b）クリアランス小　（c）クリアランス中

図 4.37　せん断加工後の切り口とクリアランスの関係

行き違いになり，二次せん断が発生する．図(c)のようにクリアランスが最適に設定されると，せん断面と破断面が適当な比率で形成される．一般的に最適クリアランスは板厚の 2〜8% である．また，クリアランスは薄板，軟らかい材料や精密加工では小さく，厚板，硬い材料や精密でない場合は大きくとる．

4.5.2 曲げ加工

板材や管材を曲げて所望の形状にする加工法を，**曲げ加工**（bending）という．板材を曲げるには，図 4.38 に示すように，せん断加工と同じく，板材を支えるダイと板に力を加えるパンチが必要である．板の曲げたいところにダイの端を合わせ，押さえ板で板材を固定しながらパンチを押し下げて曲げる折り曲げ（図(a)），曲げたい形につくったダイとパンチの間に板材を置いて，パンチを押し込みながら曲げる型曲げ（図(b)）がある．

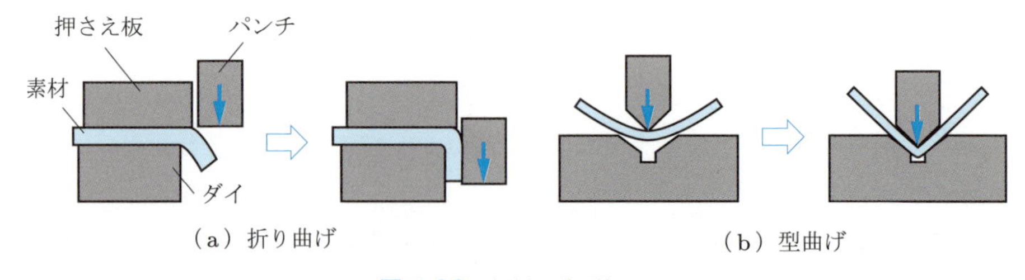

（a）折り曲げ　（b）型曲げ

図 4.38　板材の曲げ加工

(1) スプリングバック

曲げ加工は単純な工程であるが，難加工材や寸法精度が要求される場合は，形状精度や曲げ割れなどが課題となる．たとえば，板材をダイに沿って押し付けながら曲げて力を取り除くと，図 4.39 のように曲げられた角度がわずかに戻る．この現象を**スプリングバック**（spring back）といい，経験的にこのスプリングバックを見込んでより大きく曲げる方法が用いられる．しかし，スプリングバックは製品精度を低下させるので，スプリングバックを減らす工夫が必要である．その方法として，曲げ方向に引張り力または圧縮力を加えたり，曲げ変形の最後に幅方向から圧縮力または引張り力を加えたり，曲げ部を板厚方向に圧縮して長手方向に伸びを与えたりする方法がある．

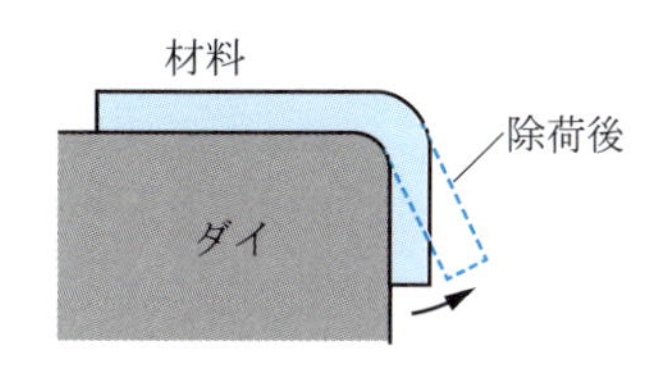

図 4.39 スプリングバック

また，中空管を曲げる場合，そのまま曲げると曲げ加工が進むにつれて曲げ部の断面が偏平になったり，内側にしわが生じたりするので，管の内外に適切な支えを置いたり，管内部に砂などを充満させて曲げたりするなどの工夫が必要である．

(2) そのほかの曲げ加工

そのほかの曲げ加工として，つぎの加工法がある．

① **カーリング**（curling．図 4.40(a)）：薄肉円筒先端の縁を丸める．

② **ビーディング**（beading．図 4.40(b)）：ドラム缶などの補強のために胴部にひも状の隆起やくぼみをつける．

③ **バーリング**（burring．図 4.40(c)）：薄板にめねじ加工するための立ち上がりをつける．

④ **エンボシング**（embossing．図 4.40(d)）：板材に隆起をつける．

⑤ **ネッキング**（necking．図 4.40(e)）：円筒先端に段差をつける．

⑥ **シーミング**（seaming．図 4.40(f)）：円筒などの先端に蓋をあてがいカーリングにより密閉する．

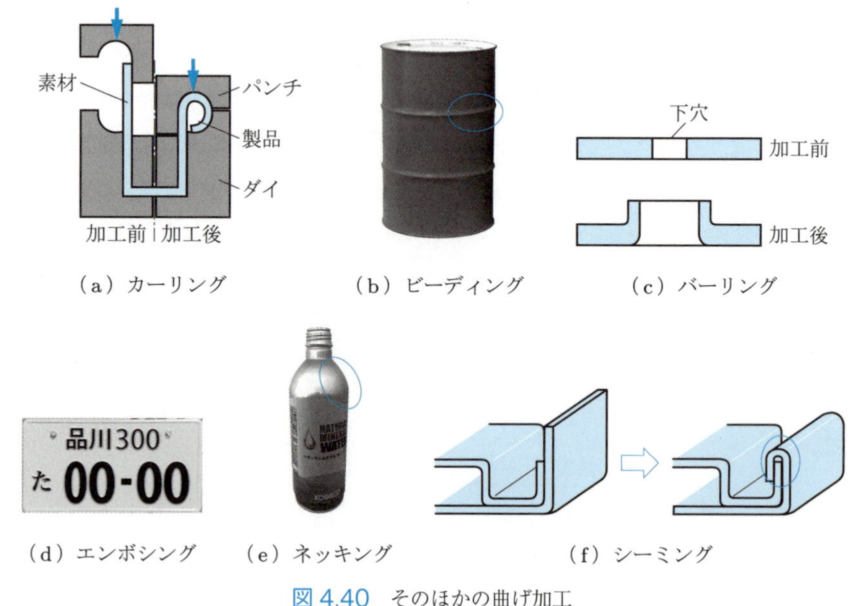

（a）カーリング （b）ビーディング （c）バーリング

（d）エンボシング （e）ネッキング （f）シーミング

図 4.40 そのほかの曲げ加工

4.5.3 絞り加工

板材から容器を成形する加工法を**絞り加工**（deep drawing）という．絞り加工では，図 4.41 に示すように，板材（ブランクという）をダイとパンチの間に挟み，パンチをダイ内に押し込んで成形する．パンチとダイの形状を変えることで，円筒，角筒や円すいなどの容器を製作する．絞り加工では，ダイとしわ押さえの間にあるブランクのフランジ部は，滑りながらパンチによりダイ内に押し込まれる．パンチ先端部に接するブランクの変形はなく，フランジ部のブランクが伸びる．しわ押さえ力が小さい場合はフランジしわが発生し，大きすぎるとパンチ先端の肩部で破断

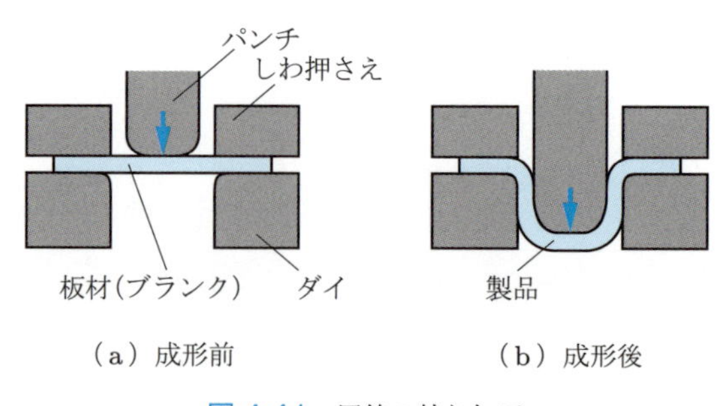

（a）成形前 （b）成形後

図 4.41 円筒の絞り加工

する．したがって，適当なしわ押さえ力を用いる必要がある．

(1) 絞り比

絞りにおける加工の程度を絞り比といい，ブランク直径 d_0，パンチ直径 d_1 から，絞り比 β は次式で表すことができる．

$$\beta = \frac{d_0}{d_1} \tag{4.5}$$

たとえば，直径 30 mm の円板を直径 20 mm の円筒パンチで絞り加工するときの絞り比は 1.5 となる．絞り比には材質などの加工条件により最大値があり，これを限界絞り比という．

(2) 再絞り加工としごき加工

限界絞り比よりも深い容器を製作するときは，目的の容器直径より大きなパンチで容器を製作し，その容器をさらに小さいパンチで再度絞ることで，より深い容器を製作できる．この成形法を**再絞り加工**（redrawing）という．また，再絞り加工でつくられる容器は厚さが不均一なので，その修整とさらに深い容器を製作するために，図 4.42 に示すように，ダイの内径をわずかに小さくして円筒側面の厚さを薄くしながら均一に加工する．この加工を**しごき加工**（ironing）という．

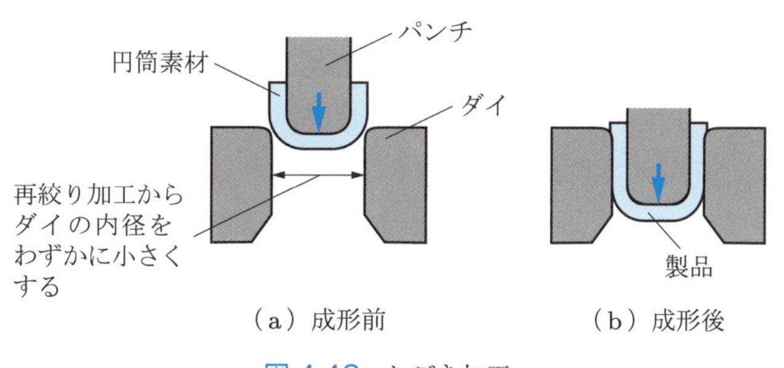

図 4.42　しごき加工

図 4.43 に絞り加工，再絞り加工，しごき加工によって製作される 2 ピース缶の工程例を示す．①はブランク，②絞り加工，③再絞り加工，④しごき加工，⑤ネッキングである．飲料缶の多くはこの方法により製作されている．

絞り加工に似た加工法で，板のフランジ部が凹凸のダイとしわ押さえにより固定され，パンチ先端部に接するブランクの部分も伸びる成形法を**張出し加工**（**バルジ加工**（bulging））という．フランジ部の厚さはそのままで，パンチに接する板厚を薄くするように板材の一部を膨らませて，突起をつくる場合などに用いられる．張

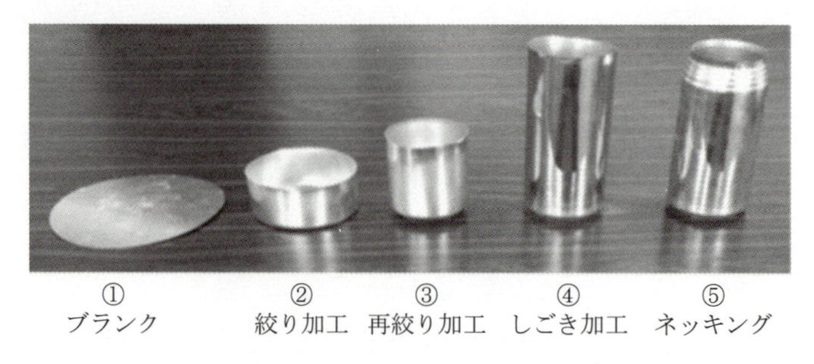

図 4.43　2ピース缶ボディー材の主な製作工程

出し力を与える方法として，液圧を用いたり弾性体を用いたりする方法がある．

また，絞り加工と同様な方法として，パンチの代わりに液体の圧力を利用し，板材を型に押し付けて成形する**ハイドロフォーム法**（hydroforming）や，層状のゴムにパンチで押し込んで成形する**マーフォーム法**（marform process）などがある．

4.5.4　プレス機械

プレス加工に用いられる機械をプレス機械またはプレスという．鍛造用機械のなかで紹介した液圧プレスや機械プレスが，加工力や加工速度に応じて用いられる．せん断加工では比較的加工速度が高い機械プレスが，曲げ加工や絞り加工では加工速度がやや低い液圧プレスが主に用いられる．

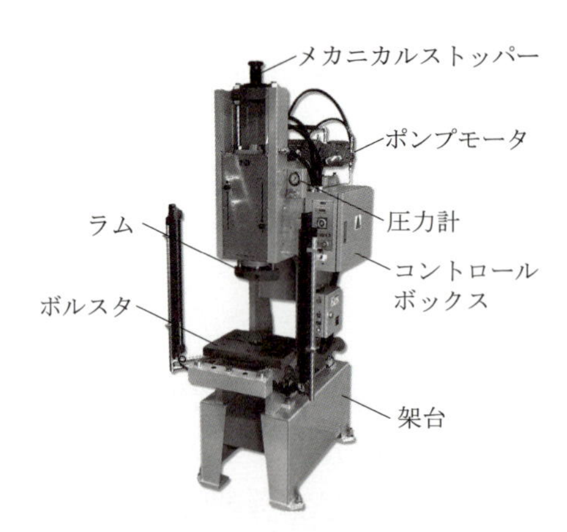

図 4.44　プレス機械（写真提供：(株)光栄製作所）

演習問題

4.1　冷間加工と熱間加工の特徴をそれぞれ答えよ．

4.2　圧延加工で，板厚 30 mm の板がロールを通過して板厚 27 mm に減少したときの圧下率はいくらになるか答えよ．

4.3　鋳造と切削加工，鍛造によって作られた製品の内部組織を描き，それらの違いを説明せよ．

4.4　板厚 1 mm の純アルミニウムの板（せん断強さ 70 N/mm^2）を直径 15 mm のパンチで打ち抜くときに必要な加工力はいくらになるか答えよ．

4.5　スプリングバックの現象とその対策を説明せよ．

4.6　絞り加工としごき加工の違いを答えよ．

第5章　切削加工

ほかの加工法に比べて高い寸法精度で加工できるのが切削加工である．素材から製品をつくるためだけでなく，鋳造や塑性加工された工作物の所要部を高い寸法精度に仕上げるためにも利用され，機械工作の中核的な加工法である．複雑な形状も加工できるものの，加工時間が長く加工費用も高くなるため，切削加工を行う工作機械はより効率的な加工を求めてさまざまに開発されてきた．本章では，切削加工用の多種の工作機械から現在の主流である数値制御工作機械，切削機構，切削作業での問題などについて説明する．

5.1　切削加工の基礎

切削加工（machining）は除去加工に分類される（図 1.3 参照）．工業製品は一つの部品や，一つの加工法で材料から製品となるものは少ない．高精度の製品ができるダイカストやプレス加工でも，製品の一部分にさらに高い寸法精度が求められ，削り取る（除去加工）必要がある場合には，切削加工を行う．また，さらに高い面精度（表面の凹凸）が求められる場合には，第 6 章の研削加工や研磨加工で微小な除去加工を行う．

5.1.1　工作機械とは

切削のように除去加工を行う機械を**工作機械**（machine tool）とよぶ．工作機械は多くの産業機械（鋳造用機械，プレス機，溶接機械，組立機械，ロボットなど）を製造するための機械であることから**マザーマシン**（mother machine）とよばれる．一般に，工作機械で加工される工作物の精度は加工する工作機械の精度を超えられない（copying principle）ため，精度の高い製品をつくるには，より高い精度の工作機械が必要になる．

機械加工ではさまざまな形状への加工を要求されるため，工作機械もさまざまな

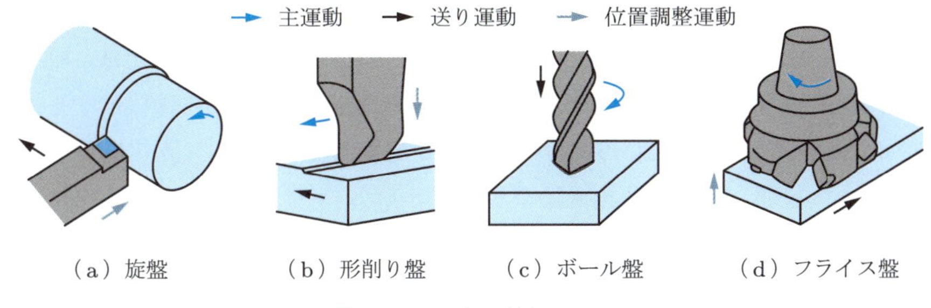

図 5.1　切削加工機械の運動

ものがある．しかし，その運動は，工作機械によらず，図 5.1 に示すように，主運動，送り運動，位置調整運動の組み合わせである．

① **主運動**（primary motion）：刃先で工作物から切りくずを生成する運動で，主軸の回転運動に相当する．主運動の速度を**切削速度**（cutting speed）といい，単位 m/min で示す．

② **送り運動**（feed motion）：工具か工作物を移動させる運動である．**送り**（feed，feed rate）ともいう．速度を送り速度（feed speed）や送り量（feed per revolution）といい，通常は単位 mm/rev で示す．

③ **位置調整運動**（positioning motion）：主運動と送り運動で，工作物から不要部分を除去できる．しかし，一度に所定の寸法まで大量に除去できない場合，工具か工作物を少しずつ移動して運動を与える必要がある．そのときに必要になる運動である．工具か工作物の移動量を**切込み**（depth of cut）といい，通常は単位 mm で示す．

5.1.2　工作機械の種類

工作機械には多くの種類があり，JIS では，(1)旋盤，(2)形削り盤，(3)ボール盤，中ぐり盤，(4)フライス盤，(5)歯切り盤，平削り盤，立て削り盤，ブローチ盤，切断機，研削盤，表面仕上げ機械，歯車仕上げ機械，(6)多機能工作機械，特殊加工機，その他の工作機械に分類している．旋盤，形削り盤，平削り盤は，切れ刃が一つである単刃工具（single point cutting tool）で，切削中つねに工作物と干渉している．一方，フライス盤，歯切り盤は，加工能率を高くするために切れ刃が複数ある多刃工具（multi points cutting tool）で，切削中，工作物に断続的に干渉している．

(1) 旋盤

旋盤（lathe）は，円筒形状の工作物の溝加工，外径加工，内径加工，ねじ加工，面取りなど多くの形状を加工できる工作機械である．旋盤などの工作機械は主軸の方向で分類されるため，図5.2に示す旋盤は横旋盤になるが，古くから旋盤（普通旋盤）とよぶ．立て旋盤や正面旋盤などの特別な切削用旋盤もある．普通旋盤は，ベッドとよばれる工作機械の土台（基礎）部分と，ベッドに載せられている主軸台，往復台，心押台で構成されている．

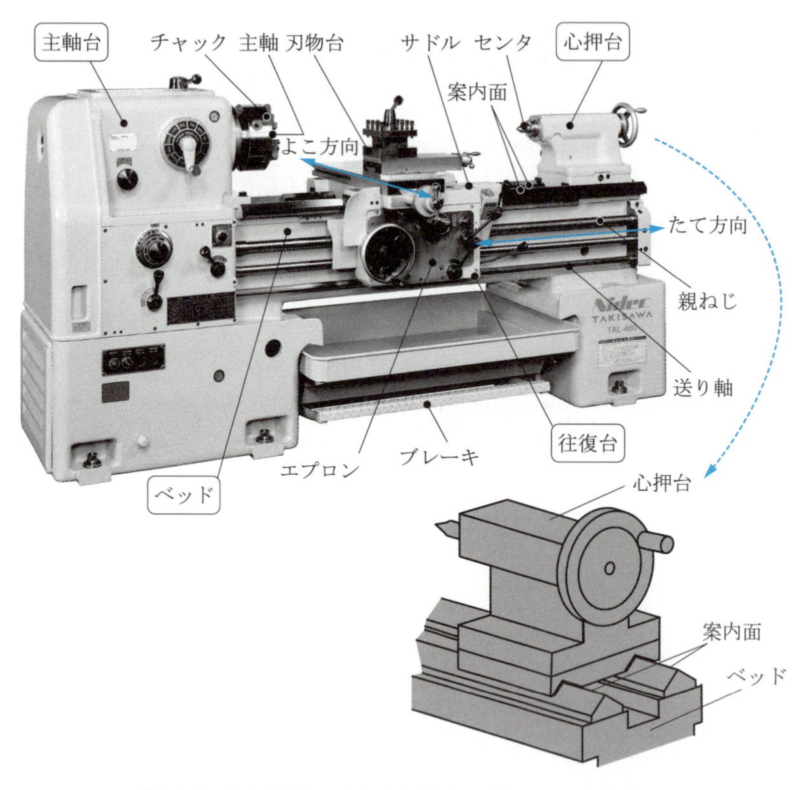

図5.2 旋盤各部の名称（写真提供：(株)TAKISAWA）

ベッド（bed）は，主軸台，往復台，心押台を支える高い剛性が必要である．また，主軸の回転運動や，往復台の左右方向の運動による振動が生じるため，耐振性も必要である．ベッドにはたて方向に2本の**案内面**（ways）（図では断面が三角形であるがいろいろな形状がある）があり，この上に載せられた往復台と心押台がすべりで移動できる構造となっている．案内面には潤滑油が溜まる仕上げ加工がされており，注油することで往復台とのすべり抵抗（摩擦）を小さくできる．

主軸台（headstock）は，ベッドに固定されており，内部にモータが設置されている．モータの回転を主軸台内部にある歯車列で減速させて**主軸**（spindle）を回転させる．歯車列で複数の主軸回転数が選択できるように設計されている．円筒形の工作物はチャックで主軸に固定して加工する．

心押台（tailstock）は，切削作業時には回転する工作物を主軸の反対側で支える．これにより，回転による振れがなくなる．短い工作物の場合は，主軸側のチャックだけで固定して切削作業をすることもある．

往復台（carriage）は，**サドル**（saddle），**エプロン**（apron），**刃物台**（tool post）で構成されている．サドルは案内面で支えられ，たて方向に移動できる．エプロンはたて・よこ方向の送り装置が入った歯車箱で，サドル下部にあり，ハンドルで往復台を移動させたり自動送りをさせたりできる．正方形の刃物台はサドルにあるよこ送り台上に固定されている．4 本の工具を取り付けることができ，回転させて工具を選択し，ハンドルで切込み（位置調整運動）を設定する．

親ねじは主軸台のモータと連動していて，送り速度（送り運動）の設定で主軸 1 回転あたりの往復台の移動距離を設定できる．工作物外周におねじを切るのに用いる．

旋盤では，用途に応じて図 5.3 に示す多種類の形状が加工できる．

日本では，旋盤で使用する切削工具を**バイト**（cutting tool）とよんでいる．図 5.4(a) は付刃バイト（ろう付けバイトともよぶ）で，工具鋼などでできた**シャンク**（shank）

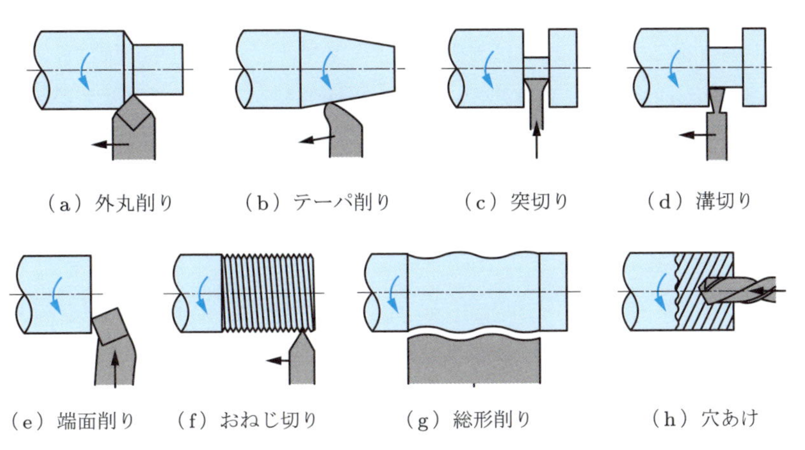

図 5.3　旋盤作業で加工できるさまざまな形状

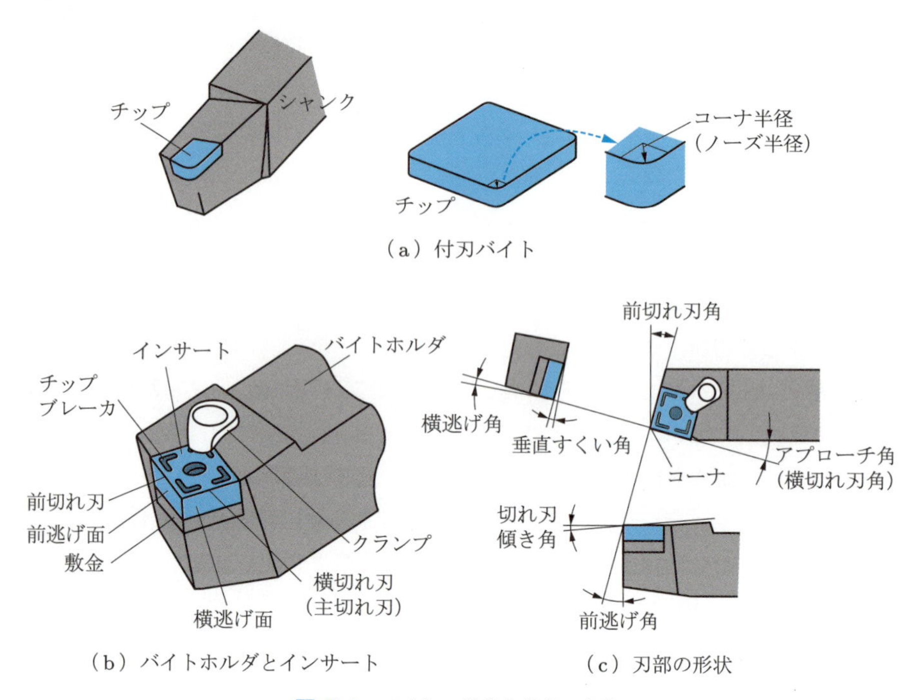

図 5.4 バイトの構造と各部の名称

に**チップ**（tip. chip との混同に注意すること）という金属の切削工具材料（5.1.4 項参照）の刃をろう付けしたものである．刃とシャンクが一体のため接合強度は高い．

作業中に摩耗した場合は，工具先端を研磨して再使用できるが，研磨する時間と熟練技能が必要になる．図(b)は刃先交換式工具で，三角形や四角形のインサート（indexable insert）を**バイトホルダ**（tool holder）にクランプやロックピンで締め付けて使用する．1960 年頃にスローアウェイ（throw away）とよばれて市販された．摩耗したらインサートを交換すればよいので研磨と交換時間を短くでき，セラミックスなどのろう付けできないインサートに対応できることから広く使用されている．

バイトの刃部を図 5.4(b)，(c)に示す．切刃は**すくい面**（rake face）と前と横の**逃げ面**（frank）で構成され，**主切れ刃**（cutting edge）で切りくずを生成する．刃部の傾きは，すくい面の水平面からの傾きにより，垂直（横）すくい角と切れ刃傾き角の二つで示す．すくい角は正負の設定ができ，その大きさで切れ味が変化する（5.3.2 項参照）．横（主）切れ刃がシャンク方向となす角を**アプローチ角**（横切れ刃角）とよび，これにより工具にかかる力，切りくずの方向などが変化する．また，前逃げ面が送り方向に対する角度を前切れ刃角とよび，これは，切削後に前逃げ面が加工後の工作物と接触するのを避ける（逃がすという）ための角度である．図5.4(a)切れ刃の先端の丸味の半径Rはコーナ（ノーズ）半径といい，仕上げ面（5.3.6項参照）の凹凸を決める．図(b)に示したように，インサートのすくい面にはチップブレーカ（凹凸）がある．これは，切りくずを適度な長さで切断し，適当な方向へ変形を促すもので，これにより，長くなった切りくずで工具や工作物が損傷することを防ぐ．

(2) 形削り盤と平削り盤

平面の加工には，図5.5に示す**形削り盤**（shaping machine）や**平削り盤**（planning machine）が用いられる．図(a)の形削り盤では工作物をテーブルの上の**バイス**（vice）に固定し，**ラム**（ram）の一端にある**ラムヘッド**（ram head）の刃物台にバイトを取り付ける．ラムが往復運動（主運動）をして，一往復ごとにテーブルを間欠的に送り（送り運動），平面を加工する．刃物台を下降させて切込み（位置調整運動），所要の寸法を除去する．形削り盤はバイスで固定できる小物の工作物の平面加工に用いられるが，マシニングセンタ（5.2.1項参照）で加工することが多くなっている．

図5.5(b)の平削り盤は，大型の工作物の平面加工に用いられる．平削り盤では，往復運動するテーブルに工作物を固定して主運動を行い，バイトの固定された刃物台が送り運動と位置調整運動を行う．横刃物台が**コラム**（column）に設けられて

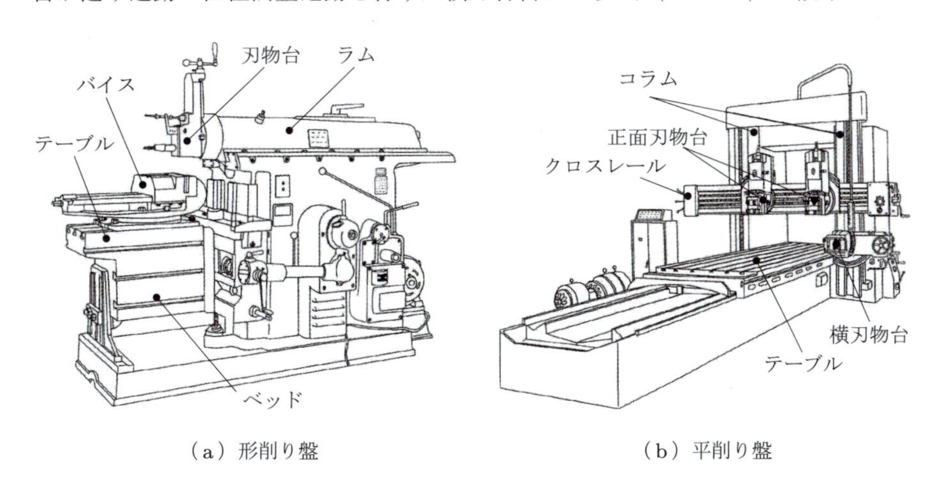

（a）形削り盤　（b）平削り盤

図5.5　平面加工用の形削り盤と平削り盤（JIS B 0105）

おり，工作物の側面も工作物の脱着なしで加工できる．

(3) ボール盤

ボール盤は，工作物を固定し，工具である各種ドリル（drill）を回転（主運動）させながら送りを与えて穴加工をする．図 5.6(a)に示す**直立ボール盤**（upright drilling machine）が多用されている．主軸ヘッドが固定されているため，工作物はテーブルに固定したバイスに取り付けて，穴位置に移動させる．図(b)に示す**ラジアルボール盤**（radial drilling machine）は，直立ボール盤とは逆に，主軸ヘッドを移動させて穴あけ位置を決める．工作物が大きくて移動が困難な場合に用いられる．

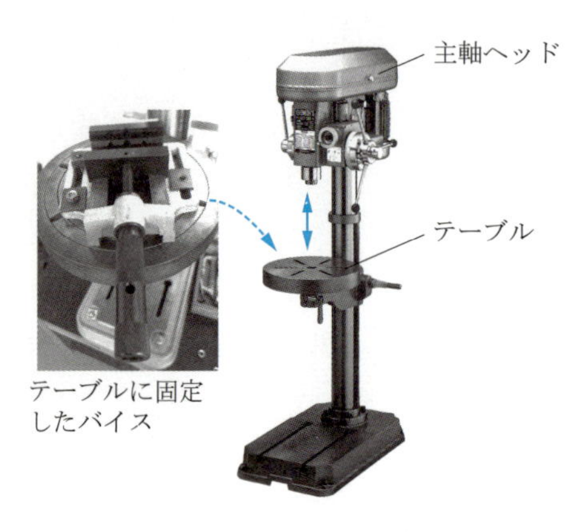

（a）直立ボール盤
（写真提供：遠州工業（株））

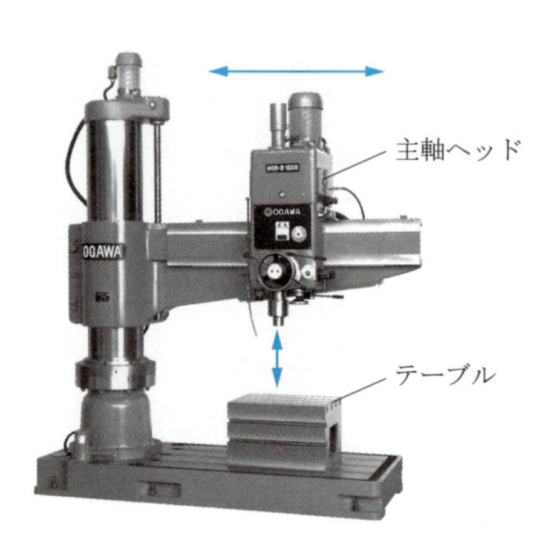

（b）ラジアルボール盤
（写真提供：小川鉄工（株））

図 5.6 ボール盤

ドリルは用途，材質，構造などの違いから多くの種類（JIS B 0171）がある．図 5.7 に金属の穴あけ用として代表的なドリルを示す．刃のあるドリル先端部を工作物に押しあて，切りくずを溝部から後方に排出しながら穴をあけて進む．ボール盤の主軸への取り付け方法により，ストレートとテーパのシャンク形状がある．刃部がシャンクと同一材料のむくドリル，刃をろう付けした付刃ドリル，刃が交換できるインサートドリルがある．

もっとも用いられている図 5.7(a)の**ツイストドリル**（twist drill）は，シャンクの先にウェブ（web）とよばれる軸があり，外周にらせん状に2枚の刃が付けられている．ウェブ先端は，両切れ刃の逃げ面の交線で稜線のようになっており，**チゼルエッジ**（chisel edge）という．直線状のチゼルエッジは，工作物に対して押し込

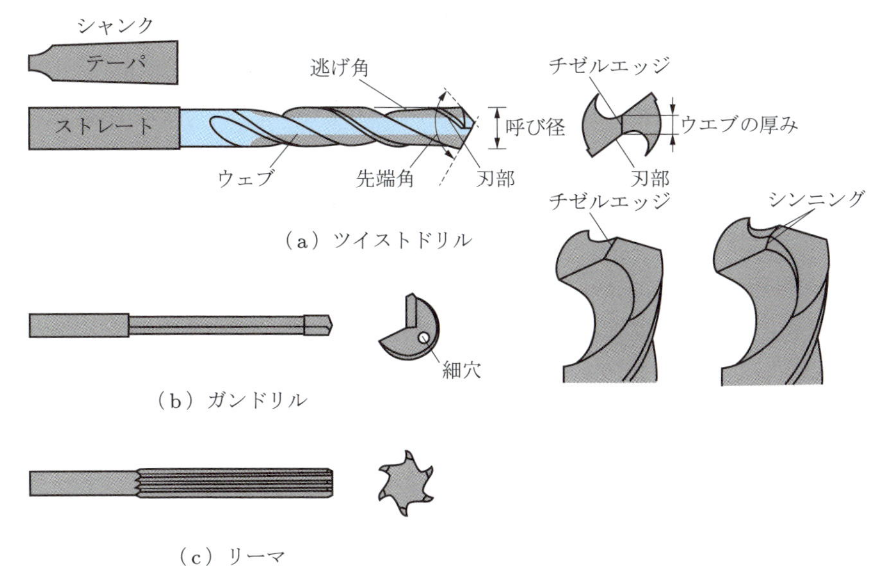

図 5.7 穴あけ用工具の種類と各部の名称

む（負のすくい角．5.3.2 項参照）ことになり切れ味がわるいため，研磨して切れ味をよくする**シンニング**（web thinning）を行うことが多い．ドリル先端の直径がドリルの呼び径（加工したい穴直径）で，シャンク側にわずかに径が小さくなる（バックテーパ）ように逃げ角をつけて，ドリルの刃が加工穴壁面との摩擦を避けるようになっている（図 5.4 の逃げ角と同じ）．ドリル先端部の刃（lip）のなす角である**先端角**（point angle）は 118°が標準である．硬度の高い工作物では先端角を大きくして加工する．ウェブの厚みがドリルの芯の径であり，これが小さいとドリルが折れやすい．ツイストドリルで深い穴を加工しようとすると，切りくずが上部（シャンク側）まで排出できずにつまる．

深穴加工（直径の 10 倍以上の深さの場合）には，図 5.7(b)に示す 1 枚刃の**ガンドリル**（gun drill）を用いる．銃の砲身をあけるために用いられたのが名前の由来である．ドリル軸内の細穴から高圧の切削油剤を先端に供給し，V 溝から切りくずを排出する構造で，直径 30 mm 程度の深穴あけに適している．加工機には高圧の油供給装置が必要である．直径 30 mm 程度以上の深穴は，ガンドリルは適していないので，専用のドリルを使った BTA 加工（ボーリング・トレパン加工）で行う．

図 5.7(c)に示す**リーマ**は，ツイストドリルなどであけた穴寸法，円筒形状の精度，穴側面の粗さを向上させるために用いる．リーマは円筒軸に対して直線上（わずか

に角度が付いたものもある）に刃が付いており，ボール盤で使用する場合は低速で切削油剤を用いる．

穴あけ加工の手順を図 5.8 に示す．ドリル先端は尖っていないため，平面上に穴をあける場合で穴位置の精度が必要なときは，図(a)に示すようにポンチやセンタードリルで工作物の穴中心位置に小さい円錐の下穴をつくる．この穴をガイドに，図(b)に示すようにツイストドリルで穴をあける．さらに，穴の品位を上げる必要があれば，図(c)に示すリーマ加工を行う．また，めねじ加工が必要であればタップ（図(d)）を，座ぐり加工をしたければ段付きドリル（図(e)）を使うなど，さまざまな穴加工ができる．

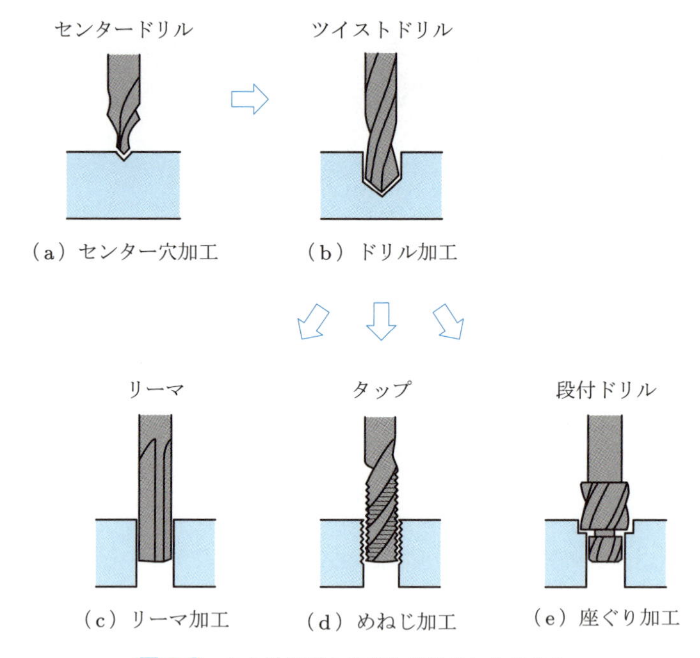

図 5.8 穴あけ加工の手順と使用されるドリル

(4) フライス盤

平面加工では形削り盤や平削り盤で単刃工具を用いるが，効率的に加工したい場合は，図 5.9 に示す**フライス盤**（milling machine）で多刃工具を用いる．図(a)に示す立て型フライス盤では，図 5.10(a)の正面フライス（高精度の平面加工用），図(b)の**エンドミル**（外周の刃を用いて段差加工する），図(c)の**ボールエンドミル**（曲面の加工）などの工具で，多種の形状を加工できる．図 5.9(b)に示す横型フラ

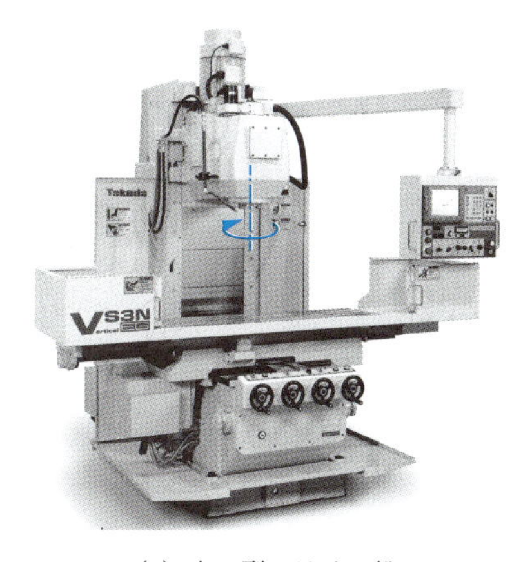

(a) 立て型フライス盤
(写真提供：(株) 武田機械)

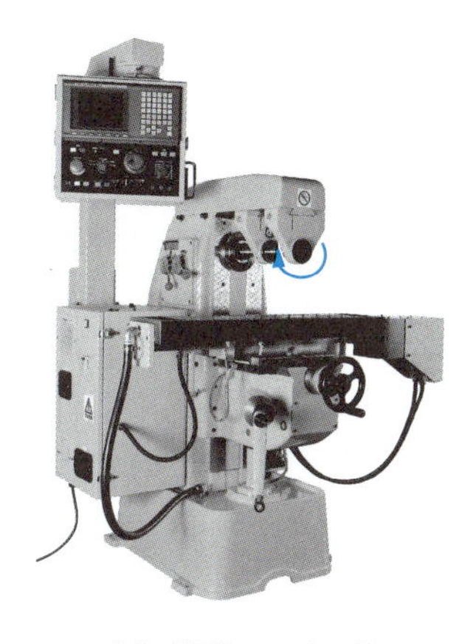

(b) 横型フライス盤
(写真提供：(株) イワシタ)

図 5.9　立て型フライス盤と横型フライス盤

(a) 正面フライス

(b) エンドミル

(c) ボールエンドミル

(d) 平フライス

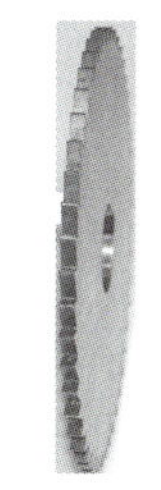

(e) 側フライス

図 5.10　フライスの種類 ((a), (b), (c)写真提供：タンガロイ(株))

イス盤では，図 5.10(d)の平フライス（高効率の平面加工），図(e)の側フライス（溝や段，側面の加工や板の切断）で多種の加工ができる．

主軸が回転して工作物が送り運動するので，平フライス，正面フライスともに各刃先は工作物に対してトロコイド曲線軌道をとる．旋盤や形削り盤の単刃切削では切取り厚さは変化しないが，多刃切削では切りくずの形状がつねに変化する．断続切削なので，フライスの刃に作用する力はつねに変化する．このため，刃には欠損や疲労破壊，熱影響による損傷が生じやすい．

平フライスでの切削は，フライスの刃が同一方向に回転して，送り運動をテーブルの往復運動で与えるため，図 5.11 に示すダウンカットとアップカットの二つの切削状態がある．

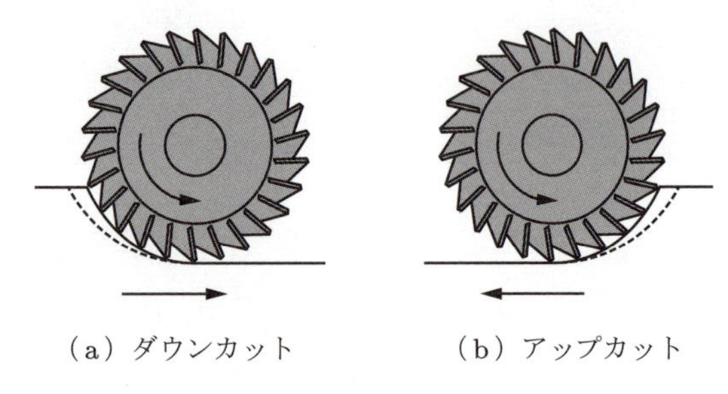

図 5.11 フライスの進行方向による切りくず生成の違い

① **ダウンカット**：フライスの刃が上から下に運動して切りくずを生成する．工具は切込み時最初に最大の切取り厚さで工作物に干渉するため，つぎの特徴がある．

- 刃先の食込みが良いため，振動（切削加工で生じる振動のことを**びびり**（chatter vibration）という）が生じにくい．
- 切込み時に工具への衝撃が大きいため，靭性の高く剛性の高いフライス盤が必要である．
- 刃先の食込み開始時に，刃先が仕上げ面を摩擦しないので，刃先の摩耗が少ない．

② **アップカット**：フライスの刃が下から上に運動して切りくずを生成する．工具は切込み時に工作物表面ですべり，その後干渉して切取り厚さが大きくなるため，つぎの特徴がある．

- びびり振動が生じやすく，振動で刃が損傷を受けやすいため，工具寿命が短くなる．
- 刃先に逃げ面摩耗が生じやすく，摩擦熱が生じやすい．

工具寿命の長いダウンカットで加工するのが基本である．ただし，テーブル送りを連続的に行うと，アップカットとダウンカットが交互に生じるので注意を要する．

(5) 歯切り盤

動力伝達に用いられる歯車は，ダイカスト（2.3.4 項参照），金型プレスや転造（4.3.7 項参照）により安価に加工できる．ただし，軽量で摩耗しにくく，作動時の振動や騒音の低減が求められる場合は，加工コストは高いものの，高硬度の材料を高い精度で加工できる切削加工で行う．歯車の切削に用いられるのが**歯切り盤**（gear cutting machine）である．主運動の違いからつぎの 3 種類の加工法に分けられる．

① **ホブ盤**（hobbing machine．図 5.12(a)）：円板素材の工作物にホブという工具をかみ合わせるように干渉させて外歯車（外周に歯形のある歯車）を加工する．ホブの 1 回転（主運動）で工作物の円板が 1 歯分だけ回転するようにホブ盤で相対運動をさせる．円板が 1 回転すると，ホブを円板に近づける位置調整運動を与えて歯切りを行う．

② **歯車形削り盤**（gear shaping machine．図 5.12(b)）：ホブ盤では工具となるホブを回転させて切削するが，歯車形削り盤（ギアシェーパともよぶ）では工具（ピニオンカッタやラックカッタ）を往復運動させて歯切りを行う．ピニオンカッタを用いた歯車形削り盤の代表的なものにフェロース式歯車形削り盤がある．図に示すように，歯車形状のピニオンカッタを往復させ（主運動），素材の円板に近づける位置調整運動をさせる．カッタは往路の切削後，復路では工作物から離れるように運動する．1 歯の切削が終わると，カッタとかみ合うように円板が回転する．復路では切削しないため，ホブ盤より加工時間が長くなるが，外歯車だけでなく内歯車や段付きの歯車加工もできる．

③ **ギアスカイビング盤**（gear skiving machine．図 5.12(c)）：5.2 節で説明する工作機械の数値制御の発展に伴って実用化されたのが，ギアスカイビング加工である．工具回転軸と工作物回転軸に交差角を与え，同期させて回転し，カッタで薄く剥がす（skive）ように切削するので，切削速度を大きくできる．歯切り加工では，工作機械の剛性と工具と工作物の制御が加工精度や加工時間に影響するが，スカイビング盤では歯車形削り盤より速い加工が可能であり，多種の歯型の外歯車や内歯車が加工できる．

✚ 5.1.3 工作機械の特徴

各工作機械は，どの部分で主運動，送り運動，位置調整運動をさせるかで構造が異なり，構造の違いが工作物の寸法や，形状，仕上げの精度に影響する．工作機械

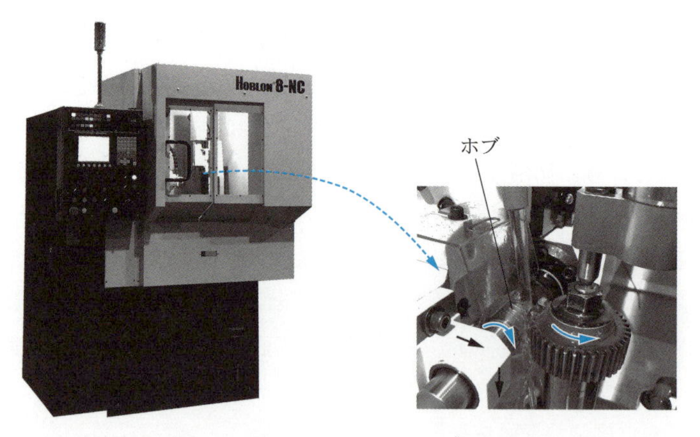

（a）ホブ盤（写真提供：北井産業（株））

（b）歯車形削り盤（写真提供：（株）唐津プレシジョン）

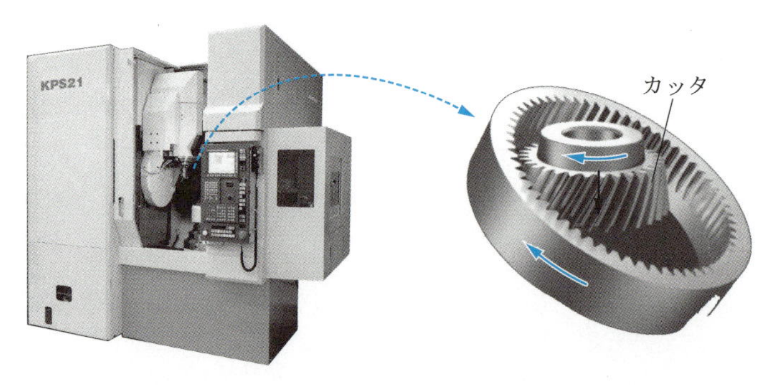

（c）ギアスカイビング盤（写真提供：（株）カシフジ）

図 5.12　歯切り盤の種類

はつぎの特徴をふまえて選定するとよい.

(1) 主軸方向の違い

① **立て型**：主軸が垂直方向（例：図 5.13(a)).

② **横型**：主軸が水平方向（例：図 5.9(b)).

工作機械には主軸の方向で立てと横に分類されるが，立て旋盤の使用は少ない．立て型フライス盤は横型フライス盤より多く使われている．マシニングセンタにも両方ある．どのような加工を行うかで工作機械を選定する.

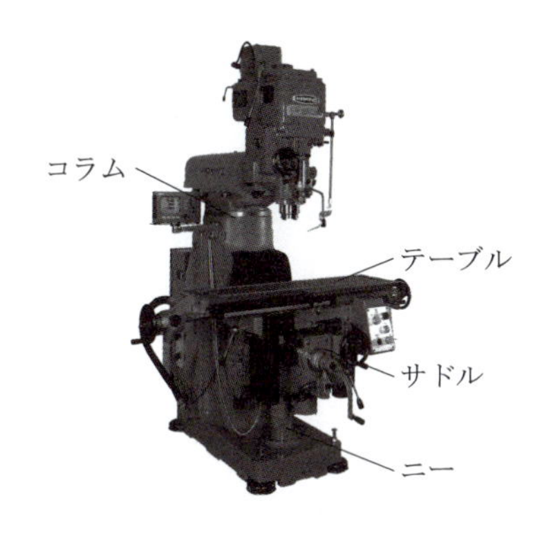

（a）ひざ型フライス盤
（写真提供：(株) 牧野フライス製作所）

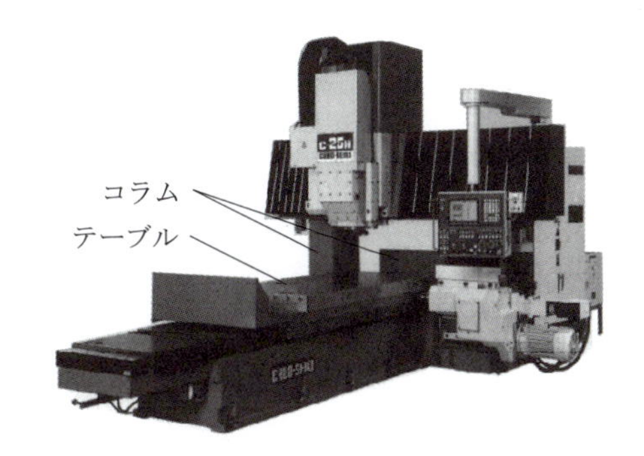

（b）プラノミラー
（写真提供：中央精機（株））

図 5.13 工作機械のテーブルの支持方法の違い

(2) テーブルの支持方法の違い

① **ひざ型**（図 5.13(a))：テーブルを支えるサドルがコラムから片持ちで突出し（サドルはコラムに沿って上下する)，支え（ニーという）がサドルを上下させることで位置調整運動を与える方式.

② **ベッド型**（図 5.9(a))：主軸ヘッドが上下・前後運動，ベッド上のテーブルが左右に運動して加工する．ベッドは上下運動をしないため，ニー型より機械の剛性が高く，大型の重量工作物を固定して加工できる.

③ **門型**（図 5.13(b))：プラノミラー（平削り形フライス盤）では，コラムを二本もつ門型（ダブルコラム）で，主軸ヘッドを両端で支持するため，剛性が高く，主軸ヘッドの自重や加工力によるたわみが少ないので高精度の加工が行える．工作機械自体が大型のものが多く，大型で重量のある工作物を加工できる.

5.1.4 切削工具の材種

切削工具は工作物より高い硬度（通常3倍程度）が必要である．また，加工点が高温であったり，断続切削であったり，多様な形状のインサートがあるので，①高温硬度が高いこと，②欠損しないよう靭性が高いこと，③耐摩耗性があること，④工具形状に成形可能であること，が必要である．

ここでは，よく用いられている工具材料について硬度の低いものから説明する．

(1) 炭素工具鋼・合金工具鋼

炭素工具鋼は，切削工具の材質としてもっとも古くから使われている．炭素含有量が多く硬度が高いため，やすりやたがねに用いられている．**合金工具鋼**は，Cr（クロム）や Ta（タングステン）などを含むため耐摩耗性や靭性が高くなり，タップや鋸（のこ）などに用いられる．切削工具としては，低速切削での用途に限られる．

(2) 高速度工具鋼

高速度工具鋼（high speed steel）はハイスともよばれる．Ta，Cr，Co（コバルト），V（バナジウム）などを含む合金鋼であり，W（タングステン）系と Mo（モリブデン）系に分かれる．約600°C まで硬度が低下しないため，合金工具鋼より高速切削が可能である．靭性も大きく，成形もしやすく，再研磨も可能なことから，ドリルやフライスに用いられる．つぎに述べる粉末冶金法で組織の微細化や高合金化した焼結高速度鋼（粉末ハイス）もある．

(3) 超硬合金

工具材料の開発では，多数の元素をさまざまな割合で混合・溶解させて合金をつくることで機械特性を改善してきた．硬度が高く耐摩耗性がある WC（炭化タングステン）も切削工具向きの材料であったが，溶融温度が高いため溶解が困難で合金にできなかった．しかし，固めた粉末を融点よりも低い温度で焼き固める粉末冶金が進歩し，複数の金属を高温で溶解してつくる合金にできない組成の焼結合金を加工できるようになった．これにより，主成分 WC，TiC（炭化チタン）に結合剤として Co 粉末を均一に混合し，粉末のまま高温で焼結した**超硬合金**（cemented carbide，または sintered carbide）が開発された．合金工具鋼や高速度工具鋼より高温での硬度低下が少ないので，切削工具として普及している．添加剤を加えたり，混合割合を変えたり，また粉末の粒径の違いなどにより多くの品種がある．JIS では使用基準として定められており，表5.1 に示す P 種，M 種，K 種がよく用いられる．

表 5.1 切削用超硬工具材料の代表的な材種（JIS B 4053）

JIS 識別記号	適する加工材料	用　途
P	鋼：鋼，鋳鋼（オーステナイト系ステンレスを除く）	連続型切りくずの出る鉄系金属の切削
M	ステンレス鋼：オーステナイト系，オーステナイト／フェライト系	連続型や非連続型切りくずの出る鉄系金属の切削，非鉄金属の切削
	ステンレス鋳鋼	
K	鋳鉄：ねずみ鋳鉄，球状黒鉛鋳鉄，可鍛鋳鉄	非連続型切りくずの出てくる鉄系金属用，非鉄金属または非金属の切削用途

注 1）各材種に識別記号の後に数字が付けられる．例 P01，P10，M20，K30，....
　2）数字が小さいほど耐摩耗性が大きく高速切削に適し，数字が大きいほど靭性が大きく衝撃に強い．

(4) セラミックス

セラミックス（ceramics）とは，通常は陶磁器のことであるが，工業ではファインセラミックスという高精度で高機能な焼結品のことを指す．高温時（約 1500°C）での硬度が高く，耐摩耗性が高いので，高速切削に適している．しかし，靭性に乏しくチッピング（微細な欠け）が生じやすい．アルミナ系，窒化ケイ素系，サイアロンに大別される．サイアロン（SiAlON）は Si_3N_4（窒化ケイ素）に Al_2O_3（酸化アルミニウム）と SiO_2（シリカ）を焼結したもので，耐熱性や高温環境下での機械的強度，耐熱衝撃性，耐摩耗性に優れている．

(5) サーメット

サーメット（cermet）は，炭化チタン，窒化チタンに Ni-Mo（ニッケルモリブデン）合金を添加して焼結した材料である．セラミックスと超硬合金の中間的性質で，セラミックスより靭性が大きいが硬度は低い．

(6) ダイヤモンド

ダイヤモンド（diamond）は，炭素の同素体で，天然ではもっとも硬い材料である．超高圧高温でのダイヤモンドの人工合成に成功し，工業的に利用されるようになった．天然ダイヤモンドより安価で機械特性にばらつきがない．物質中で最高の硬度と熱伝導率をもち，熱膨張率が小さいので，非鉄金属やセラミックスなど，高硬度の材料の切削に適している．高温では鉄と熱化学的に反応して損耗が大きくなるため，鉄系金属の高速切削には適していない．単結晶のダイヤモンドは鋭利な刃先成形が可能なので，精密加工や鏡面加工に使用される．ダイヤモンド粉末に Co を添加して焼結した多結晶ダイヤモンドは単結晶ダイヤモンドより高い靭性が得られる．

(7) 立方晶窒化ホウ素

立方晶窒化ホウ素（cubic boron nitride：CBN）は，窒素とホウ素からつくられた化合物である．ボラゾンという商品名で販売が始まった．硬度はダイヤモンドに近いが，鉄系の金属と反応しにくいので高硬度の焼入れ鋼など鉄系の高速切削に適している．

(8) コーテッド工具

コーテッド工具（coated tool）は，耐摩耗性（工具寿命が延びる）や耐欠損性を改善するために開発された．靭性のある超硬工具や高速度鋼工具の表面に，耐摩耗性，耐熱性，耐食性に優れた炭化チタン，窒化チタン，酸化アルミニウムなどを 5 ～ 10 μm の層で蒸着により被覆（coating）した工具である．母材の靭性によって欠損を防止しながら，表面のコーティング層によって高温下での摩耗を抑制できる．摩擦の低減により，切削熱が抑制でき，切りくずの排出も促進され，表面粗さも小さくできる．しかし，薄膜層が剥がれたり摩耗したりしないように，加工条件に適合する工具を選択し，使用条件を守る必要がある．

図 5.14 にここで説明した 7 種類の工具材種の耐摩耗性（硬度）と耐欠損性（靭性）の関係を示す．工具摩耗が少ないように，より硬度の高いものが開発されてきた．しかし，硬度と靭性には反比例の関係があり，硬い工具はもろく欠けやすいため，切削条件によって使い分ける必要がある．

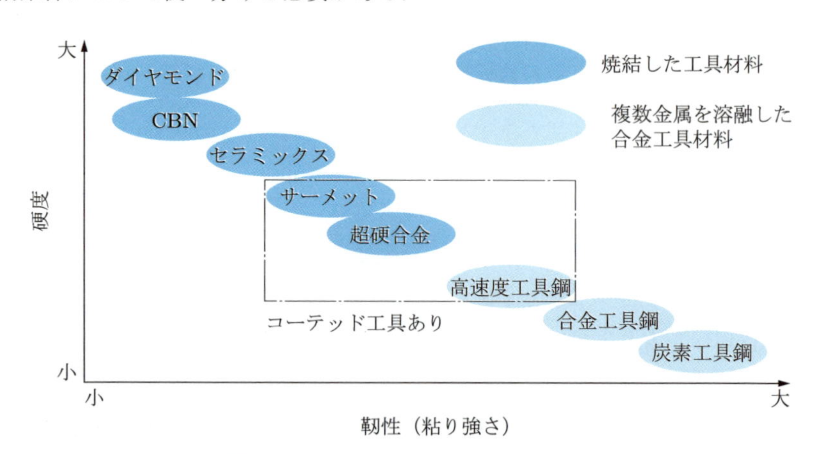

図 5.14 各工具材料の硬度と靭性の関係

5.2 数値制御工作機械

普通旋盤は，加工効率を高めるために装置の改良がなされてきた．倣(なら)い旋盤は，旋盤の案内面に平行に取り付けた製品と同一外形のモデルをガイドにし，接触子でなぞって切削する．これにより，切削時間の短縮や曲線の切削を容易にした．タレット旋盤は，それまでの刃物台（4種のバイトを固定できる）の替わりに，心押台の上にタレットという回転する刃物台（工具を放射状に固定できる）を載せることで，外周切削，穴あけ，ねじ切りなど複数の加工作業ができる．工具交換が不要なので，加工準備時間（工具交換，工作物着脱時間）を短縮できる．ただし，これまでの工作機械は，技能者の熟練を必要としてきた．

しかし現在では，工具や工作物の移動をモータで制御する**コンピュータ数値制御**（computer numerical control：CNC）工作機械が開発された．これにより，倣いに代わってプログラムで工具の運動を指示できるようになり，また，タレット旋盤に代わった工具交換装置を備えたマシニングセンタで多くの工具交換が自動化された．

5.2.1 マシニングセンタの構造

フライス盤から発展した**マシニングセンタ**（machining center：MC）は，図 5.15 に示すように，①ベッド，②主軸，③テーブル，④XYZ 軸の送り装置，⑤自動工具交換装置（automatic tool changer：ATC）をもつ工作機械である．近年では

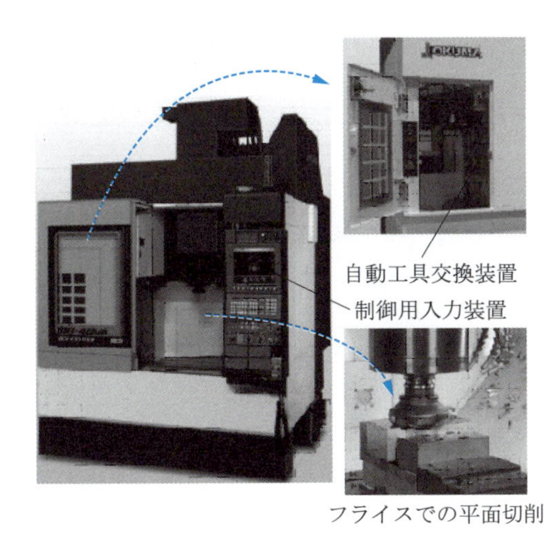

(a) 立て型マシニングセンタ

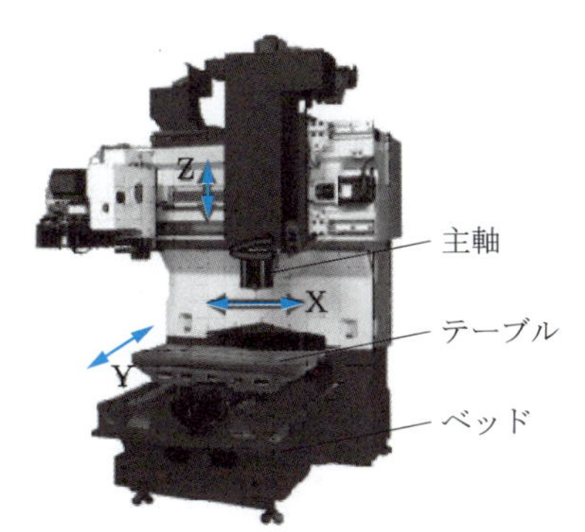

(b) 機械座標系

図 5.15 マシニングセンタと座標系（写真提供：オークマ(株)）

直交する X, Y, Z 軸の位置制御に加えて，2 軸の回転を同時に制御できる 5 軸制御マシニングセンタが普及している．MC は複数種の工作機械の加工が可能で，現在は工作機械の主流となっている．

図 5.15(a)は実際の立て型マシニングセンタである．図(b)は機械座標の方向で，テーブルが XY 方向，主軸が Z 方向として設定されている．テーブルの移動には，ボールねじ（図 5.16）が使用されている．これにより，バックラッシュ（おねじとめねじ間の隙間）がないため，移動方向変更時の空転（遊び）がない．また摩擦が小さく，モータの回転を正確に直線運動に変換できるため，高い位置決め精度が得られる．さらに，テーブルや主軸にリニアエンコーダ（直線変位センサ）やエンコーダ(回転角センサ)が設置され，測定した移動距離や回転量によるフィードバック制御（feedback control）を行い，自動で目標値に追従する**サーボ機構**（servomechanism）が取り入れられている．これにより，各軸方向の精密な移動制御を可能としている．近年では，超精密加工ができるよう軸移動を非接触にしたリニアモータ駆動のもある．ATC により，ツールホルダに保管された多数の工具が ATC アームを介して主軸に取り付けられる（直接主軸に取り付ける方法もある）ので，短時間で工具交換ができる．

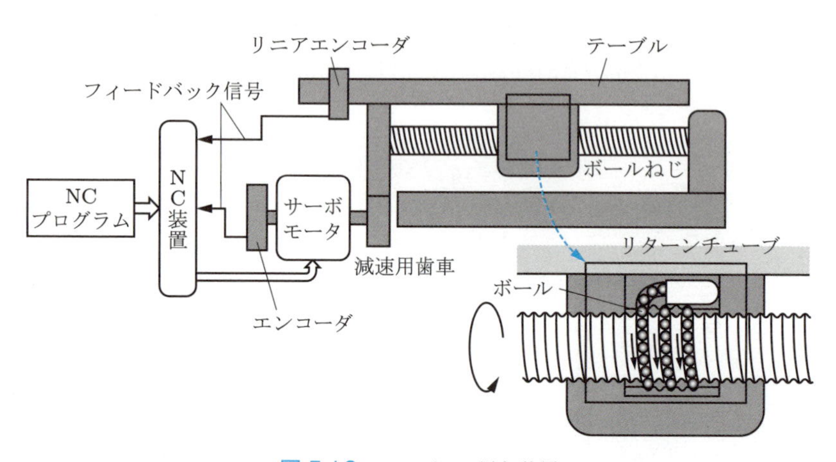

図 5.16 テーブルの送り装置

MC 導入の利点はつぎのとおりである．

① 複数の加工を一工程にまとめられ，工作物の脱着時間が短縮できる．

② プログラムを変更すればさまざまな形状を加工できるので，中少量生産品に対応できる．

③ 技能者の熟練技量に依存せず，加工精度のばらつきが少なく均質な製品を製作できる．

④ 複数台の工作機械を一人の技能者で扱え，省力化できる．

1940 年代に開発されたコンピュータを内蔵していない数値制御の工作機械は **NC 工作機械**（numerically controlled machine tool）とよばれていた．その後，コンピュータ制御の工作機械が開発され，それらは区別して CNC（computer numerical control）工作機械とよばれた．現在では数値制御はコンピュータで行うため，すべての数値制御工作機械を NC 工作機械というのが一般的になっている．

5.2.2 NC 工作機械と座標系

NC 工作機械での加工は，主軸の回転速度，工具の移動する軌跡（ツールパス）と速度を NC プログラム（5.2.4 節参照）で指示する．工具の移動する 3 次元空間の座標は，図 5.17 のように X，Y，Z 座標（右手直交座標系）で示す．これを機械座標という．主軸の回転軸方向が Z 軸で，工具が工作物から離れる方向を ＋（正）としている．テーブルの送り方向を X, Y 軸としている．立て型フライス盤と横型フライス盤では主軸の回転軸方向が異なるので，機械座標はそれぞれ図のようになる．

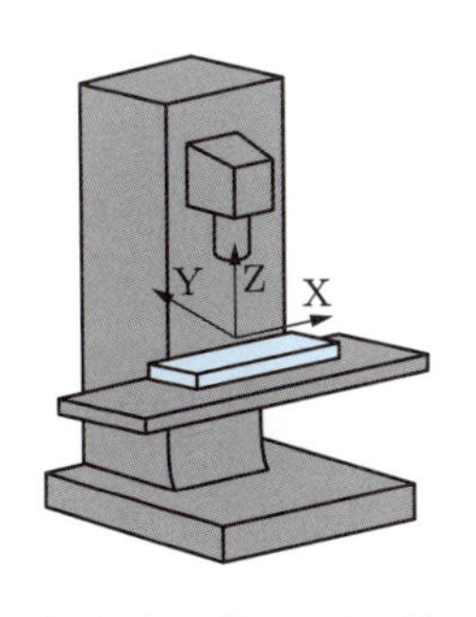

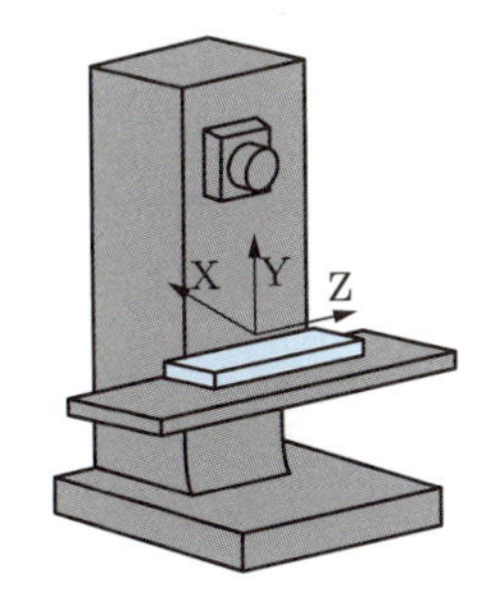

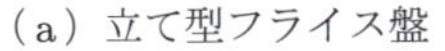

（a）立て型フライス盤　　（b）横型フライス盤

図 5.17　フライス盤での主軸の方向による座標系の違い

実際に工具を移動させる場合，1 軸だけ動かすだけでは曲線部を滑らかに加工できないため，2 軸（同時 2 軸制御），3 軸（同時 3 軸制御）を同時に動かすことができる機能も必要となる．

5.2.3 NC工作機械の加工点の制御

工具経路を制御する方法にはつぎの3種類がある．

① **直線切削制御**：エンドミルで長溝や外周を加工する場合など，1軸のみを扱う制御方法．

② **位置決め制御**：ドリルでの複数個の穴加工などに使われ，移動先に早く移動させる制御方法．たとえば，穴間の移動の際に障害物があると，ドリルが衝突しない移動経路が必要となる．

③ **輪郭制御**：同時2軸制御，同時3軸制御を用いて複雑な曲面を加工する制御方法．NC工作機械ならではの特徴的な加工が行える．X，Y，Z軸に平行移動でない直線の加工，円弧などの曲線の場合は**補間**が必要となる．図5.18(a)に直線補間の例を示す．図ではO-Bと直線移動を行わせる場合，1軸制御ではO→A→BかO→C→Bとしか移動できない．しかし，同時2軸制御では補間の演算を行わせることでO→①→②→③→④→⑤→Bと直線OBに近い移動が可能となる．図(b)のように円弧も補間することで円弧に近い経路で加工できる．

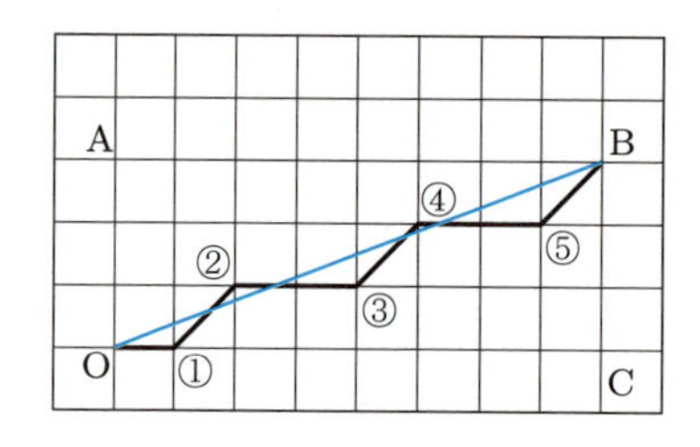

（a）直線補間

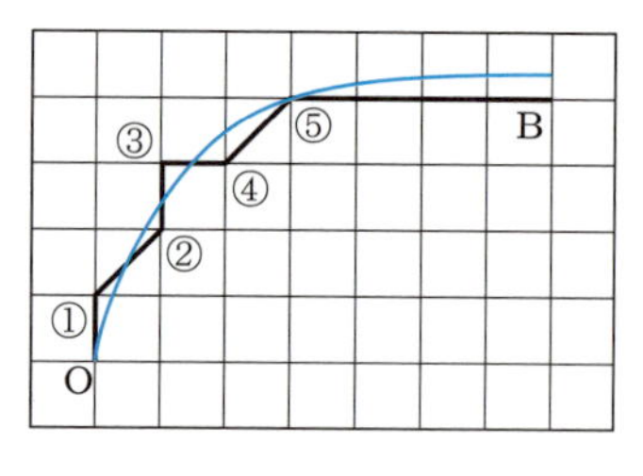

（b）円弧補間

図5.18 補間による直線や円弧の移動

5.2.4 NC工作機械のプログラミング

NC工作機械で加工作業を行うには，つぎの指示などが必要である．

① 加工順序，工具交換

② 工具経路

③ 切削条件（切削速度，送り，切込み）

④ クーラント（切削液）のON／OFF

NC工作機械の制御盤（図5.15）へのNCプログラムのデータ（NCコードとよぶ）は，コンピュータで作成してネットワークやメモリカードでNC制御盤に転送する方法と，直接制御盤から入力する MDI（manual data input）方法がある．

図 5.19 に NC コードの例を示す．1 行（ブロック）はアドレス（G, X, Y などのアルファベット）とワード（座標値の数字など）で構成される．

	コードの意味	例のプログラムの動きの説明
%;	プログラム開始	
O0100	O＋数字：プログラム番号	
N1 T05 M06;	N：シーケンス番号	T05：ATC 内の 5 番の工具 M06：工具交換
N2 S900 M03;		S900：主軸回転数［rpm］指定 M03：主軸回転(時計の針方向)
N3 G90 G00 G54 X10. Y10;	G90：アブソリュート指定	工具を機械原点から X 軸 10 mm, Y 軸 10 mm に早送りで移動
	G00：位置決め	
	G54：座標系の選択	
	X,Y,Z：軸移動距離	
G00 Z100.;		工具の高さを機械原点から 100 mm に設定
N4 M08;	M08：クーラント供給開始	切削油を供給
G91 G01 Z-50. F100:	G91：インクリメンタル指令	工具を 100 mm/min で 50 mm 下げて加工する
	G10：直線補間	
G00 Z150.;		工具を 150 mm 上げる (元の位置に戻す)
M09;	M09：クーラント供給停止	切削油の供給停止
N10 M05;		工具の回転停止
%;	プログラム終了	

図 5.19 NC コード

NC の座標には図 5.17 で示した機械座標のほかに，プログラム時に技能者にとってわかりやすいようにワーク座標（機械座標上の任意の場所を原点とする座標）を指定できる．これにより機械の種類による座標系の方向の違いは考慮する必要がない．ワーク座標での原点から工具の軌跡を指定できるため，通常はワーク座標系を指定してプログラムする．

さらに，工具移動先への座標の指定方法には，ワーク座標での原点からの座標で指定する**アブソリュート**（absolute）**方式**（G90）と，直前の位置からの移動距離で指定する**インクリメンタル**（incremental）**方式**（G91）がある．移動目標点を座標で指示するが，実際には工具直径を考慮する必要があり，図 5.20 に示すように，工具の進行方向により工具半径を加減する必要がある．これを工具径補正（G41,

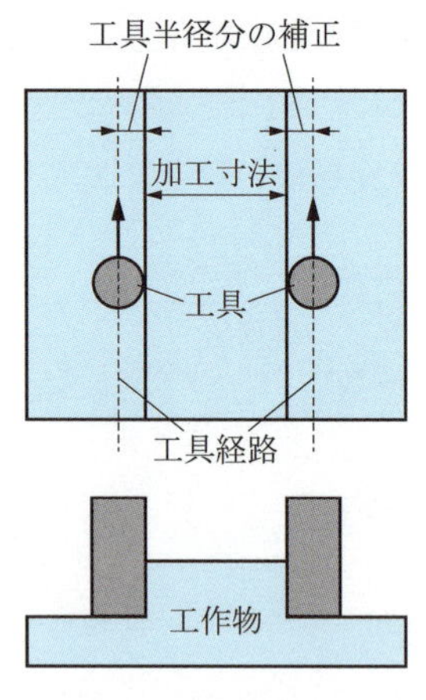

図 5.20　工具径による補正

G42）で指示する．

プログラムの一部修正などは，MDI で直接書き換えることができる．

1960 年代に 2 次元 CAD（computer aided drawing）が開発され，図面をコンピュータ上で作成し，デジタルデータとして扱えるようになった．1970 年代には 3 次元 CAD（computer aided design：3D-CAD）が開発され，設計図面を計算で正確に作成できるようになった．さらに，CAM（computer aided machining）により，3 次元 CAD データを工作機械の NC プログラムに変換できるようになり，3 次元 CAD のデータと CAM とを連携させて設計・製作を一元化できるようになった．最近では，CAD データから NC プログラム（CAM データ）を生成する際のツールパスの最適化などに AI（人工知能）の学習機能を用いたり，NC 制御部に AI 機能を付加したりして加工作業を支援する工作機械もある．

5.3　切削のメカニズム

切削加工では，所定の寸法精度を満たすとともに，工具の摩耗を抑えた効率的な除去が求められる．このため，切削のメカニズムを理解しておくことは重要である．これは，作業時に生じる問題の解決にも役立つ．まずは，切りくずの形態から切削の良否が判断できることを説明し，工具に作用する力の概算法を単純なモデルで解説する．また，工具摩耗に影響する切削熱や，工具寿命の概算法などについても説明する．

✚ 5.3.1 切りくずの形態

加工状態（切れ味や切削点の発熱）の良否の判断の基準の一つとして，切りくずの状態がある．工作物から除去された切りくずの状態は，加工面の状態にも影響する．図 5.21 にさまざまな切りくずの形状を図と写真で示す．ここでは，各切りくず形状の特徴を説明する．なお，切りくず形状は，流れ型（図(a)）や鋸歯状（図(b)）のような**連続型切りくず**（切りくずが連続して生成されるので糸のように長い切りくず）と，せん断型（図(c)），むしり型（図(d)），亀裂型（図(e)）のような**不連続型切りくず**（サイズはさまざまであるが連続して生成されない切りくず）に大きく分けられる．

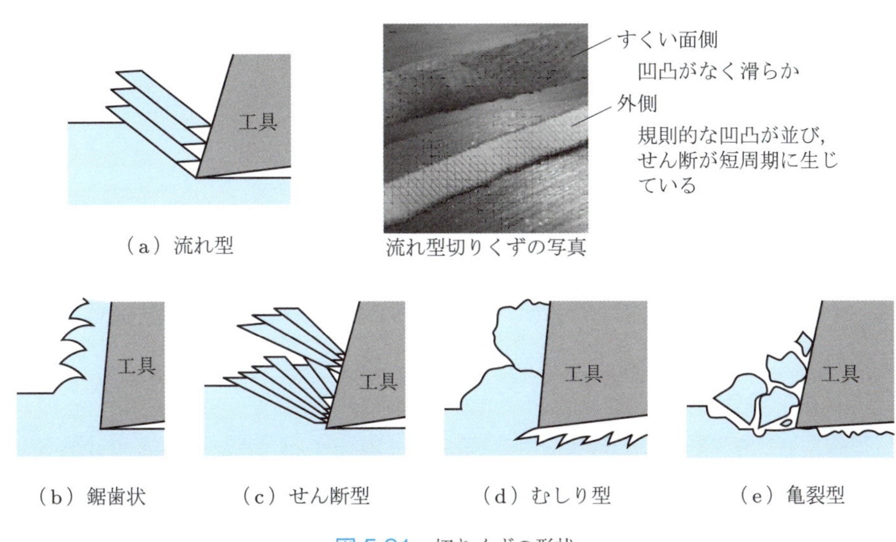

図 5.21 切りくずの形状

(1) 流れ型切りくず

流れ型切りくず（flow type chip）は，良好な切削時の切りくずの形態である．加工面も平滑でよい品位（表面の粗さや光沢）が得られる．図 5.21 からわかるように，すくい面側（切りくずの内側）は工具すくい面と摩擦したために滑らかで光沢があり，外側は同一サイズの小さい凹凸が周期的に連続している．一つの凸部は図(a)の平行四辺形の薄い板とみなせて，工具先端部の工作物と平行四辺形の底辺間でせん断変形がつぎつぎと生じて流れ型切りくずが生成されていると考えられる．このように連続して切りくずが生成されるため，流れ型という．切りくずが長く連続しやすいため，チップブレーカなどの切りくず処理（図 5.4(b)参照）が必要となる.

切削のメカニズムを理論的に扱う場合，この流れ型切りくずが生成される状態を前提としている.

(2) 鋸歯状切りくず

鋸歯状切りくず（saw-toothed type chip）は，図 5.21(b)のように，鋸の歯のように歯が連続した外形である．チタンなど高硬度な材料はもろいため，わずかな変形で破断する．周期的に破断を繰り返すことで，切りくずが鋸歯のようになる.

(3) せん断型切りくず

せん断型切りくず（shear type chip）は，不連続ではあるが，流れ型切りくずと同じせん断変形によって切りくずが生成されるものである．図 5.21(c)のように凹凸が見られる．工具が前進するにつれて切りくずのひずみが大きくなり，周期的にせん断が生じる．六四黄銅など延性の少ない材料で生じやすく，せん断変形の向きが一定でないため，切削力（切削に必要な力）も周期的に変化して加工面も粗くなる.

(4) むしり型切りくず

むしり型切りくず(tear type chip)は，不連続で規則性がない切りくずで，図 5.21(d)のように加工面がむしりとられた粗い面となる．ステンレス鋼など延性の大きい材料で多く見られ，工具すくい面に付着しやすい場合にも生じやすい.

(5) 亀裂型切りくず

亀裂型切りくず（crack type chip）は，図 5.21(e)のように，不連続で分離してしまう切りくずである．鋳鉄などもろい材料で生じる．工具の前進で，材料にランダムな方向に発生したクラックが工具の進行より先行して，切りくずが生成される．小さい切削力で切削は進むが，加工面が粗くなる.

5.3.2 切削抵抗

材料を切削する際，小さい力で作業するほど所望の形状に精度よく切削でき，必要なエネルギーも少なくてすむため，発生する熱も少なく品位も高くできる．金属がどのようにして切削されるかは，切りくず生成の機構を中心に研究されてきた．しかし，現実の切削現象は，材料や工具の物性値を考慮した力学だけでなく，熱や化学的な問題など，力以外の多くの外部因子が影響するので解析は非常に難しい.

効率的な加工条件を得るために，鋼材の切削機構を解析する研究が行われていた．1940 年代には，Piispanen や Marchant がせん断変形で切削機構を説明している.

これは流れ型切りくずでは，切りくずが薄い板状で連続的にせん断変形が生じる場合（Piispanen のカードモデル．図 5.21(a)のように平行四辺形の薄い板をカードとみなしている）に限定して解析している．これらの解析では特定条件であれば切削に必要な動力の概算ができる．切削機構を理解しておくと，作業時の条件選択（切削速度・切込み・送りの選定，切削に必要な動力の概算）に役立てることができる．

ここでは，切りくずがせん断変形で生じる場合の幾何学的解析を説明する．

(1) 切削比と切削抵抗

切りくずの寸法を定量的に評価する指標として**切削比**（cutting ratio）がある．図 5.22 に金属の切削で切りくずが出る状況の模式図を示す．金属の切削の場合，切りくずは厚く，長さは短く変形する．切削で工作物から除去した体積は $l \times b \times d$，切りくずの体積は $l_c \times b \times d_c$ と表せる．切削前後で体積は変化しないので，

$$l \times b \times d = l_c \times b \times d_c$$

とみなせ，$l \times d = l_c \times d_c$ となる．ここで，切削比 r_c をつぎのように定義する．

$$r_c = \frac{l_c}{l} = \frac{d}{d_c} \tag{5.1}$$

金属切削では切りくずが厚く短くなるので 1 より小さくなる．鋼材では 0.3 程度となる．

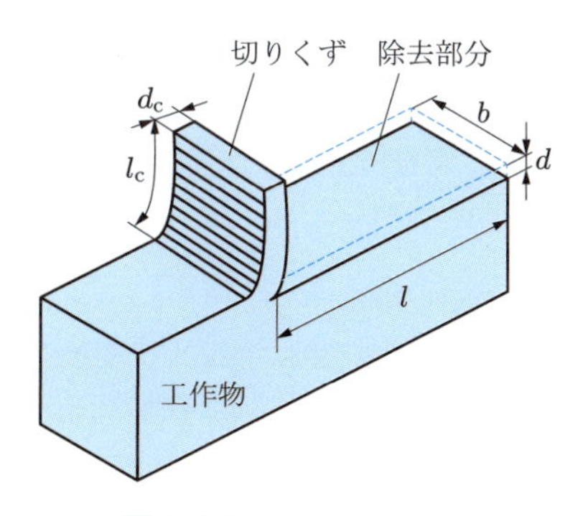

図 5.22 切りくずの創成

工作物を削るのに必要な力を切削力といい，その反力，つまり工具が受ける力を**切削抵抗**（cutting resistance）という．切削加工では工具側の視点で考えるため，解析では切削抵抗を用いる．旋盤による切削の場合，図 5.23(a)に示すように，工具には切削抵抗 R が作用する．通常はこの R を，**主分力**（cutting force：主運動方向の分力）F_c，**背分力**（thrust force：切込み方向の分力）F_t，**送り分力**（feed

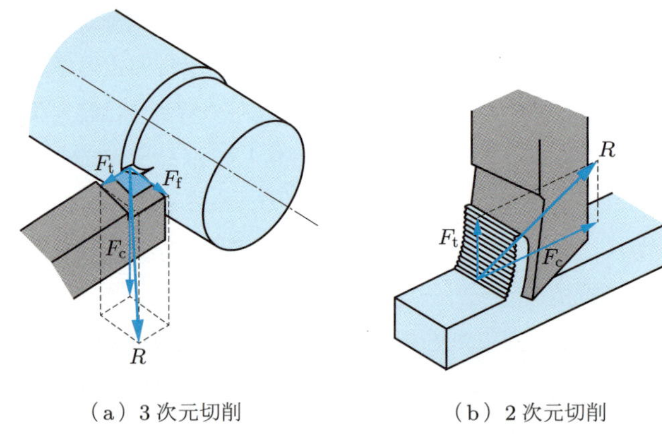

（a）3次元切削　　（b）2次元切削

図 5.23　3次元切削と2次元切削

force：工具の送り方向の分力）F_f の3方向に分けて考える．主分力 F_c が3分力のなかでもっとも大きいので，これを切削抵抗ということもある．背分力 F_t は工具のコーナ半径（ノーズ半径）やアプローチ角 δ が大きい切削では大きくなるが，切削抵抗 R への影響は小さい．

この切削抵抗を幾何学的に解析するため，つぎの条件を設定する．

① 切りくずがせん断変形で生成される（流れ型切りくずが生成される場合）．

② 2次元切削（図5.23(b)）とする（3次元では変数が増えて計算が複雑になるため）．

③ 切削時に発生する熱による切削部分への影響，潤滑，工具の摩耗などの影響は考慮しない．

(2) 切取り厚さとせん断角

図5.24に示す**切取り厚さ**（undeformed chip thickness）を考える．通常の切削では，図(a)に示すように，切取り厚さは切削条件の切込みと異なる．切込み角 $90° - \delta$（アプローチ角）が90°より小さいため切取り厚さは送り量より小さくなる．図(b)のように，切込み角が90°(端面切削の場合など）では，切取り厚さは送り量と一致する．

図5.25に，2次元切削で，流れ型切りくずがせん断のみで生成されると仮定した模式図を示す．すくい角 α の工具を用いて，切削幅 b（図5.22参照），切取り厚さ d で切削する．切削前の領域である平行四辺形 A′B′BA が工具の前進によりせん断変形を受け，材料の**せん断変形応力**に達したとき，せん断面 AB でせん断が生

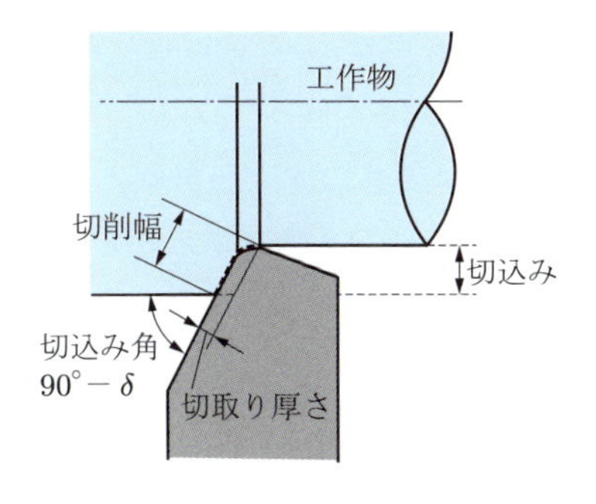

(a) 切込み角が 90°以下の場合

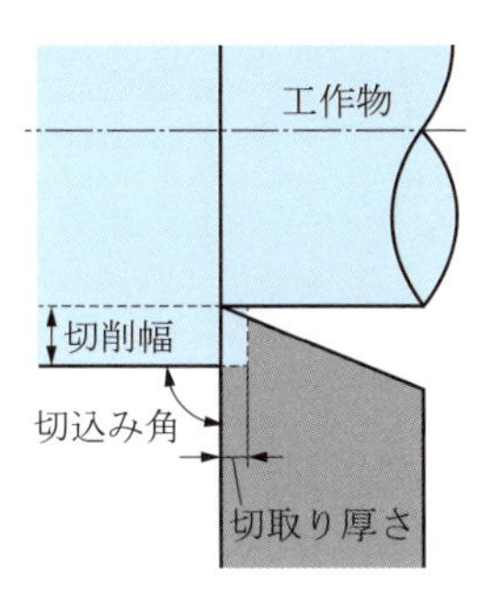

(b) 切込み角が 90°の場合

図 5.24　切込みと切取り厚さの違い

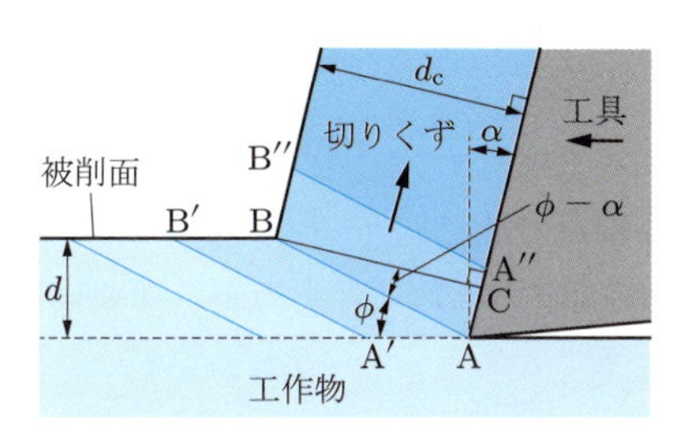

図 5.25　2 次元切削におけるせん断による切りくず生成モデル

じる．せん断変形応力とは，材料力学のせん断許容応力とは異なり，せん断によって塑性変形させるために必要なせん断応力であり，速度や温度によって異なる値になる. その結果, 切りくずは平行四辺形 ABB″A″となる. 流れ型切りくずの切削では, この変形が連続的に生じる. せん断方向は, 水平軸とせん断面 AB とのなす角 ϕ で, これを**せん断角**（shear angle）という.

せん断面 AB は，図 5.25 より，三角関数を用いて d および d_c で表すと，

$$\overline{\mathrm{AB}} = \frac{d}{\sin\phi} \tag{5.2}$$

$$\overline{\mathrm{AB}} = \frac{d_c}{\cos(\phi - \alpha)} \tag{5.3}$$

となる．式（5.2），（5.3）より切削比を求めると，

$$r_c = \frac{d}{d_c} = \frac{\sin\phi}{\cos(\phi - \alpha)}$$

となり，これよりせん断角 ϕ を求めると，

$$\tan\phi = \frac{r_c\cos\alpha}{1 - r_c\sin\alpha} \tag{5.4}$$

となる．したがって，上式より，せん断角 ϕ は工具のすくい角 α と切削比 r_c（式(5.1)）から計算できる．また，切取り厚さ d は切削条件であるから，ϕ は切りくずの厚さ d_c を測定すれば式(5.4)から概算できる．せん断角 ϕ が小さいほど切りくずの厚さは大きくなる．

せん断面 AB におけるせん断ひずみ γ を求めると（図 5.26(a)），ひずみの定義より

$$\gamma = \frac{\overline{AB}}{\overline{A'F}} = \frac{\overline{AF} + \overline{FB'}}{\overline{A'F}}$$

$$\gamma = \cot\phi + \tan(\phi - \alpha) = \frac{\cos\alpha}{\sin\phi\cdot\cos(\phi - \alpha)} \tag{5.5}$$

となる．上式より，せん断角 ϕ が大きいほどせん断ひずみは小さくなることがわかる．このせん断ひずみに応じたせん断変形力が，切削抵抗として工作物に作用している．すくい角 α が大きくなると，せん断角 ϕ は大きくなり，切りくずの厚さは小さくなる．しかし，すくい角 α が大きいと，ナイフの刃のように先端角が小さくなり欠損しやすいので，通常あまり大きくできない．

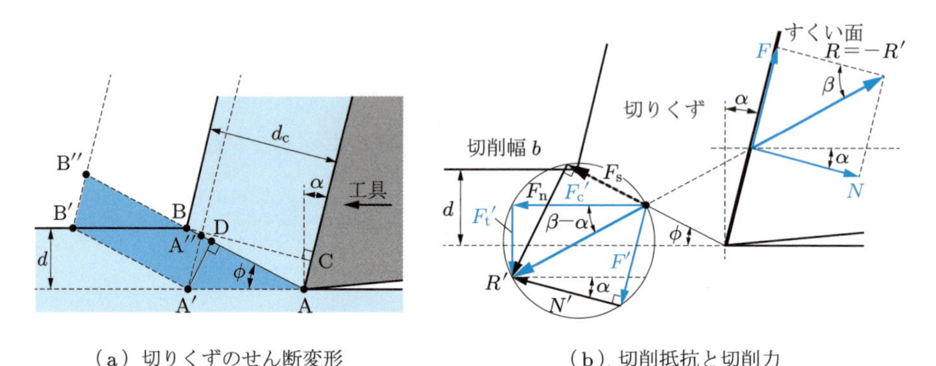

（a）切りくずのせん断変形

（b）切削抵抗と切削力
（切削抵抗と主分力・背分力の関係）

図 5.26　切りくずのせん断変形と切削抵抗

切削加工では測定可能な切削抵抗で考えた．ここでは，その反力である切削力による切りくずの変形時の力関係を考えるため，図 5.26(b)に示す 2 次元切削での切りくずの生成されている領域の切削力 R' を求める．まず，切削力 R' を工具の進行方向 F_c' とこれに垂直な方向 F_t' に分力する．切りくずはせん断変形のみで生成され

ると仮定すると，せん断面 AB に作用するせん断変形応力 τ は，切削力 R' のせん断面方向の分力 F_s から求められる．

$$\left.\begin{aligned} F_s &= F_c' \cos\phi - F_t' \sin\phi \\ F_n &= F_c' \sin\phi + F_t' \cos\phi = F_s \tan(\phi + \beta - \alpha) \end{aligned}\right\} \quad (5.6)$$

切りくずのせん断面の面積は $bd/\sin\phi$ であるので，せん断面に生じるせん断変形応力 τ と垂直応力 σ は，式（5.6）より

$$\left.\begin{aligned} \tau &= \frac{F_s}{bd/\sin\phi} = (F_c' \cos\phi - F_t' \sin\phi)\frac{\sin\phi}{bd} \\ \sigma &= \frac{F_n}{bd/\sin\phi} = (F_c' \sin\phi - F_t' \cos\phi)\frac{\sin\phi}{bd} \end{aligned}\right\} \quad (5.7)$$

となる．このせん断変形応力 τ が工作物の降伏せん断変形応力より大きいので，AB 面でせん断が生じる．

つぎに，工具に作用する切削抵抗について考える．切りくずと工具のすくい面間で作用する平均摩擦応力と垂直応力は，図 5.26(b)の切削抵抗 R のすくい面方向とすくい面に垂直な方向とに分力した F（摩擦力），N（垂直抗力）から求められる．ここで，切りくずによる摩擦力 F と垂直抗力 N は，

$$\left.\begin{aligned} F &= F_c' \sin\alpha + F_t' \cos\alpha \\ N &= F_c' \cos\alpha - F_t' \sin\alpha \end{aligned}\right\} \quad (5.8)$$

となる．すくい面と切りくずの接触長さを l とすれば，接触面積が lb であるので，工具すくい面に作用する摩擦応力 τ_t と垂直応力 σ_t は

$$\left.\begin{aligned} \tau_t &= \frac{F_c' \sin\alpha + F_t' \cos\alpha}{lb} \\ \sigma_t &= \frac{F_c' \cos\alpha - F_t' \sin\alpha}{lb} \end{aligned}\right\} \quad (5.9)$$

となる．ここで，R と N とのなす角は摩擦角 β で，摩擦係数を μ としたとき，$F = \mu N$ より，

$$\mu = \tan\beta \quad (5.10)$$

となる．摩擦角 β が既知であるなら，

$$\left.\begin{aligned} R' &= \frac{F_c'}{\cos(\beta - \alpha)} = \frac{F_t'}{\sin(\beta - \alpha)} \\ F_c' &= F_t' \tan(\beta - \alpha) \end{aligned}\right\} \quad (5.11)$$

となり，$R' = R$ から主分力か背分力を測定するだけで切削抵抗 R が求められる．

式 (5.7), (5.11) より

$$\left.\begin{aligned} R &= \frac{\tau bd}{\sin\phi\cdot\cos(\phi+\beta-\alpha)} \\ F_c &= \frac{\tau bd\cos(\beta-\alpha)}{\sin\phi\cdot\cos(\phi+\beta-\alpha)} \\ F_t &= \frac{\tau bd\sin(\beta-\alpha)}{\sin\phi\cdot\cos(\phi+\beta-\alpha)} \end{aligned}\right\} \quad (5.12)$$

となる．材料のせん断変形応力 τ, b, d, α は既知であるので，切削抵抗を予測するためには摩擦角 β とせん断角 ϕ を予測する必要がある．そのため，この値の予測理論が多く研究されている．

式(5.12)より，切削抵抗 R は，切削幅，切取り厚さ，工作物のせん断変形応力（硬度が高いほど大きい）に比例することがわかる．

式(5.7)から，せん断角 ϕ が増加するとせん断ひずみが小さくなるので，切削抵抗も小さくなることがわかる．

先に説明した2次元切削と図5.23(a)の3次元切削を比較する．2次元切削の切削幅 b は3次元切削の旋削の切削条件では切込み，切取り厚さ d は送りに相当する．切削能率を上げるためには送りを大きくするとよいが，切取り厚さが大きくなれば切削抵抗が大きくなってしまう．そこで，送りを大きくしても切取り厚さを変えない方法として工具の切込み角を小さくする方法がある．図5.24の(a)と(b)を比較すると，切込みと送りが同じであれば切れ刃は主軸1回転あたりの進む距離が同じなので，切りくず断面は同じであるが切取り厚さは図(a)の場合が小さくなる．このため切削抵抗も小さくなる．しかし，この場合は背分力が大きくなり，びびりが生じやすくなる．また，工作物の直径に比べて長い工作物の外周切削では，両端で支持しても工作物の自重でたわみが生じる．

ここでは切削抵抗と切削速度の関係については考えなかったが，作業条件の選択では切削速度は重要である．切削速度が大きくなると，ひずみ速度の増加によりせん断角が大きくなって切りくずの変形量が小さくなるため，切削抵抗は小さくなる．作業能率を考えると，切削速度を上げることを優先しがちであるが，送りを大きくするほうが時間あたりの削除量が増加するので効果的である．通常，切削速度は工作物材料の硬度によって決定されることが多い．切りくず生成は材料の変形であるので，硬度の高い材料の変形には大きい力が必要である．高硬度の材料の切削では切削抵抗が増大し，切削抵抗が大きければ必要なエネルギーが増大する．工作物と同じように工作機械も弾性体である．このため，工作機械も力が加われば変形する．したがって，工作機械での加工作業には，工作物の重力や弾性変形だけでなく，工作機械の弾性などを考慮する必要がある．

✚ 5.3.3 切削熱と工具温度

切削で消費されるエネルギーは，つぎのように，主に図 5.27 に示す領域で使われる．

①の領域：せん断変形による塑性仕事

②，④の領域：工具すくい面と切りくずとの摩擦仕事

③の領域：工具逃げ面と仕上げ面との摩擦仕事

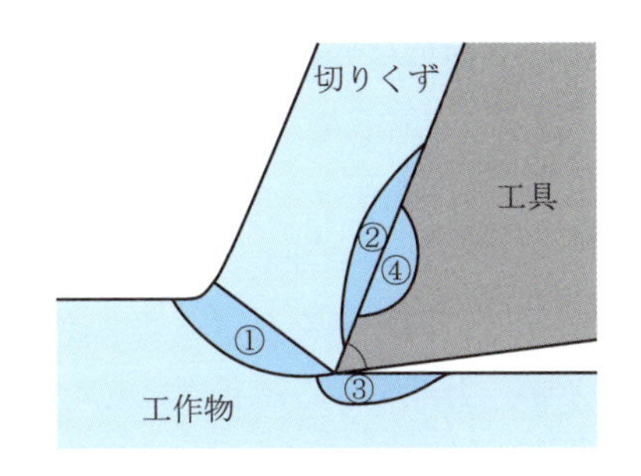

図 5.27 切削によるエネルギーの消費部分

これらによって発生した熱は切りくず，工具，工作物に入る．発生した熱量の60％は切りくずに伝わり，切りくずとともに捨てられる．③の領域で工作物に入る熱はもっとも少なく，切削点が移動するので，工作物の温度上昇は工具や切りくずと比べて相対的に小さいが，寸法精度の低下や工作物表面に残留して加工硬化や変色（焼け）の原因となる．工具先端部と工具のすくい面の④の領域は，発生した熱が逃げられないため，温度の上昇が避けられない．温度上昇が切れ刃の硬度低下となり，工具の摩耗を早めることになる．

✚ 5.3.4 構成刃先

切削速度は，工作物の硬度と工具の材種によって最適な速度領域がある．高速では工具摩耗が激しくなるが，低速では切削中に工具すくい面と切りくずとの間に，切削力による高い圧力と摩擦による発熱が生じ，切削点近傍が再結晶温度になると，図 5.28 のように切りくずの一部が切れ刃先端に溶着する．この溶着物を**構成刃先**

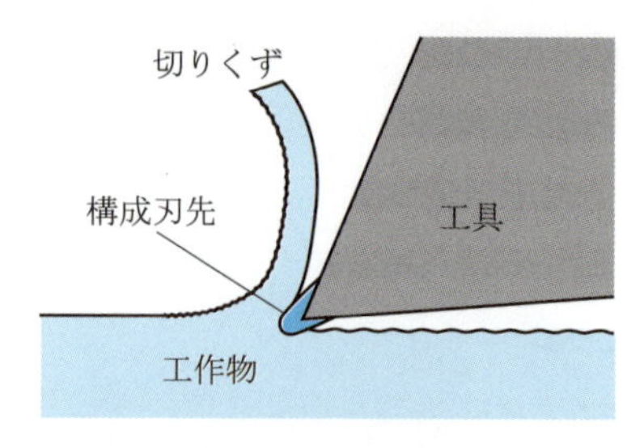

図 5.28 構成刃先の発生部分

(built-up edge：BUE) という．構成刃先は加工硬化し，切れ刃として切削を行いながら成長していく．これにより先端部の鋭利さがなくなり，切取り厚さも増加し，切削抵抗が増大する．成長した構成刃先は作用する切削力に耐えられなくなり脱落する．この発生，成長，脱落が短時間に繰り返し生じるため，加工面に凹凸ができ，品位がわるくなり，また所要寸法の加工ができなくなる．加工変質層が残留する悪影響も生じる．構成刃先を防ぐにはつぎの方法がある．

① 切削点の温度は切削速度で制御できるが，構成刃先は切削点が材料の再結晶温度で生じるので，この温度帯を避ける切削速度に変更する．通常は切削速度を大きくするが，大きすぎると工具摩耗（5.3.5 項参照）が生じやすい．切削速度を小さくしてもよいが，切削効率がわるくなるので避けることが多い．

② 摩擦による発熱を抑制するため，潤滑性の高い切削油剤を用いる（5.4 節参照）．

③ 工具材種を工作物材料が溶着しにくいコーテッド工具や非金属材種（セラミックスや CBN）にする．

④ 切削抵抗が小さくなるように，すくい角の大きい工具を選び，切削温度を下げる．

✚ 5.3.5 工具の損傷と寿命

切削工具は，切削条件によっては短時間で摩耗したり，切れ刃が欠けたりする工具損傷が生じる．損傷の程度によっては工具交換が必要になる．摩耗や欠損で工具が使用できなくなるまでの時間（あるいは加工量）を工具寿命という．工具の交換時期を正確に推定できれば，作業標準で工具交換を指定することで，工具摩耗による不良品を出すことなく生産管理ができる．

(1) 工具の損傷

切削中の工具は，数千ニュートンの切削抵抗が作用して1000°C近くの温度になる．また，フライスなどの断続切削では，切削抵抗や温度が変動する．このような要因から工具にはさまざまな損傷が発生する．工具損傷は，主に摩耗と破損に分けられる．

主な摩耗の種類と要因は，つぎのとおりである．

① **機械的摩耗**（abrasive wear）：切れ刃と工作物の擦り合いによる機械的な摩耗．切削速度とはあまり関係ない．

② **凝着摩耗**（adhesive wear）：摩擦運動により接触面での凝着が生じ，凝着部周囲でせん断が生じて起こる摩耗．

このほか，高温による熱的摩耗や加工雰囲気での切削油剤との化学変化など，多くの要因がある．

摩耗は工具の特定の部位に生じ，加工精度をわるくする．図5.29に工具に生じる摩耗の二つの形態を示す．

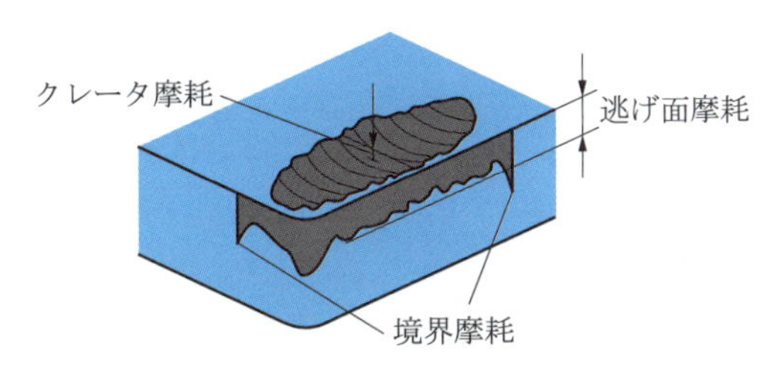

図5.29 工具摩耗の種類

① **クレータ摩耗**（crater wear）：工具すくい面と切りくずとの摩擦による温度上昇（図5.27参照）で，工具すくい面に生じる底が丸い凹み（クレータ形状）のことである．切りくずがせん断面で変形すると，工具すくい面でさらに変形して分離するため，すくい面に圧力が作用してできるくぼみである．この深さをクレータ摩耗として摩耗基準にしている．

② **逃げ面摩耗**（flank wear）：工具の逃げ面はつねに加工後の工作物表面と接触しているため，切れ刃が後退するように進む摩耗のことである．すくい面からの幅として摩耗基準にしている．このほか，逃げ面には逃げ面摩耗より大きい摩耗部分幅を生じる境界部摩耗が見られるが，これは工作物の外周と接する部分で工作物表面の加工硬化部分であることや，応力集中が

原因と考えられる．

一方，破損には，使用開始直後の初期破損や切削中の偶発的な破損がある．刃先が最初に工作物に干渉する際に，大きい応力が生じて小さい欠けが生じるチッピングは，とくに断続切削で起こりやすい．

(2) 工具の寿命

切削抵抗が増加し規定値になった場合や，工作物の寸法精度や品位が規定値を満たさなくなった場合などは，工具の交換が必要になる．この交換時期である工具寿命を推定できれば，交換時間の選定など工程管理や加工精度の維持に利用できる．この工具寿命の判定に，工具の摩耗量を基準とする方法がある．

切削加工では切削速度が大きいほど工具摩耗の進行が速いので，摩耗を基準とする工具寿命は切削速度が大きいほど短くなる．高速切削ではすくい面摩耗が，中低速切削では逃げ面摩耗が著しいので，クレータ摩耗や逃げ面摩耗を工具の摩耗基準とすることがある．図 5.30 のように，切削速度と摩耗量を両対数グラフに示すと，右下がりのほぼ直線となることが知られている．この図は VT 線図とよばれ，実数グラフ上では曲線となるこの直線を**寿命曲線**（tool-life curves）とよぶ．寿命曲線は次式として表される．

$$VT^n = C \tag{5.13}$$

ここで，V は切削速度［m/min］，T は工具寿命［min］である．C は常数で，加工条件や工具の種類などで決まる．この式は，科学的管理方法の発案者の名にちなんで**テイラーの寿命方程式**（Taylor's tool-life equation）とよばれ，これから，切削速度を指定したときの工具寿命，工具寿命を指定したときの切削速度が概算できる．

寿命曲線からわかるように，工具コストと交換時間（工具寿命）を考えれば低速がよい．しかし，加工時間（切削速度）を優先して高速とすることもある．

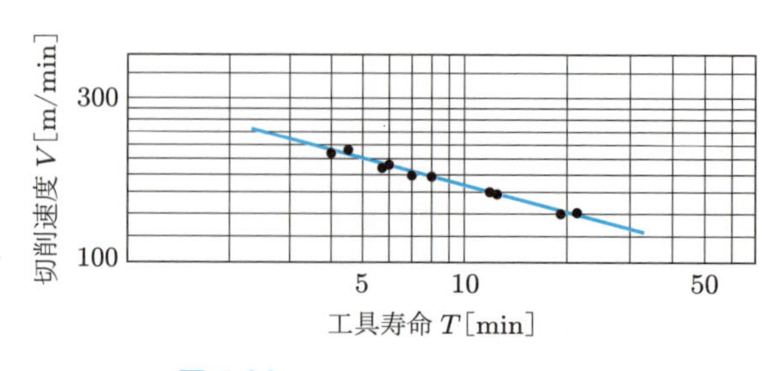

図 5.30 工具の VT 線図の実験例

5.3.6　表面粗さ

表面粗さは，表面の凹凸の深さを長さで示す．旋盤で外周切削すると，工作物にらせん状の切削痕が残り，加工面に凹凸が生じる．この凹凸は工具形状と送りの値で決まるため，理論粗さとよび，次式で求められる．ここで，r とは工具のコーナ半径［mm］，β は前逃げ角，f は工具の送り［mm/rev］である（図 5.4 参照）．

① 送りが小さく工具先端のコーナ部分で切削する場合（図 5.31（a））

$$R_{\mathrm{th}} = \frac{f^2}{8r} \quad (f \leqq 2r \sin\beta \text{ のとき}) \tag{5.13}$$

② 送りが大きくコーナ部と前切れ刃の直線部で切削する場合（図 5.31（b））

$$R_{\mathrm{th}} = r\left[1 - \cos\beta\left(1 - \frac{f}{r}\sin\beta\right) - \sin\beta\sqrt{2\frac{f}{r}\sin\beta - \left(\frac{f}{r}\sin\beta\right)^2}\,\right] \quad (f > 2r \sin\beta \text{ のとき}) \tag{5.14}$$

ほかにも条件はあるが，仕上げ加工での理論粗さはこの二つの式で求められる．ただし，実際の切削では，切削の不安定と刃先両側への材料の盛り上がり，刃先の摩耗，バイトや主軸の振動，構成刃先の発生，などの要因のために，理論粗さのように規則的な断面形状とはならない．

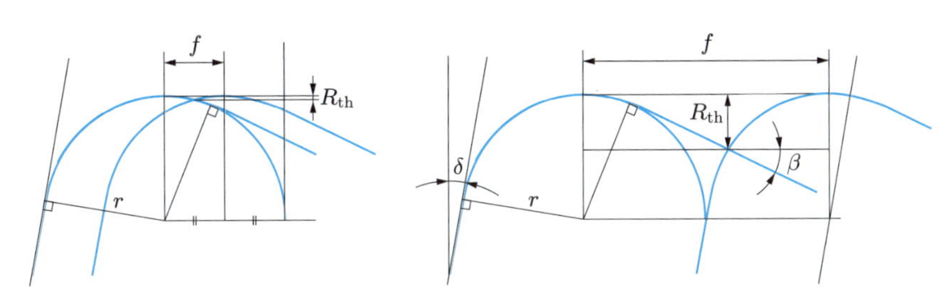

（a）コーナ部で切削する場合　（a）コーナ部と前切れ刃の直線部で切削する場合

図 5.31　理論切削粗さ

切削加工では，高い寸法精度のほか，品位として表面粗さが求められる．このため，JIS（日本産業規格．2019 年改称）では，接触式評価（JIS B 0601［IS0 4287］）として表面粗さが規格されている（非接触測定法（IS0 25178）もある）．加工技術や測定技術の進歩により，規格は改正が繰り返されている．ここでは，JIS の規格を示す．

接触式での粗さの測定は，加工面の断面の輪郭を触針式表面粗さ測定器でトレースして得られる断面曲線を基に凹凸の深さで表示する．そして，断面曲線の傾斜や表面のうねり成分を信号処理で除去した粗さ曲線をデジタル変換したデータから，各種代表値を数値計算して得られた算術平均粗さ Ra や最大高さ粗さ Rz を主に用いている．図 5.32 に計算方法を示す．

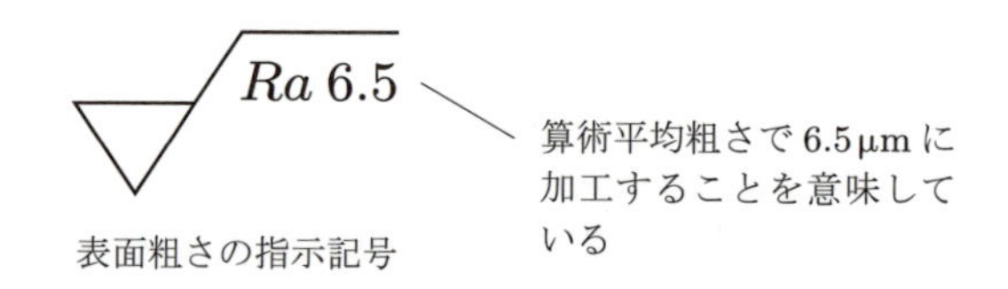

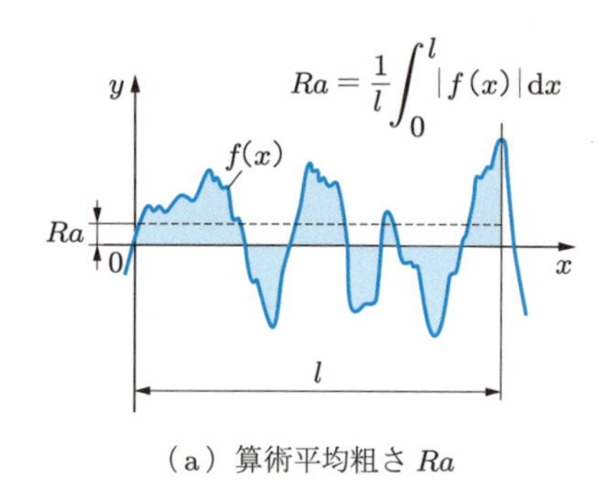

（a）算術平均粗さ Ra

粗さ曲線の絶対値を基準長さ（粗さの評価をする距離で計測面の状態による）の区間で積分して，基準長さで割ることで平均の高さを求める．

y
Rz
0
x
l

（b）最大高さ粗さ Rz

粗さ曲線から基準長さの区間で最高点と最低点の距離を求める．

図 5.32　表面粗さの定義

5.4　切削油剤

5.3.4 項で説明したように，構成刃先を防ぐ方法として，切削油剤の使用がある．切削油剤には，①冷却効果，②潤滑効果，③切りくずの排出効果，という大きく三つのはたらきがある．このほかにも④溶着を防ぐ，⑤切削点まで切削油剤が浸透する，⑥防錆という作用もある．

仕上げ加工時には寸法精度を上げるために，工具摩耗と工作物の熱膨張を防止する必要があるので，潤滑や冷却の目的で油剤を使用する．

表 5.2 に JIS による切削油剤の分類を示す．潤滑の促進や溶着の防止が主目的で

表 5.2 切削油剤の種類（JIS K 2241）

不水溶性切削油剤	N1 種	鉱油および脂肪油からなり，極圧添加剤を含まないもの.
	N2 種	N1 種の組成を主成分とし，極圧添加剤を含むもの.（銅板腐食が 150°C で 2 未満のもの.）
	N3 種	N1 種の組成を主成分とし，極圧添加剤を含むもの.（硫黄系極圧添加剤を必須とし，銅板腐食が 100°C で 2 以下，150°C で 2 以上のもの.）
	N4 種	N1 種の組成を主成分とし，極圧添加剤を含むもの.（硫黄系極圧添加剤を必須とし，銅板腐食が 100°C で 3 以上のもの.）
水溶性切削油剤	A1 種	鉱油や脂肪油など，水に溶けない成分と界面活性剤からなり，水に加えて希釈すると外観が乳白色になるもの.［エマルジョン］
	A2 種	界面活性剤など水に溶ける成分単独，又は水に溶ける成分と鉱油や脂肪油など，水に溶けない成分からなり，水に加えて希釈すると外観が半透明ないし透明になるもの.［ソリューブル］
	A3 種	水に溶ける成分からなり，水に加えて希釈すると外観が透明になるもの.［ソリューション］

ある場合は，不水溶性切削油剤で極圧添加剤を含むものが用いられ，冷却の促進が主目的の場合は，水溶性切削油剤が用いられる．潤滑は切りくずと工具との接触面間に油膜をつくることで摩擦を減らすはたらきをする．しかし，接触圧が高くなると，この油膜が薄くなって消滅することもあり，摩擦抵抗が大きくなる．これを防ぐために極圧添加剤を用いる．添加剤として硫黄系，リン系添加剤があるが，硫黄系が多用されている．

切削油剤は，有機物として処理する必要があるため，近年の産業廃棄物の高額な処理費用の高騰，SDGs の一つである環境負荷の低減のための廃棄物のゼロエミッション化への社会指向から，なるべく使わない傾向にある．

演習問題

5.1 すくい角 10°の工具で，切取り厚さ 0.1 mm で軟鋼を形削り盤で 2 次元切削した．流れ型切りくずが生じ，その平均厚さが 0.4 mm だった．切削比 r_c，せん断角 ϕ，せん断ひずみ γ を計算せよ．

5.2 テイラーの寿命方程式を用いて工具交換時間を求める．製品の寸法精度を維持するため逃げ面摩耗 0.5 mm を摩耗基準として送りと切込みを決定した後に 10 回の実験結果を得た．各切削速度に対する摩耗基準に達する時間の実験点と結果の回帰直線は図 5.30 のとおりであった．これを用いて，指定切削速度を 180［m/min］とした場合の工具交換時間を計算せよ．

5.3 問題5.2と同じ条件で，図5.30の実験値を使い，工具交換時間を15分と指定した場合の適切な切削速度［m/min］を，テイラーの寿命方程式を使って求めよ．

5.4 旋盤を用いて2次元切削を実現したい．完全な2次元切削は困難であるが，円筒材料の端面切削で近似できる．このとき，工具の刃先の角度はどのようなものを選ぶとよいか．

5.5 切削効率を維持するために切削速度，切込み，送りは変更せず，切取り厚さを小さくしたいとき，工具の刃先の角度はどのようなものを選ぶとよいか．

5.6 平フライスの切削でアップカットとダウンカットの特徴を比較せよ．

5.7 構成刃先が発生した場合これを避けるためにはどのようにしたらよいか．その理由について説明せよ．

砥粒加工

砥粒加工とは，主に仕上げ加工に用いられる「研ぐ」「磨く」のことである．先土器時代に磨製石器とよばれる石斧が天然の砥粒で「研ぐ」「磨く」方法でつくられたように，砥粒加工の歴史は古いが，19 世紀末に人造砥粒が発明されるなど，現在も進歩している加工法である．砥粒加工は，要求寸法になるように工作物を削りつつ表面を仕上げる研削加工と，品位（表面の粗さや光沢）を上げるために工作物の表面を磨く研磨加工がある．研削加工は，回転する砥石による除去加工である．研磨加工は，砥粒を工作物表面に介在させて表面を微少に削り，表面性状（光沢や鏡面など）を改善する加工である．

本章では，固定砥粒による研削加工と遊離砥粒による研磨加工について説明する．

6.1 研削加工

砥粒加工で使う砥粒には，固定砥粒と遊離砥粒がある．固定砥粒では，**砥粒**（abrasive grain）を**結合材**（bond）で固めた直方体の砥石（grindstone）や円筒形の**砥石**（grinding wheel，または abrasive wheel）のほかにサンドペーパーのように砥粒を布や紙に付着させた研磨布紙がある．

研削加工（grind）とは，砥石車（円筒形砥石の呼称であるが，本書では砥石とよぶ）を高速回転させて工作物の一部を除去する加工である．同じ除去加工である切削加工と比べると，つぎの特徴がある．

[特徴] ① 焼入れ鋼など高硬度の材料を加工できる．
② 高い加工精度が得られる．
③ 砥粒が小さいので時間あたりの除去量が微少になり，加工効率がわるい．
④ 除去体積あたりの消費するエネルギーが大きい．

このため，鋳造，塑性加工や切削加工により加工された部品の一部に精度を要求される場合の仕上げ加工として用いられる．

6.1.1 研削作業と工作機械

研削加工の主な作業手順を図 6.1 に示す．加工対象の工作物と加工仕様（形状や仕上げ寸法，表面粗さなど）が図面で依頼されると，図の手順で作業が進められる．

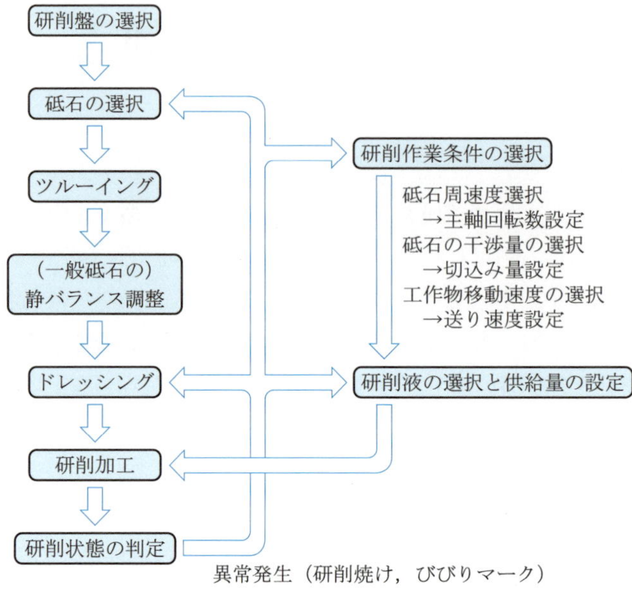

図 6.1 研削作業手順

研削加工では，工作機械として，高速で回転する砥石に工作物を押し当てて少しずつ削り取っていく**研削盤**（grinder，または grinding machine）を使う．研削盤は，工作物の加工対象部位の形状により，円筒形状の加工に使われる円筒研削盤，平面の加工に使われる平面研削盤がある．図 6.2 は実際の円筒研削盤である．研削盤には，ベッド，**砥石ヘッド**（wheel head），砥石，テーブルに加えて砥石修正装置が備わっている．砥石ヘッドの大きさや可動方向から，研削盤には使用できる砥石の形状と寸法に制限がある．

機械部品は車軸など円筒形状のものが多いことから，研削加工のなかで円筒研削盤がもっとも使われている．

(1) 円筒研削盤

円筒形状の加工に使われる**円筒研削盤**（cylindrical grinder．図 6.2）での加工方法としては，つぎの 2 種類がある．

① **トラバース研削**（traverse grinding．図 6.3(a)）：工作物が砥石幅より長い

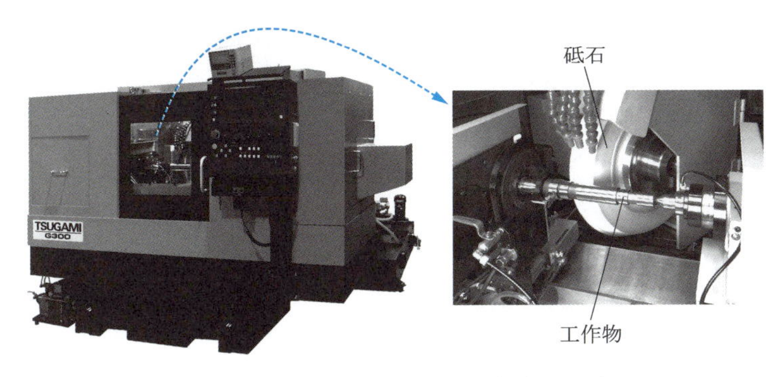

図 6.2 円筒研削盤（写真提供：(株)ツガミ）

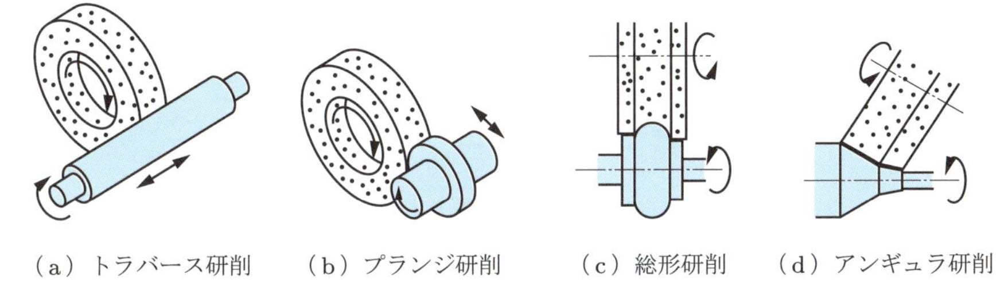

図 6.3 円筒研削の方式

場合の方法で，工作物を回転軸方向に往復運動させて加工する．プランジ研削より加工面粗さが小さくできる．

② **プランジ研削**（plunge grinding．図 6.3(b)）：工作物が砥石幅より短い場合の方法で，砥石半径方向に相対運動させて加工する．トラバース研削より時間あたりの削除量を大きくできる．とくに，加工したい形状の凹型の砥石を用いて加工する方法を**総形研削**（図(c)），砥石の回転軸を工作物に平行でなく角度をもたせて，段付き軸の外周面を加工する方法を**アンギュラ研削**（angular grinding．図(d)）という．

(2) 平面研削盤

平面の加工に使われる**平面研削盤**（surface grinder．図 6.4）は，工作物を固定するテーブルの形状によって，長方形の角テーブル（図 6.5(a)，(c)）と円形の円テーブル（図(b)）に分類される．また，テーブル面に対して砥石の軸が平行な横軸型（図(a)，(b)）と砥石の軸が垂直な立て軸型（図(c)）がある．

(3) そのほかの研削盤

図 6.6(a)に示すように，工作物を研削砥石，調整砥石（砥石でないものもある），

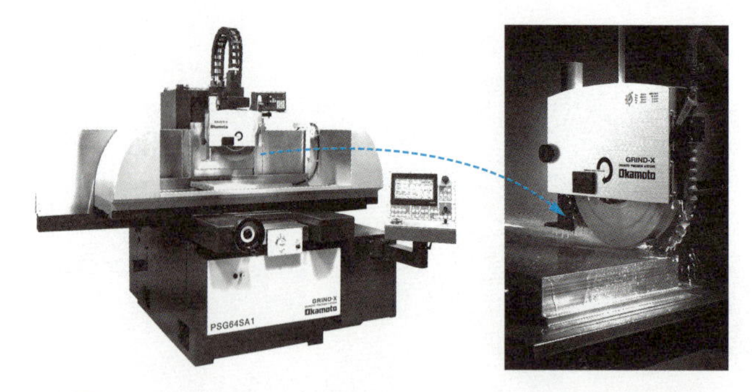

図 6.4 平面研削盤（写真提供：(株)岡本工作機械製作所）

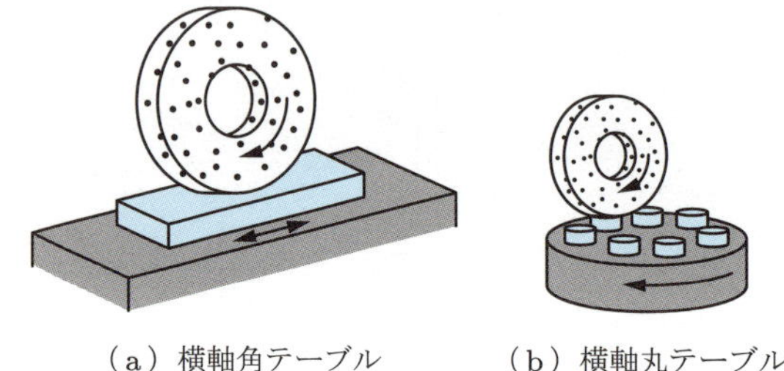

（a）横軸角テーブル　（b）横軸丸テーブル　（c）立て軸角テーブル

図 6.5 主軸とテーブルの種類

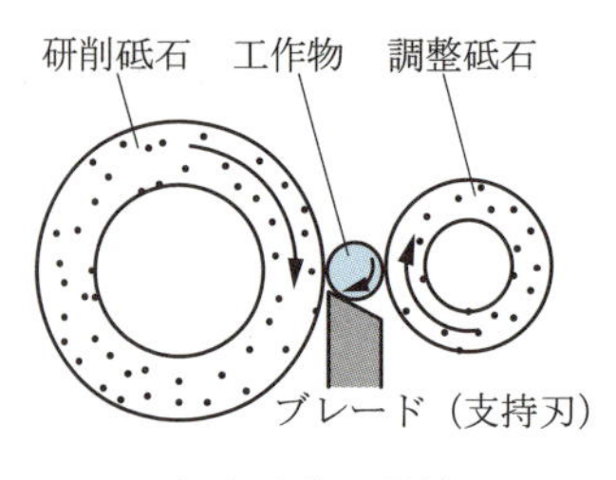

（a）心なし研削

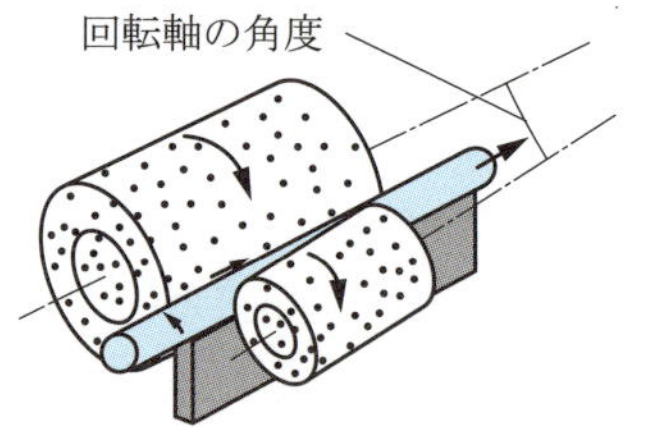

（b）通し送り法（スルーフィード法）

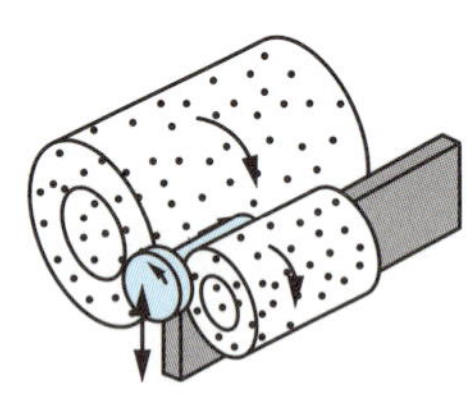

（c）送り込み法（インフィード法）

図 6.6 心なし研削と工作物の送り方式

ブレードの3点で支え，円筒形の外周を研削するのが**心なし研削盤**（centerless grinder）である．研削砥石は高速で，調整砥石と工作物は低速で回転させることで，工作物を研削する．研削砥石の中心，調整砥石の中心，工作物の中心の3点を通る円は唯一であるという幾何学的性質を利用しているので，工作物（丸棒）の中心点を求めずに高精度の円筒形状が得られる．円筒研削盤では工作物の主軸への取り付けが必要であったが，工作物の脱着時間が不要で，加工時間を短縮できる．このため，大量生産品に用いられる．工作物の送り方でつぎの 2 種類がある．

① **通し送り法**（図 6.6(b)）：調整砥石を数度傾けて設定されている送り方である．工作物に送り方向の力が生じ，工作物は自動的に前進して加工が終わる．

② **送り込み法**（図 6.6(c)）：プランジ研削のように，工作物は切込み方向に送られ，加工後は反対方向に抜き取られる送り方である．段付き軸など外径が変化する軸に用いられる．

切削で加工された穴の内面の研削加工に用いられるのが**内面研削盤**（internal grinder）である．精密部品のブシュや軸受部の，穴内面の仕上げ加工などに用いられる．図 6.7(a)に示すように，加工対象となる穴は内径が小さく深い場合が多い．このため，その内部に入れる砥石の直径は内径よりより小さく，主軸は細長くする必要がある．長い主軸を高速回転させると，先端の砥石は振動が生じやすく，加工精度は円筒研削より低くなる．図(b)のプラネタリ型は工作物を回転させない方法で，大型や円筒形でない工作物の内面研削が可能である．工作物を回転させずに，主軸を回転させながら**公転運動**（planetary motion）をさせるため，普通の内面研削より剛性が低く，加工精度が低い．

このほか，歯車研削盤や工具研削盤などがある．

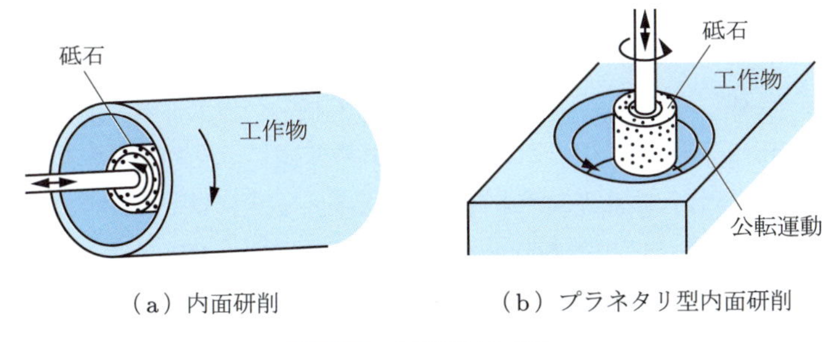

（a）内面研削　　（b）プラネタリ型内面研削

図 6.7　内面研削の方法

✚ 6.1.2　研削砥石

研削砥石は，図 6.8 に示すように，砥粒，結合材，空孔で構成される．これを研削砥石の三要素という．

① **砥粒**（grain）：砥粒は，工作物より硬い酸化アルミナや炭化ケイ素などの一般砥粒と，ダイヤモンドや立方晶窒化ホウ素（CBN）などの超砥粒に分

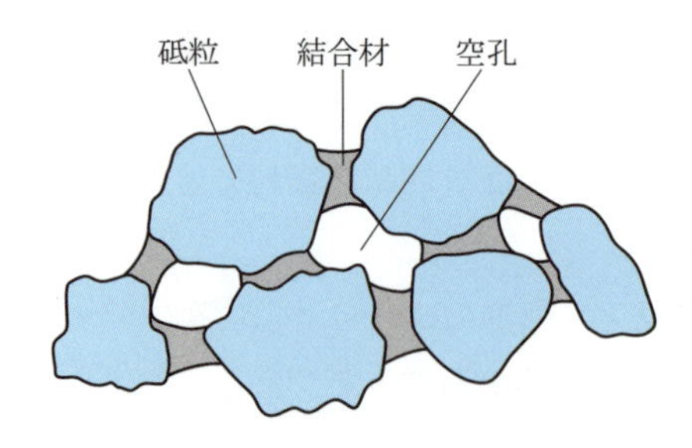

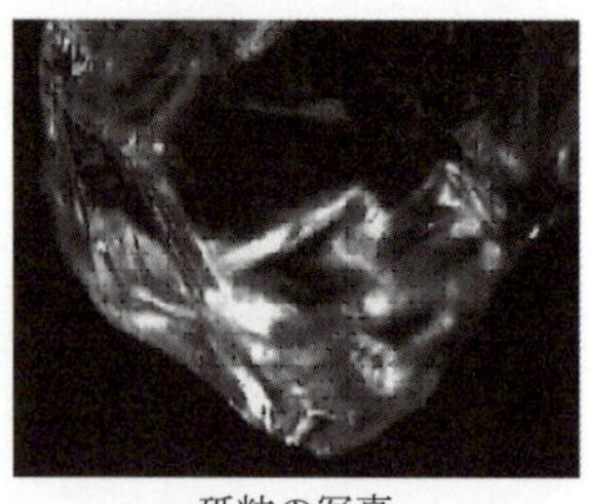
砥粒の写真

図 6.8 砥石の構造

類される．一般砥粒の砥石は**一般砥石**（conventional grinding wheel．普通砥石ともいう），超砥粒の砥石は**超砥粒砥石**（super abrasive grinding wheels．**スーパーホイール**ともいう）と区別してよぶ．超砥粒は高価であるが耐摩耗性が大きいので，高硬度の材料の研削に用いられる．

② **結合材**（bond）：結合材は砥粒どうしを結合するもので，ビトリファイド，レジノイドなどがある．結合材は適応する砥粒材がある．

③ **空孔**（pore）：空孔は砥粒と結合材以外の空間のことで，切りくずの一時的な逃げ場となる．チップポケットとよばれる．空孔のない砥石もある．

上記の構成をふまえて，砥石は，①砥粒の種類，②粒度，③結合材の種類，④結合度，⑤組織（超砥粒砥石では集中度）の5因子を考慮して選択する．JISではこの5因子に砥石の形状と各部の寸法を加えて表記する．

砥粒の種類には，表6.1に示すものがあり，それぞれ英字で表記する．

粒度（grain size）は，JISではふるいの目の寸法により分類（微粉では沈降試験による分類）され，表6.2に示す数字で表記する．表には，実際の寸法を把握できるように粒度と砥粒の平均粒径を示した．平均粒径とJIS表示の数字との関係は，簡易的に15.2/粒度番号［mm］で求められる．

結合材の種類は，表6.3に示すように，ビトリファイド，レジノイド，ゴム，メタル，電着に分けられ，それぞれ英字で表記する．

結合度（grade）は，砥粒の保持力の強さのことで，砥石の硬さともよばれ，表6.4に示すように，A（弱い）からZ（強い）までの英字で表記される．結合度はG～Pのものががよく用いられる．結合度は，大越式結合度試験機（JIS R 6410）を使って，図6.9に示すように**ビット**に所定の荷重と回転を与えて，ビットの食込み深さを測って決める．

表 6.1 砥粒の種類と用途（JIS R 6111）

区分		種類	記号	製法や特徴	用途
一般砥粒	アルミナ質研削材	褐色アルミナ研削材	A	アルミニウムの原料鉱石（ボーキサイトなど）を電気炉で溶融し，不純物を還元して精製した褐色酸化アルミニウムを粉砕して製造する．酸化アルミニウムの結晶はコランダム構造とよばれ，硬く密な結晶構造なので破砕しにくい．	一般的な鋼材
		白色アルミナ研削材	WA	酸化アルミニウムを溶融，精製した高純度の酸化アルミナで白色のコランダム結晶である．A より硬く粘り強さが低いので，微小破壊しやすく自生発刃が生じやすい（= 切れ味がよい）．	焼入れ後の工具鋼，高速度鋼
		淡紅色アルミナ研削材	PA	酸化アルミニウムに適量の酸化クロム，酸化チタニウムを加え，溶融，凝固させて粉砕したもの．添加成分を固溶した淡紅色のコランダム結晶構造．	合金鋼，焼入れ鋼
		解削形アルミナ研削材	HA	酸化アルミニウムを溶融，精製したコランダムの単一結晶．	合金鋼，焼入れ鋼
		人造エメリー研削材	AE	酸化アルミニウムを溶融，精製したコランダム結晶とムライト結晶（酸化アルミニウムと二酸化ケイ素の化合物の結晶構造）となっており，灰黒色．研削力と耐久性が高い．	ホーニング，サンドブラスト，ラッピング
		アルミナジルコニア研削材	AZ	アルミニウムの原料鉱石（ボーキサイトなど）にジルコニア質原料を加え，溶融，還元凝固させて粉砕したもの．コランダム結晶とアルミナジルコニア共晶部分とで構成され，ねずみ色，低硬度．ジルコニア含有率の異なる AZ(25) と AZ(40) がある．	鋼材のきず取り，ばり取り，切断
	炭化ケイ素質研削材	黒色炭化ケイ素研削材	C	ケイ石やコークスを電気炉で溶融，結晶化（SiC）させ粉砕したもの．α 形炭化ケイ素結晶（六方晶系の結晶構造）で構成され，不純物を含み黒色．A や WA に比べて硬いが，靭性が低いため，消耗が激しい鉄鋼の研削には不適．	鋳鉄，非鉄金属

表 6.1　砥粒の種類と用途（JIS R 6111）（つづき）

区分		種類	記号	製法や特徴	用途
一般砥粒	炭化ケイ素質研削材	黒色炭化ケイ素研削材	GC	C（黒色炭化ケイ素研削材）と同じ構造だが，高純度で緑色．C より硬度が高く，破砕性がよい．	超硬合金
超砥粒	ダイヤモンド	天然ダイヤモンド	D	炭素の同素体で，共有結合で立方晶構造. 天然で存在するもっとも硬い(ヌープ硬度 7000）もの．高温下で鉄やニッケルと化学反応をするため，鉄系金属の研削には不適.	非鉄金属 セラミックス
		合成ダイヤモンド	SD	主に高温高圧法でつくられ天然ダイヤモンドより安いので工業用として多用される．破砕性を変えて自生発刃を制御できるが，D と同じく鉄系金属の研削には不適.	非鉄金属 セラミックス
		金属被覆合成ダイヤモンド	SDC	ダイヤモンド砥粒の表面を銅，ニッケル, チタンなどの金属で被覆したもの. 熱伝導性を改善して砥粒への入熱を抑制したり, 結合材との密着性が上がる.	レジンボンド
	CBN	立方晶窒化ホウ素	BN	粉末焼結でつくられる．ヌープ硬度 4700．熱耐性に優れており，1300 度程度までの耐熱性があり，鉄系金属の研削に適する.	鉄系の高速研削
		金属被覆立方晶窒化ホウ素	BNC	CBN にニッケルやチタンで被覆したもの．熱伝導性を改善して砥粒への入熱を抑制したり，結合材との密着性が上がる.	レジンボンド

表 6.2　砥粒の粒度と平均径

（a）粗目

粒度（F）	平均径（μm）
8	2830 ～ 2000
10	2380 ～ 1680
12	2000 ～ 1410
14	1680 ～ 1190
16	1410 ～ 1000
20	1190 ～ 840
24	840 ～ 590

（b）中目

粒度（F）	平均径（μm）
30	710 ～ 500
36	590 ～ 420
46	420 ～ 297
54	350 ～ 250
60	297 ～ 210

（c）細目

粒度（F）	平均径（μm）
70	250 ～ 177
80	210 ～ 149
90	177 ～ 125
100	149 ～ 105
120	125 ～ 88
150	105 ～ 63
180	88 ～ 53
220	74 ～ 44

表 6.3 結合材の種類

結合材	記号	製法や特徴	適する砥粒材種
ビトリファイド	V	長石，陶石，粘土など，900 ～ 1300°C で焼成する． 砥粒保持力が強い．多くの結合度を製造可能である．砥石を長期保存できる．研削油による砥石の変質がない．	A 系，C 系，CBN，ダイヤモンド
レジノイド	B	熱硬化性樹脂（フェノール樹脂など）が主成分，150～ 200°C 前後で焼成する． 低温焼成のため補強材や添加剤が使用される．V より高い結合度が可能で大きい周速度で使用可能である．樹脂のため劣化しやすく保存可能期間が短い．	A 系，C 系，CBN，ダイヤモンド
ゴム	R	天然あるいは人造の硬質ゴムを使用し，180°C 前後で硫黄を添加（加硫）して強度を上げる． B より弾性率が低い．研削熱による軟化を防ぐため湿式研削で使用する．	A 系，C 系
メタル	M	ブロンズ，スチール系金属粉末を混合して 500～ 1000°C で焼結する． 砥粒の保持力が大きい．熱の影響を受けにくく寿命が長い．	CBN，ダイヤモンド
電着	P	メタルホイールの作業面に砥粒を一層だけニッケルめっきで固定する． 超砥粒の突き出し量が大きく切れ味がよい．めっき層が薄いための砥粒層が脱落したら寿命となる．	CBN，ダイヤモンド

表 6.4 結合度

保持力	極軟（弱い）	軟	中	硬	極硬（強い）
記号	A ～ G	H ～ K	L ～ O	P ～ S	T ～ Z

組織（structure）は，砥粒の分布の度合いのことで，一般砥石の場合，表 6.5(a) に示すように 0 ～ 14 の数字で表記する．砥粒率は体積に占める砥粒の体積割合で，数字が大きいほど砥粒率が大きくなる．よく用いられるのは 5 から 7 である．超砥粒砥石の場合は，組織を**集中度**（concentration）で表示する．集中度は砥石 1 cm^3 中に含まれる砥粒の重さが 4.4 ct（1 ct ＝ 0.2 g）の場合を 100 とし，表(b) に示すように，25（疎）～ 200（密）で表記する．

これら 5 因子をふまえた，一般砥石，超砥粒砥石についての JIS の表記例を図

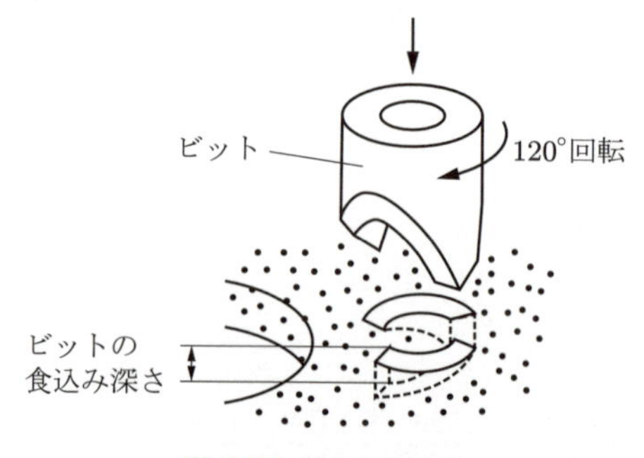

図 6.9 結合度測定法

表 6.5 組織と集中度

(a) 一般砥石：組織

砥粒率	密	～	粗
記号	0	←→	14

(b) 超砥粒砥石：集中度

砥粒率	粗	～	密
記号	25	←→	200

WA	46	H	8	V	1	205×19×25.4
砥粒の種類	粒度	結合度	組織	結合材の種類	砥石の形状	砥石の寸法（外形×厚み×穴径）

(a) 一般砥石

SDC	270	N	100	M	1	A	1	205×19×25.4	×3
砥粒の種類	粒度	結合度	集中度	結合材の種類	砥石の形状	砥粒層の形状	超砥粒層の位置	砥石の寸法（外形×厚み×穴径）	超砥粒層の厚さ

(b) 超砥粒砥石（スーパーホイール）

図 6.10 砥石の表記方法

6.10 に示す．一般砥石では，図 6.11 に示す砥石各部の形状と寸法も指定し，超砥粒砥石では，砥粒層の位置と厚さを，砥石各部の形状と寸法とともに指定する．

砥石の各項目については，実際には熟練技能者の経験則によって決めることが多いが，一般砥石についての実験による選択指標を表 6.6 に示す．超砥粒砥石については指標は示さないが，高温下で炭素であるダイヤモンドが材料中へ拡散して損耗が激しくなる鉄系材料には使わず，鋼など鉄系材料には CBN 砥粒を用いる．

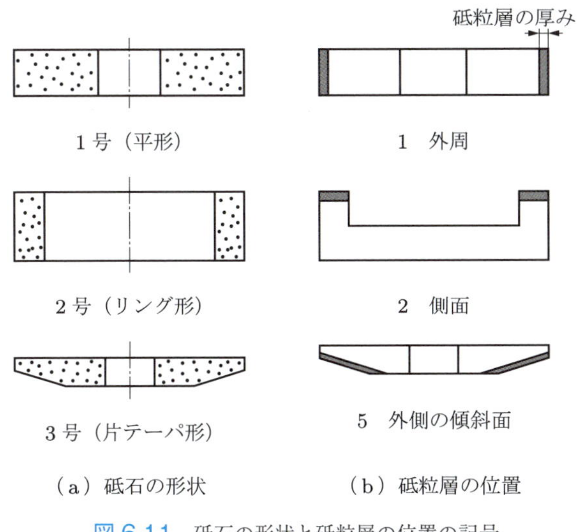

図 6.11　砥石の形状と砥粒層の位置の記号

表 6.6　一般砥石の選択指標

工作物の種類	砥粒の種類
鉄系材料 非鉄系材料	A 系砥粒 C 系砥粒
仕上面精度	**粒度**
低 高	粗粒 細粒
研削目的	**結合剤の種類**
汎用研削 粗研削	ビトリファイド レジノイド
研削盤	**結合度**
円筒研削盤 平面研削盤	大 小
自生発刃の制御	**組織**
焼けの抑制 砥石損耗の抑制	疎 密

6.1.3　ツルーイングとドレッシング

一般砥石では砥粒と結合材が均一に分布していないため，砥石の重心が回転中心にあるとは限らない．砥石は 1000 rpm 以上で高速回転させるので，砥石の重心が回転中心からずれていると振動が生じる．わずかな振動でも研削作業面に**びびり**

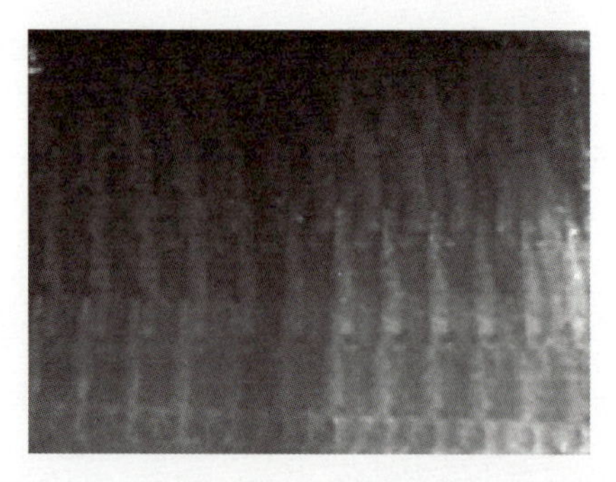

図 6.12 びびりの生じた加工面（びびりマーク）

マーク（chatter mark）とよばれる魚のうろこ状の研削痕（図 6.12）が生じる．振動が大きくなると砥石の振れ回りが生じ，砥石の遠心力で砥石が破損して作業の安全に支障がでることがある．そこで，一般砥石では砥石装着時に調整を行う．実際に工作物を研削する前に必要な調整作業として，ツルーイングとドレッシングがある．

一般砥石の場合は，図 6.13 に示すように，まず研削盤のフランジに砥石を取り付ける（バランスウエイトはまだ取り付けていない）．このまま使うと，図 6.14 に

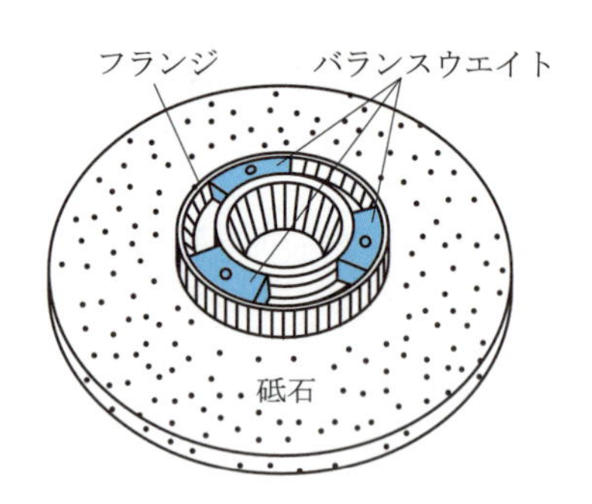

図 6.13 砥石のフランジへの取り付け

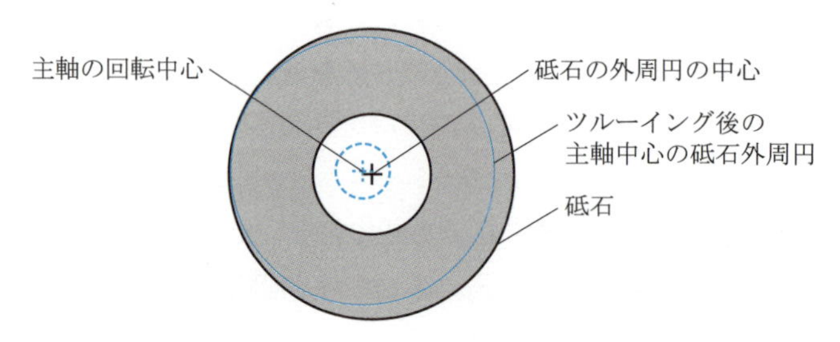

図 6.14 砥石中心と主軸中心のずれ

示すように，主軸の回転中心と砥石の外周円の中心が一致しないので，振れ回りとよばれる砥石の振動が生じる．このため，図 6.15(a)に示すようなクラッシングロールで主軸を低速回転させながら砥石外周を削り，主軸の回転中心と砥石外周円を一致させる．これを**ツルーイング**（truing：形直し）とよぶ．最近では，交換時間を減らすために，あとで説明するドレッシングで使うダイヤモンドドレッサでツルーイングを行うことも多い．

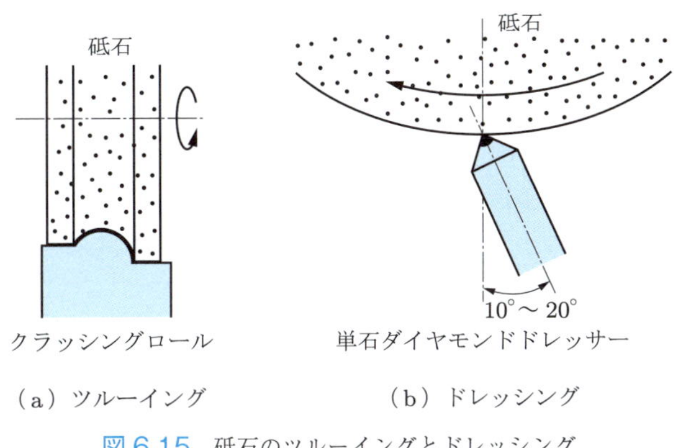

図 6.15　砥石のツルーイングとドレッシング

また，回転中心回りのモーメントの釣り合いをとる必要もある．そのため，主軸から砥石を外し，図 6.13 に示すようにフランジにある溝に 3 個のバランスウエイトを固定し，砥石をバランス台（2 本の平行棒や天秤式バランス台）に載せて，回転しないようにようにする．これを**静バランス調整**（wheel balancing）という．現在では，砥石を主軸に取り付けた状態で実際の回転数で回転させ，遠心力の総和がゼロとなるようにバランスウエイトの取り付け位置を計算するバランサ装置を使った，動バランス調整も行われている．高い加工精度を要求される場合には，実際の加工中に常時バランス調整を行う自動バランサを使う．

つぎに，砥石作業面に鋭い刃をつくる目直しや**ドレッシング**（dressing）とよばれる作業を行う．図 6.15(b)に示すように**ダイヤモンドドレッサ**（diamond dresser）とよばれる単石のダイヤモンドの先端で砥石作業面を低速で削る．ドレッサの送り（砥石の幅方向）で砥石作業面の切れ刃の数を調整できる．適度な自生作用が生じる砥石作業面をつくるのが目的で，次項で説明する砥石の目つぶれや目づまりが生じるとドレッシングが必要になる．

6.1.4 砥石の自生作用

第5章で説明したように，切削では工具の摩耗が避けられず，工具の交換（再研磨）が必要である．一方，研削では適した作業条件で加工すれば，砥石の交換は必要ない．

工作物を削る砥粒には切削抵抗が作用するので，砥粒の摩耗や破砕が生じる．砥粒が摩耗すると，砥粒に作用する切削抵抗が大きくなり，砥粒は破砕したり，結合材部分から分離して摩耗砥粒ごと脱落してしまう．しかし，脱落，破砕した砥粒に代わって近くの砥粒が作用砥粒として工作物を削ることになり，切れ味を保つことができる．このように，砥粒がつねに鋭い切れ刃を維持して，切れ味を保つことを砥石の**自生作用**（self-sharpening）とよぶ．研削作業では，この砥石の自生作用が適度に生じるように研削条件を設定することが作業の良否を決める．

砥石の選定や研削条件が適当でない場合は自生作用がはたらかず，つぎのような状態になる．

① **目つぶれ**（dulling, glazing. 図6.16(a)）：砥粒先端が摩耗し，砥石作業面が平滑になって光沢が見られ，砥粒による切削ができなくなり，砥石の自生作用も生じなくなった状態である．加工表面も変質してしまう．

② **目こぼれ**（shedding. 図6.16(b)）：目つぶれの逆で，砥粒の脱落が激しく砥石が損耗し，仕上げ面もわるくなる状態である．後述する研削比（式(6.4)）が小さくなる．

③ **目づまり**（loading. 図6.16(c)）：砥粒が切削した切りくずが排出されずに

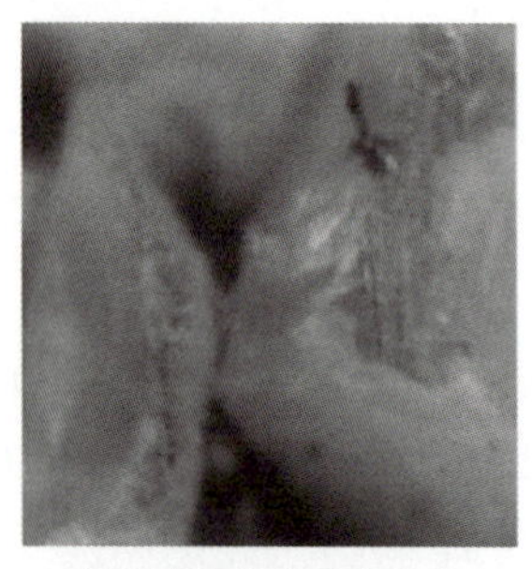

砥粒間の結合度が大きい．工作物に対して砥粒の硬度が不足して摩耗しやすい．

（a）目つぶれ

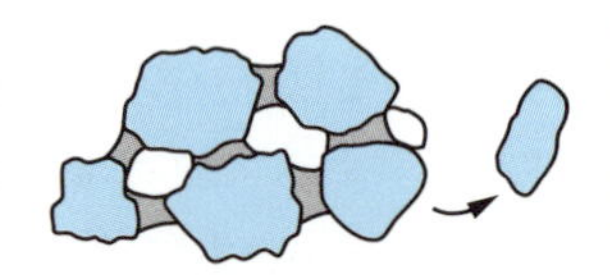

砥粒間の結合度が小さい．砥粒に作用する切削抵抗が大きい．

（b）目こぼれ

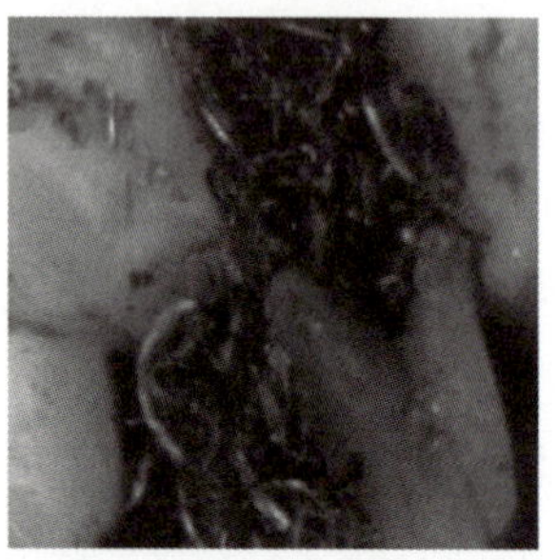

展延性の工作物でおきやすい．砥粒間の結合度が大きい．

（c）目づまり

図6.16 砥石の異常な状態とその原因

砥粒間の空孔に蓄積されて加工できなくなる状態である．砥粒が切れ刃として作用せず研削抵抗が増加し，それにより研削温度が上昇して仕上げ面に焼け色が見られる．

これらの不具合が生じると，図 6.1 に示したように，研削状態の判定で異常が発生し，砥石のドレッシングや，研削液供給状態の調整，研削条件の再選択，さらに砥石の再選択が必要になることもある．最悪の場合，研削作業条件まで再選択しなければならない．

6.1.5 研削仕上げ面に与える要因

研削加工では，*Rz*（5.3.6 項参照）で 1 μm から 0.1 μm 程度の表面粗さが得られる．しかし，消費エネルギーのほとんどが熱エネルギーとなり，加工点が高温になる．この結果，加工表面に酸化皮膜が生成され，膜厚により藁色から青色の色調に変化する．これを**研削焼け**（grinding burn）とよぶ（図 6.17）．このとき，高温になった表面付近は結晶組織が変化して硬度も変化している．

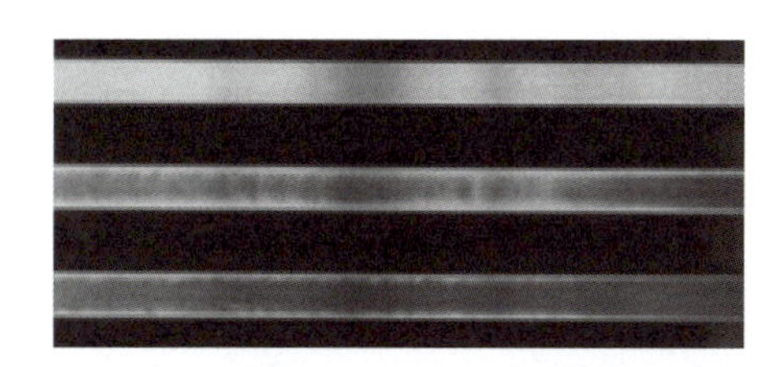

図 6.17 研削焼けの加工面（最上段は正常研削面）

また，前節のびびりマーク（図 6.12 参照）は振動（chatter．びびりともよぶ）で生じる加工面の異常である．研削焼けとびびりマークは，研削加工で品位を著しく低下させるため，研削作業では注意すべき現象である．このほかにも多くの異常現象が生じるが，異常発生時には，図 6.1 に示した作業手順において研削状態の判定で作業条件の変更を示したように，ドレッシングや次節の研削液の調整だけでなく，研削作業条件の変更や砥石の再選択まで対策は多くなる．これは，研削加工の設定パラメータが切削加工より多いためである．

6.1.6 研削液

研削液（油剤）については，5.4 節で説明した**切削油剤**（grinding fluid）の 3 機能（潤滑，冷却，切りくずの搬出）のうち，とくに冷却性が重要である．研削作業では加工点での発熱量が大きいので，研削焼けが生じやすい．また，工作物のわずかな熱膨張が精度に影響する．このため，冷却性能の高い水溶性油剤が用いられる（表 5.2 参照）．また，砥粒の破砕粒や切りくずが加工面にスクラッチ（細い傷）を生じさせないように，研削液による排出作用も重要である．研削加工では，研削液を大量に使用するため，研削液は循環させ，砥粒や切りくずをフィルタでろ過して繰り返し用いる．

✚ 6.1.7 研削機構

研削加工のメカニズムを知ることは，研削条件の決定やトラブル対策を論理的に考える手段となるので重要である．研削加工は，1 個の砥粒が切削を行うミクロの除去加工として捉えると同時に，多くの砥粒の集合として，フライス加工のようにマクロな除去加工として捉えることも必要である．切削機構で解析したように，切りくず生成を力学的に考えてみよう．

図 6.18 に示すように，1 個の砥粒による単粒切削としての切りくず生成を考える．砥粒は先端部から工作物表面に接触して，接触開始後徐々に工作物に干渉し，上滑り（摩擦するだけ）する．そして，塑性変形を経て切りくずを生成し，砥粒の最大切込み深さ g_{max} のときに切りくずの厚さも最大となる．その後，減少していき干渉は終わる．このときの砥粒先端はトロコイド曲線を描く．工作物は弾性なので砥粒（工作物より硬度が高いがやはり弾性体ではある）が干渉開始時は上滑りして実切削をしない．バイトでの切削と違って砥粒の先端角は大きく（すくい角が負に大きい），砥粒先端は工作物を押し込むように切り込んでいくことから，工具となる砥粒に作用する力としては背分力が非常に大きい．この力が，砥石の自生作用では砥粒の破砕を促進させる．砥粒は砥石作業面にランダムに分布しているので，バイトやフライスのように切れ刃が一定間隔で切削を行わない．しかし，砥粒が断

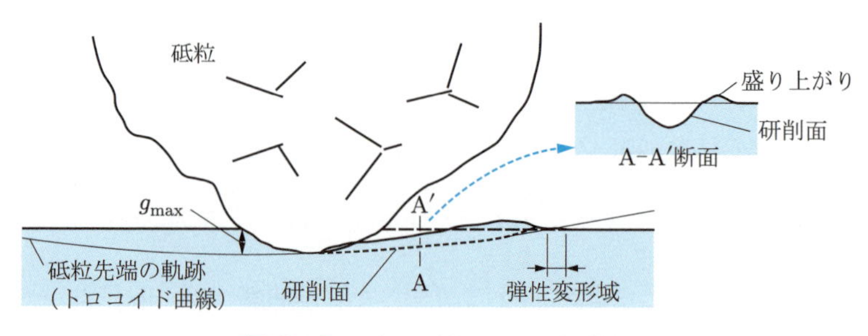

図 6.18 1 個の砥粒による切削機構

続的に工作物と干渉して切りくずを生成するという点では似ており，幾何学的に解析できる．

研削はフライス切削と同様に切取り厚さが変化するため，最大切取り厚さを砥粒の干渉量と見なして求める式がある．図 6.19 の砥粒切込み深さ g（= 最大切取り厚さ）とすれば，幾何学的には次式となる．

$$g = 2\frac{v}{V}\sqrt{t\left(\frac{1}{D} \pm \frac{1}{d}\right)} \quad \text{（+：円筒研削，－：内面研削）} \tag{6.1}$$

$$g = 2a\frac{v}{V}\sqrt{\frac{t}{D}} \quad \text{（平面研削）} \tag{6.2}$$

ここで，V は砥石の接線速度，v は工作物の接線速度，D は砥石直径，d は工作物直径（平面の場合は ∞），a は連続切れ刃間隔（注目している砥粒とつぎに干渉する砥粒との間隔）である．

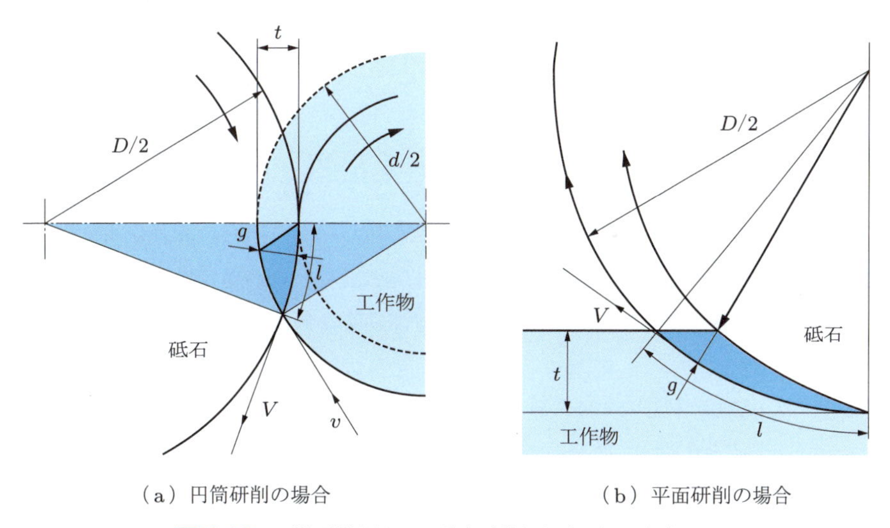

（a）円筒研削の場合　（b）平面研削の場合

図 6.19　平均砥粒間隔から最大砥粒切り込み深さを求める

ただし，式(6.1)，(6.2)の幾何学的関係の式は，図 6.19 に示すように単位幅（1 mm）の 2 次元切削と仮定している．このため，実際の砥粒による切削幅はこれよりとても小さいので，この式で求めた切込み深さは実際より 1 ～ 2 桁も小さな値になり，加工力や生成面の評価や推測に使用するのは適切でない．式 (6.1)，(6.2) はフライスカッタと違い，砥石の作業面の砥粒は幅方向にもランダムに分布しているので，それを考慮すると幾何学的関係から，つぎのような平均切りくず断面積

$a_{\rm m}$ を与える式が得られる．

$$a_{\rm m} = \frac{u}{l_e} = \mu^2 \left(1 \pm \frac{v}{V}\right)^{-1} \frac{v}{V} \sqrt{t\left(\frac{1}{D} \pm \frac{1}{d}\right)} \tag{6.3}$$

ここで，u は切りくずの体積，l は切りくずの長さ，μ は連続切れ刃間隔ではなく，砥石作業面上の砥粒切れ刃間隔の平均値（平均砥粒間隔）である．平均砥粒間隔 μ は砥石の砥粒率で決まり，ドレッシングや砥粒摩耗状態でも変化するため，正確に求めることは難しい．

しかし，式(6.1)～(6.3)からわかるように，砥粒あたりの削除量に関係する最大砥粒切込み深さ g や平均切りくず断面積 $a_{\rm m}$ は，工作物接線速度 v に比例して，砥石の接線速度 V に反比例して大きくなる．これらの値が大きくなると，砥粒にはたらく切削抵抗が大きくなることがわかる．

砥粒にはたらく切削抵抗が大きくなると，目こぼれ（過度な砥粒の脱落・破砕）の原因となり，砥石の寿命が短くなる．そこで，目安となる指標が次式で示される研削比 G である．

$$G = \frac{\text{研削体積}}{\text{砥石の摩耗体積}} \tag{6.4}$$

研削効率（時間あたりの工作物の削除体積）をどう設定するかで，研削比は変化する．研削効率を上げる（単位時間にたくさん削る）と，砥石の摩耗が激しいので研削比は下がる．精密研削のように加工面品質を高くしたい場合は，研削効率を優先しないので G が 50 以上となる．一方，研削効率を優先するため G は 10 以下になることが多い．

また，図 6.19 に示した l は接触孤長さとよばれて，次式で求められる．

$$\left.\begin{aligned} &\text{円筒研削} \quad l = \frac{\sqrt{t}}{\sqrt{1/D + 1/d}} \\ &\text{平面研削} \quad l = \frac{\sqrt{t}}{\sqrt{1/D}} \end{aligned}\right\} \tag{6.5}$$

l が大きくなると，摩擦熱の発生も大きくなり，目つぶれとなりやすくなる．

✚ 6.1.8 そのほかの固定砥粒による加工

(1) ホーニング

エンジンや油圧ポンプのシリンダ，軸受などの円筒形内面は，中ぐり盤で切削を行うが，高精度の仕上げが必要な場合は**ホーニング加工**（honing）を行う．ホー

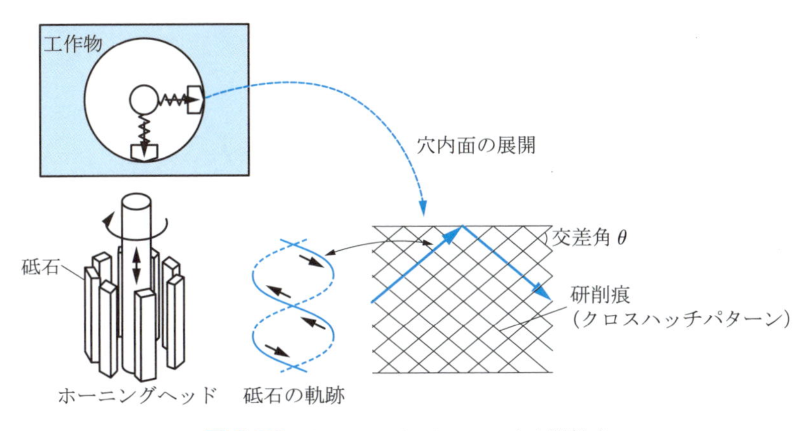

図 6.20 ホーニングのホーンによる研削痕

ニング加工では，図 6.20 に示すように，ばねを介して数本の砥石を回転軸に取り付けたホーニングヘッドで穴の内面を加工する．ホーニングヘッドを 0.5 MPa 程度の低圧で外周方向に押し付けて，周速度 50 ～ 100 m/min で回転させながら上下に往復運動させる．加工中は砥粒粉や切りくず排出のため，低粘性（軽油など）の切削油剤を大量に使用する．ホーニングヘッドの動きはらせんの往復運動となるため，研削痕（クロスハッチパターン）が加工内壁に交差角 θ で形成される．この角 θ は周速度と直線速度の比により決まる．加工能率がよいのは θ が 60°程度のときで，このときは砥石の自生作用がよくはたらく．高い精度が得られるのは θ が 20° ～ 40°のときである．

クロスハッチがシリンダの摺動部に形成されると，潤滑油がその溝に留まることができ，シリンダとピストンは滑らかな運動ができる．ホーニングの特徴はつぎのとおりである．

[特徴] ① 往復運動させるため，砥粒に作用する抵抗の方向が変化するので切れ味がよい．
② 低速低圧で加工するため，加工熱が抑えられ加工変質層ができにくい．
③ 加工面粗さは R_z = 1 μm 以下が得られる．

(2) 超仕上げ

回転軸やベアリングなどの円筒形の外面，平面や曲面の耐摩耗性を得るための R_z = 0.5 μm 以下の鏡面仕上げに用いられるのが，**超仕上げ**（superfinishing）である．図 6.21 に示すように，工作物を周速度 20 ～ 60 m/min の低速で回転させ，砥石をばねで 0.01 MPa 程度の極低圧で工作物に押し付けながら振幅 1 ～ 4 mm,

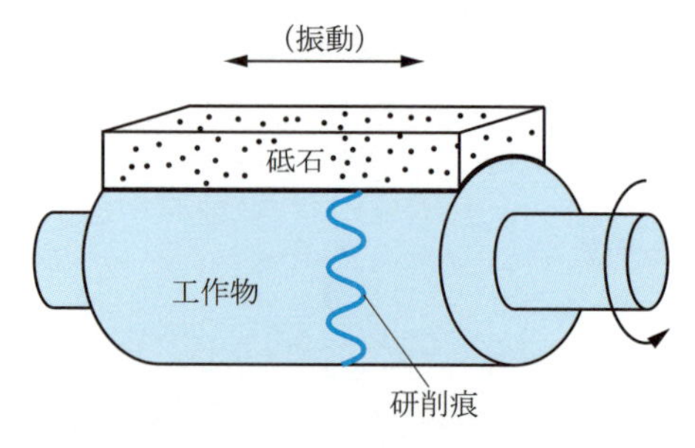

図 6.21 超仕上げ

振動数 8 ～ 30 Hz の往復振動（オシレーション）を与える．砥石の運動は正弦波として，工作物に砥粒の研削痕を残す．加工中は砥粒粉や切りくず排出のために低粘性（軽油にスピンドル油を混合したものなど）の切削油剤を大量に使用する．

超仕上げは，加工前の工作物表面が粗いと，実際に砥粒と工作物の接触面積が小さく接触面圧も高くなるので，切削作用が激しくなり除去が進む．しかし，研削作業を続けていくと，工作物表面は平滑になり，砥粒と工作物の接触面積が大きくなり，砥粒と加工面の接触面圧が下がってくるので除去は進まなくなる．同時に，砥石も目つぶれや目づまりの状態になり，研削できずに砥粒が加工面を塑性変形させることで鏡面が得られる．

6.2 遊離砥粒による加工

砥粒加工には砥粒を砥石のように固めず，砥粒だけや，砥粒と液体を混合して用いる加工がある．固定しない遊離砥粒での研磨加工では，研削加工された工作物でさらに高い仕上げ面が要求される場合に用いられるラッピングやバフ研磨がある．また，砥粒を噴射して除去する噴射加工や，遊離砥粒を振動で加工する超音波加工がある．

6.2.1 ラッピング

ラッピング（lapping）は，古代より宝石を磨くために使用されていた．現在ではセラミックス部品や光学レンズの研磨のほか，半導体用シリコンウエハ（IC の基板で単結晶 SiC の薄い円板）の平面度（形状偏差の一種で，面の平らな度合い）を出すのに用いられている．図 6.22 に片面ラップ盤での加工を示す．**ラップ**（lap．ラップ定盤ともよぶ）の形状を工作物に転写する．ラッピングには，湿式ラッピン

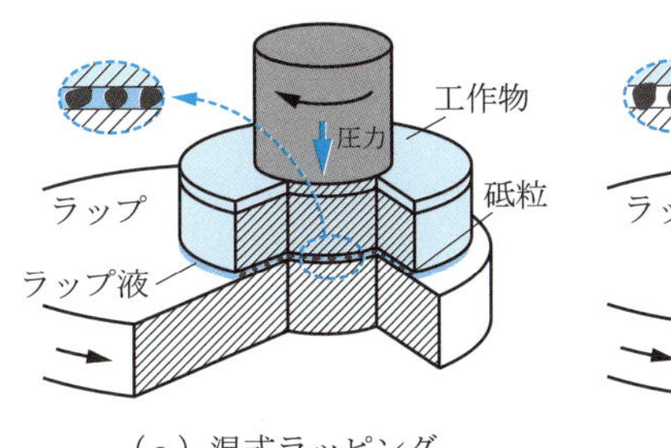

（a）湿式ラッピング

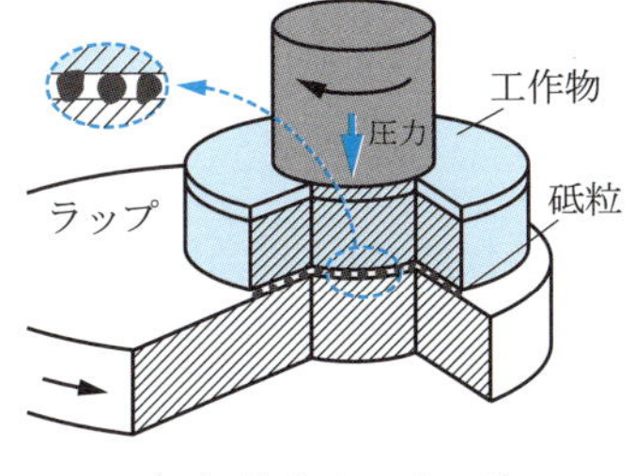

（b）乾式ラッピング

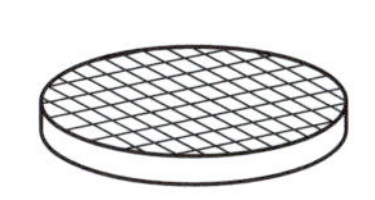

（c）湿式用ラップ

図 6.22　湿式ラッピングと乾式ラッピング

グと乾式ラッピングの加工法がある．

湿式ラッピングでは図 6.22(a)に示すように，工作物より軟らかい材質のラップ（鋳鉄，銅合金や軟鋼の円板）を低速回転させ，ラップ材（砥粒）と加工液（軽油やスピンドル油など）を混合した**ラップ液**（lapping slurry）を供給しながら工作物を加圧（5 ～ 100 kPa）する．砥粒がラップ液層で転動するため，つねに鋭利な砥粒が工作物に作用する．湿式用ラップには，図(c)に示すように，ラップ液が排出できるように溝がある（溝にはさまざまな形状がある）．研削加工より仕上げ面粗さがよいが，細かな凹凸のある光沢のないナシ地（果物の梨の皮に似たことからよばれる表面の呼称）となる．

乾式ラッピングは図 6.22(b)に示すように，ラップ材をラップに摺り込んで固定させたあと，工作物を加圧する．砥粒が埋め込まれた状態であるため，砥粒による工作物の表面の微少切削と切れ味のわるくなった砥粒による塑性変形を伴った加工が進行する．時間あたりの除去量は湿式の 1/10 と小さいが，光沢面や鏡面の仕上げ面が得られる．

ラッピングでは，工作物の周辺部は除去量が大きくなり，工作物の角が取れる仕上がりになりやすいことがある．

レンズやシリコンウエハなどは，上下のラップで工作物を挟んで両面のラッピングを同時に行える両面ラップ盤を用いて量産されている．一方，ラップ盤を用いないハンドラップ（技能者による手での研磨）は，19 世紀末にヨハンセンによりブロックゲージの製作に用いられたことが知られているが，現在もプレス用金型の仕上げなどに用いられている．

ラッピングより高い平面度の鏡面仕上げ技術にポリッシングがある．ポリッシングでは微粉砥粒での研磨や，機械的な研磨と加工液で工作物表面の化学的溶解を併用したケミカルポリッシングもある.

6.2.2 バフ研磨

バフ研磨（buff polishing）は，軟質材料の表面研磨，光沢やつや出しを目的とした表面の加工法である．布や皮を重ねて円板状にした軟らかいバフの表面に，研削液に砥粒を混ぜたコンパウンドを自動塗布装置により数十秒間隔で塗布する．これをラップより高速（3000 m/min）で回転させて，工作物に押し当てて研磨する．砥石と異なりバフの研磨面は軟らかいので，仕上げ面に凹凸のうねりが出たり，工作物の角が丸くなったりする（角だれ）欠点がある．

6.2.3 噴射加工

噴射加工（blasting，または jet machining）とは，砥粒を工作物に衝突させて除去や表面仕上げを行う加工法である．運動エネルギーは $E = mv^2$ で，質量，速度の 2 乗に比例するが，砥粒は質量が小さいので，大きいエネルギーを得るために砥粒を高速で加工面に衝突させる必要がある．

噴射加工には，ブラスト加工，ショットピーニング，アブレッシブジェット加工，液体ホーニングなどがある．

(1) ブラスト加工

ブラスト加工は，工作物に多量の粒を吹き付けて工作物表面を除去する．吹き付ける粒の材料により，サンドブラストとグリットブラストの 2 種類の加工法がある．

サンドブラスト（sandblasting）は，耐摩耗性材でできた回転翼で遠心力を用いて砂を加速させて吹き付けたり，圧縮空気（0.3 ～ 0.7 MPa）に砂を含ませて吹き付けたりする方法である．錆取りや鋳造の際の型ばらしで鋳物砂を落とすために用いられる．図 6.23 に示すサンドブラストでは，圧縮空気と砥粒をノズルから噴出させて工作物に当てる．加工後の砥粒は粉塵と分離して再利用する．

グリットブラスト（grit blasting）は，砂の粉塵の健康への影響や大気汚染防止のために，鋳鉄や鋼の小球を粉砕した不定形の小片を投射する方法である．サンドブラストより除去効率がよく，広く用いられている．

(2) ショットピーニング

ショットピーニング（shot peening）は，小鋼球を工作物表面に打ち付けることで表面を塑性変形させる加工法である．表面層を加工硬化させて圧縮残留応力を与えることで，耐摩耗性や疲労限度を改善する**ピーニング効果**を目的として用いる．

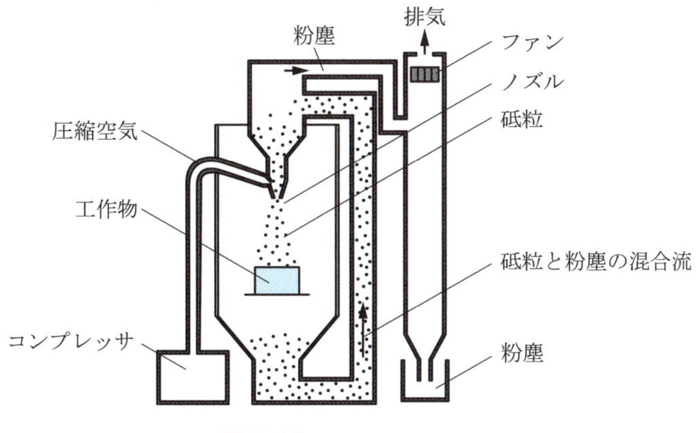

図 6.23 サンドブラスト

(3) アブレッシブジェット加工

500 MPa 程度まで加圧した加工液を噴射ノズルから噴射して工作物を切断する加工を液体ジェット加工という．長所としては，工作物に熱影響を与えない，切削では困難なゴムシートやプラスチックなどの軟質材の切断加工ができる，ことである．液体に砥粒を混合して噴射させることでさらに加工能率を高めたのが**アブレッシブジェット加工**（abrasive jet machining）で，高硬度の合金の切断が可能である．加工液に水を用いる**ウォータージェット加工**（water jet process）は，環境や衛生面で有利なため農産物の加工に使用される．

(4) 液体ホーニング

液体ホーニング（liquid honing）は，1 MPa 以下の低圧の圧縮空気を用いて，加工液に砥粒を混合したものをノズルから噴射して工作物表面を広く研磨する．工作物表面の品位改善に用いられる．

✚ 6.2.4 超音波加工

超音波は人の可聴域（20 Hz ～ 20 kHz）より高い周波数を意味するが，工業分野では 15 kHz 以上の高周波を超音波として利用されている．この超音波による振動を洗浄，切削や研磨，接合などに利用しているのが**超音波加工**（ultrasonic machining）である．超音波加工は，図 6.24 に示すように，超音波発振器で高周波振動を発生させ，ホーンの形状を利用して最適な振動を工具に与える．超音波振動は水中で伝わりやすいので，工作物と工具を加工液と砥粒の混合液中に入れる．工具は数十マイクロメートルの振幅で振動し，工具と工作物間に砥粒が供給されて，

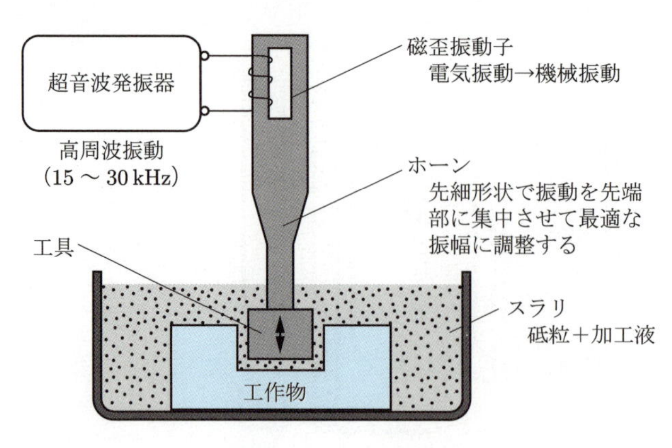

図 6.24　超音波加工

砥粒が工作物に衝突して加工が進む．工具と同形の凹形が除去されるが，工具で加工された凹形の壁面は砥粒通過のために工具寸法より大きい部分が除去される．

超音波加工は，高脆材料のセラミックスやガラスの穴加工に用いられる．凸型形状の工具には，損耗のないように焼入れ鋼など高硬度の材料が使われる．

超音波は切削にも応用されている．切削工具に超音波振動を与えて間欠的な切削力で切削することで，切削抵抗と熱影響を抑制できる．また，固相接合（3.4.4 項参照）にも応用されている．超音波を用いて金属どうしを密着させ，原子間力で接合することで，発熱が少なく，熱影響を抑制している．

演習問題

6.1　切削加工では加工力（切削抵抗）の 3 方向成分中主分力が大きいが，研削加工ではどうか，またその理由を説明せよ．

6.2　砥石の自生作用についてどのようなメカニズムで進行するか説明せよ．

6.3　加工対象の硬度が高い焼入れ鋼などの研削で，結合度の小さい砥石を用いる理由を説明せよ．

6.4　式（6.1），（6.2），（6.4）を導びけ．

第7章 特殊な加工法

ここまで，金属の加工法として，鉄系材料だけでなくアルミニウムやチタンのような非鉄金属の加工についても説明したが，近年では，新素材（セラミックス，マグネシウム合金，エンジニアリングプラスチック，炭素繊維など）やこれらを組み合わせた複合材料が次々に開発され，それらの加工法も開発されてきている．新素材の加工のために新しい工作機械も開発されている．

そこで本章では，特殊な加工法として熱，化学反応，電気化学を利用した加工法について説明する．さらに，プラスチックの成形法や，アディティブ・マニュファクチャリングという材料を積層して造形する加工法についても説明する．

7.1　熱エネルギーによる加工

工作物の加工部分に熱エネルギーを集中的に与えて加熱し，材料を融解させて除去する加工法がある．加工部分に熱影響部が残る短所があるものの，材料に力を加えないので加工後の変形の原因となる残留応力が生じないのが長所である．大きなエネルギーを集中させるため，高エネルギー密度加工ともよばれ，熱エネルギーの与え方の違いにより，主に放電，電子ビーム，レーザ，プラズマに分けられる．

7.1.1　放電加工

高電圧をかけると，電気を通さない絶縁体でも電気が流れる現象を**放電**（discharge）とよぶ．気体中で生じる放電は気体放電とよばれ，気象現象の雷はその一例である．放電現象では大電流が流れると同時に強い光や音が発生する．

放電加工（electrical discharge machining：EDM）は，放電による熱エネルギーで加工物を溶融する除去加工である．放電加工では，加工液中で，工具と工作物を電極としてわずかな間隔まで近づけて高電圧をかけ，電極間の絶縁性をなくしてアーク放電を生じさせる．放電による高熱で工作物はわずかに溶融されて小さい凹みができる．電圧を間欠的に与えることで，放電が加工面の各所で生じて除去加工が進む．放電を加工液中で行うことで絶縁性が保たれ，エネルギー密度が上がり，電極の冷却や放電で生じた溶解金属を除去できる．

放電加工の特徴はつぎのとおりである．

［長所］① 導電性の金属であれば，硬度にかかわらず加工できる．
② 切削加工では困難な複雑な形状や細穴の高精度な加工ができる．
③ 非接触（工具が工作物と干渉しない）であるため，工作物への負荷（加工硬化など）が少ない．

［短所］① 加工時間が長い．
② 非導電性材料は加工できない．
③ 工具が消耗する．
④ 加工表面がナシ地となる．

放電加工には，型彫り放電加工とワイヤ放電加工がある．

型彫り放電加工（die-sinking EDM）は，図7.1に示すように，工具（銅，グラファイトなど）を⊖極，工作物を⊕極に接続し，加工液（引火点の低い石油系油が多用される）中で放電させる．放電により熱が発生し，工作物を溶かすと同時に加工液が気化し，この圧力により溶けた工作物が飛ばされて除去される．工具電極を徐々に降下させて放電を繰り返すことで，除去加工が進む．所望の形状の凸型を工具電極としておくことで，任意の形状に加工できる．細穴加工（0.1 mm以下の穴径）が可能である．複雑な形状の金型（プレス加工用やダイカスト加工用）製作に使われる．

ワイヤ放電加工（wire EDM）は，図7.2に示すように，電極にワイヤ（真ちゅうやタングステン）を用いる．ワイヤを一定の張力で保持し，これを工具電極（⊖

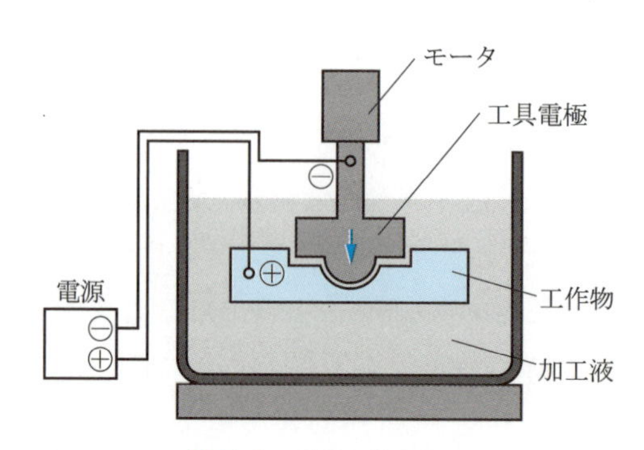

図7.1 型彫り放電加工

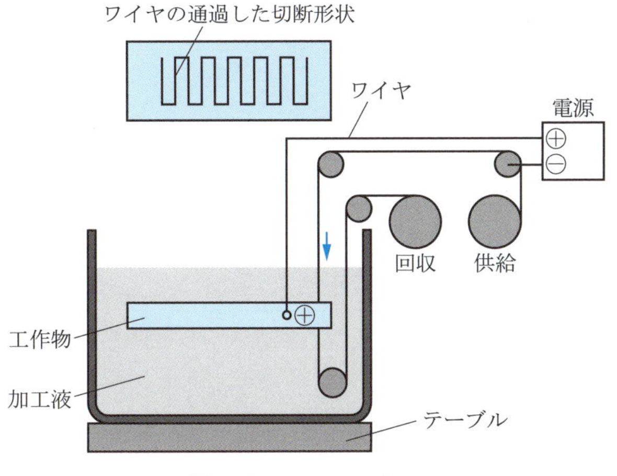

図 7.2　ワイヤ放電加工

極）として加工液（冷却性が必要なため脱イオン水など）中で放電する．加工液タンクの載ったテーブルを X, Y 軸方向に数値制御することで，板厚の大きい板材でも複雑な形状に加工できる．ワイヤは，放電による減耗で切れないように一定速度で巻き取られるため，つねに新しいワイヤで放電することになり，加工精度を維持できる．

7.1.2　電子ビーム加工

原子より小さい電子（負の電荷 -1.6×10^{-19} C をもつ）を加速させて物質に当てると，物質内部に進入する．物質内部に進入した電子はエネルギーを失うが，このエネルギーは熱となり，物質を局部的に加熱して融解させる．**電子ビーム加工**（electron beam machining）では，この現象を利用して除去加工を行う．図 7.3 に示すように，電子銃から放出された電子は加速し，電磁レンズで収束されて工作物表面に照射される．電子ビーム加工では，電子が気体分子と衝突してエネルギーを失わないように，真空容器（チャンバ）内で行う必要がある．

電子ビーム加工の特徴はつぎのとおりである．

[長所] ① 硬質金属，半導体，宝石など切削困難な材料も加工できる．
② 除去形状は穴あけ，溝掘り，切断のほか，材料の接合もできる．

[短所] ① 真空中で行う必要があるため，チャンバーより大きい工作物は加工できない．
② 真空ポンプでチャンバ内の空気を抜く必要があるので，工作物の脱着に

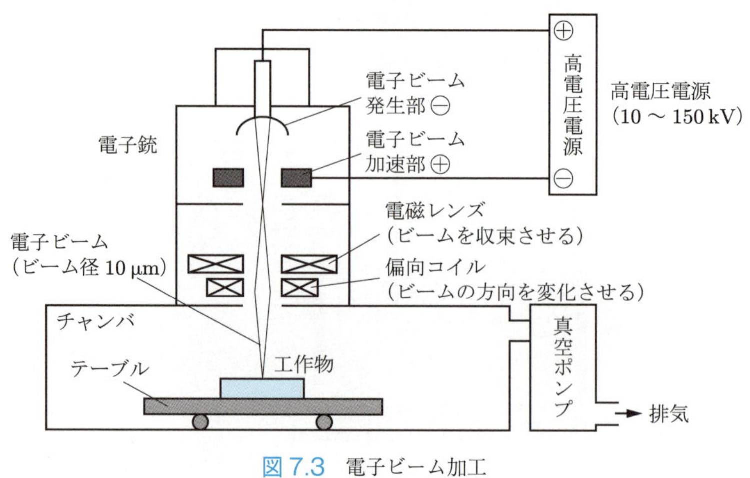

図 7.3 電子ビーム加工

時間がかかる.

✚ 7.1.3 レーザ加工

電子ビーム加工で利用する高速電子のもつエネルギーの熱より，はるかに大きい熱を利用するのが**レーザ加工**（laser beam machining）である．レーザは Light Amplification by Stimulated Emission of Radiation（誘導放出による光の増幅）の頭文字から命名された．レーザ光は，図 7.4 に示すような，レーザ媒質，励起電源，反射鏡で構成されるレーザ発振器でつくられる．レーザ発振器でつくられたレーザビーム（laser beam）は減衰せず，レンズでスポット径 10 μm 程度に集光されるため，非常に大きいパワー密度（単位面積あたりの光強度 [W/cm^2]）が得られる．増幅媒体（レーザ媒質ともいう）には，固体，気体，液体，半導体があり，レーザの種類はこの媒体の材料名でよばれる．レーザは精密測定，光通信，医療機器な

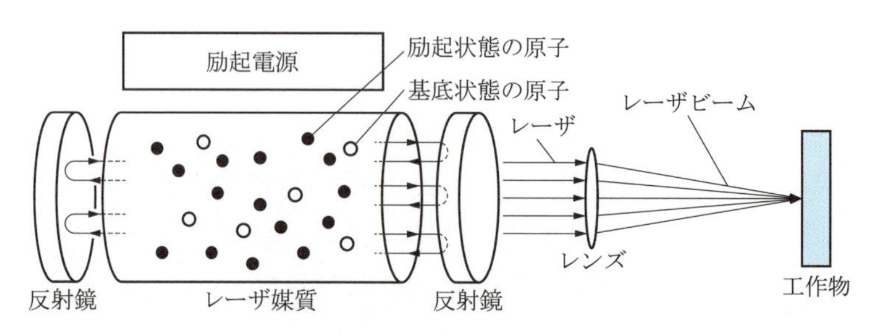

図 7.4 レーザ発振器の構造とレーザ発振の方法

ど多方面で用いられている．

レーザ加工には，つぎのような工作物に吸収されやすい波長のレーザが用いられ，加工により使いわけられている．

- ・炭酸ガス（CO_2）レーザ：波長約 10 μm で出力が大きい．金属やセラミクスの切断や溶接に用いられる．
- ・YAG レーザ：イットリウム・アルミニウム・ガーネットの単結晶からなる固体増幅媒体である．波長約 1 μm で小さくスポットを 10 μm 以下にできるので，精度の高い加工に用いられる．

高いパワー密度をもつレーザビームを材料に照射すると，材料はレーザを吸収し，融解や気化し，除去される．電子ビーム加工（7.1.2 項参照）では真空の環境を必要としたが，レーザ加工ではチャンバが不要なので，レーザビームが吸収される材料であれば大型の工作物も加工できる．

レーザ加工の特徴はつぎのとおりである．

［長所］①　スポット径が小さいため，微細な加工ができる．
②　大きいパワー密度を利用して難削材の加工ができる．
③　非接触で熱による加工なので，外力による変形が少ない．
④　加熱領域がレーザの照射点近傍に限られ，熱影響が少ない．
⑤　パワー密度と照射時間を制御することで，非金属や非導電性の材料への穴あけ，切断，溶接，熱処理などができる．
⑥　透明体を通過させて加工できる．

［短所］①　レーザビームはレンズで絞るために深さ方向の制御が困難で，厚板（25 mm 以上程度）の切断が困難である．
②　溶融・気化した材料が再付着することがある．
③　鏡面加工された材料など，レーザ光を反射する材料は加工できないので，前処理が必要である．

7.1.4　プラズマ加工

気体を高温にすると，分子が解離して原子になるが，さらに温度を上昇させると電離（原子が電子を放出・取り込みイオン化する）する．この電離によって生じた気体がプラズマである．プラズマは高密度の熱エネルギーをもつので，溶接や切断に利用される．半導体産業ではドライエッチング，薄膜形成に多用されている．プラズマ加工には，プラズマアーク加工とプラズマジェット加工がある．

(1) プラズマアーク加工

プラズマアーク加工（plasma arc machining）には，切断と溶接がある．

プラズマアーク切断では，図 7.5(a)に示すように，⊕極の導電性の工作物と⊖極の電極（タングステンやハフニウム）の間に約 10000 °C のプラズマアークを発生させる．切断加工では，トーチ先端のアーク柱の周囲を冷却水で囲って強力に冷却する．すると，アークは急激に収縮し，エネルギー密度が高くなり温度が上昇する．このアークを工作物に当てて溶断する．導電性の工作物に限られるが，レーザ加工より切断速度も速く，厚板の切断が可能で，ばりもアークが吹き飛ばす．ただし，加工精度が低く，スラグが加工面に残るために除去が必要である．ガス切断では困難なステンレス鋼やアルミ合金の切断ができる（3.4.1 項(5)参照）．

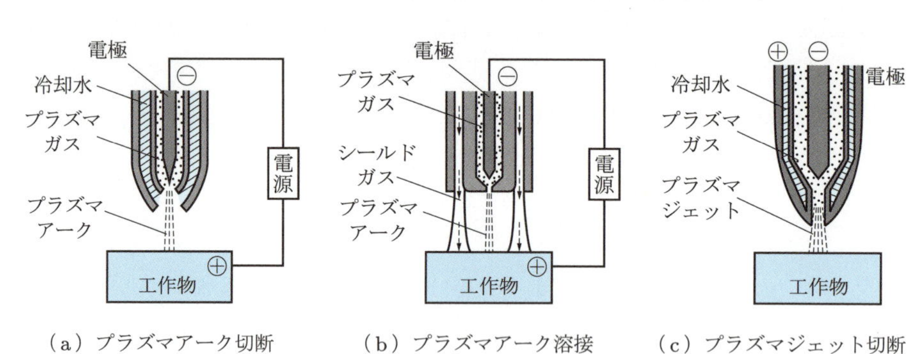

(a) プラズマアーク切断　(b) プラズマアーク溶接　(c) プラズマジェット切断

図 7.5　プラズマ加工

プラズマアーク溶接では，図 7.5(b)に示すように，発生させたアーク柱をプラズマガス（アルゴンやネオンなどの不活性ガス）で冷却して溶接する．高速溶接が可能で，アークの指向性が高いので，すみ肉溶接に適しており，また電極の消耗が少ないため自動溶接ができる．類似のイナートガスアーク溶接（3.4.2 項(3)参照）では，シールドガスを周囲から噴射してアークの拡散を防いでいるのに対して，プラズマアークではノズル先端でアークを絞っている．

プラズマアーク溶接は，比較される TIG 溶接より装置は高価であるが，つぎの長所がある．

[長所] ① 電極消耗が少ないので，長時間の自動化ができる．
② 熱集中範囲が小さいので，ビード幅が狭く，細く深い溶接部を形成できる．
③ 10 mm 程度の板厚であれば 1 層での溶接が可能で，高速溶接ができる．

④ スパッタの発生がない.

(2) プラズマジェット加工

プラズマジェットを用いた切断の概略図を図 7.5(c) に示す. プラズマアークと異なり, ノズル内でプラズマ噴流をつくり, それを冷却したノズル先端からプラズマジェットとして吹き付けて加工する. ノズル内の⊖電極とノズル先端部の⊕電極との間でプラズマを発生させるので, 非導電性の工作物も加工できる.

7.2 化学反応・電気化学反応による加工

化学反応を利用した加工としては, 化学物質 (たとえば酸やアルカリ性溶液) を金属材料に作用させ, 腐食させて除去する化学的除去加工がある. 電気化学反応を利用した加工としては, 電気エネルギーと化学エネルギーを変換することで, 化学分解を利用して金属材料の表面を微量に溶解させる電気化学的除去加工がある.

7.2.1 化学的除去加工

金属は酸によって溶ける. この化学反応を用いて不要部分を除去する加工法が化学的除去加工である. 化学的除去加工の特徴はつぎのとおりである.

[長所] ① 力を加えないため, 工作物の硬度に関係なく加工でき, また残留応力や表面変質層が生じない.
② 熱を加えないため, 熱ひずみが生じない.
③ 加工液に浸けて金属表面を溶融するので, 工具の届かない管や箱の内側を加工できる.
④ 加工面の凹凸を平滑化できる.

[短所] ① 時間の経過につれて化学反応による加工液濃度などの条件が変化するので, 加工の制御が難しい.
② ウェットエッチング (7.2.1 項(1)参照) では, マスキングした境界部分以上が除去されてしまうアンダーカットが生じる.

化学的除去加工の代表的な加工法としては, 化学加工, 化学研磨, フォトリソグラフィがある.

(1) 化学加工

化学加工 (chemical machining) は, 酸やアルカリ, イオンなどの化学反応を利用して, 金属やガラスなどの工作物を溶解 (腐食) させる加工法である. 図 7.6 に示すように, 工作物表面の除去したくない部分に, 溶剤に腐食されない材料であ

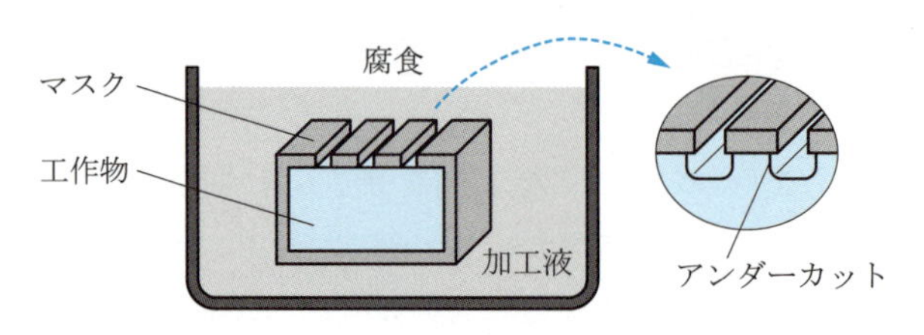

図 7.6 化学加工

るレジストを塗布し(マスキングという), 酸・アルカリ・イオンの溶液中に浸して，レジストのない部分を腐食し除去する．これを**ウェットエッチング**とよぶ．腐食時に工作物がマスキング部分より多く除去されてしまうアンダーカットが生じるので，それを考慮してマスキングを行う必要がある．溶解の反応速度は加工液の濃度や温度に影響を受けるため，加工液を加熱したり攪拌したりすることで加工量を制御する．航空機部品の軽量化のために使われる，チタンやアルミニウム合金の薄板材の加工などに用いられる．

(2) 化学研磨

化学加工と同じ工程で，除去量の微少な研磨を行うのが**化学研磨**（chemical polishing）である．工作物表面の平滑化に用いられる．化学反応では加工面の凸部が溶解されやすい現象を利用するため，加工液の攪拌は不要である．加工液と接触させればよいので，砥粒加工ではできないパイプの内面の研磨が可能である．

(3) フォトリソグラフィ

電気製品のプリント基板の製造などに用いられているのが**フォトリソグラフィ**（photolithography）である（以前はフォトエッチングとよばれていた）．図 7.7 にプリント基板の製作工程を示す．まず，①エポキシ樹脂などの基板上面に銅箔が貼られた銅積層板に，②フォトレジスト（感光材を塗布したり，フィルムを貼ったりする）の層をつくる．つぎに，③その上にフォトマスクとよばれる CAD などで作成した回路のネガフィルムを貼る．マスク上面から光を当ててフォトレジスト層を感光させると，感光した回路部分は不溶性となる．最後に，④基板を加工液につけて銅箔の部分を腐食（溶解）させ（ウェットエッチングの工程），プリント基板ができる．

集積回路（半導体を用いた IC）の製造では，素子や配線がナノメートル単位の高い集積度を実現するために，ステッパ（縮小投影露光装置）を用いる．ウエハ（IC の基板となるシリコン単結晶の薄板）上にフォトレジストを塗布して，フォトマス

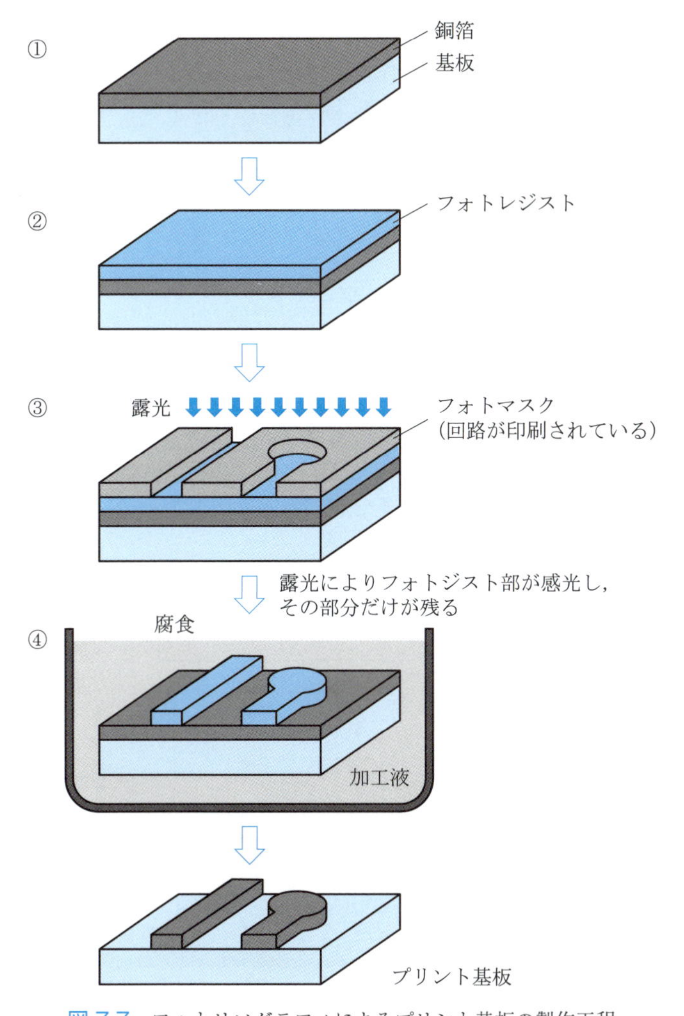

図 7.7 フォトリソグラフィによるプリント基板の製作工程

ク（回路の原板）のパターンを縮小露光する．それを現像（露光されたフォトレジストを溶解）する．これを繰り返してウエハに同じ回路を多くつくる．露光にはレーザが使われ，その光源にはエキシマレーザを用いた紫外線が使われる．より微細化するためには 13.5 nm の極端紫外線（EUV）が使われることもある．エッチングには微細なパターンの成形ができるドライエッチングが用いられる．エッチングガスをプラズマ化してイオンを衝突させるため，アンダーカットが少なく高精度のパターンが形成できる．

7.2.2　電気化学的除去加工

化学的除去加工では，加工液と工作物との化学反応で表面を除去した．一方，電気化学的除去加工では，電解液に浸した工作物を⊕極として電流を流し，工作物表面の金属がイオンとなって電解液に溶けることで除去する．このような電気分解の原理を用いた加工法としては，電解加工，電解研磨，電解研削がある．

(1) 電解加工

電解加工（electrochemical machining：ECM）は，図7.8に示すように，中性塩（塩素酸ナトリウムなど）溶液やアルカリ溶液の電解液中で，工作物を⊕極，工具を⊖極をとして電流を流して電圧をかけ，工作物表面の原子をイオンとして電解液に溶出させる除去加工である．⊖極の工具側からは水素気体が発生する．電位差を与えることで化学反応の速度が高めるられ，加工効率を上げられる．電解液の種類と負荷電圧（電流密度）が加工効率や加工精度に影響する．

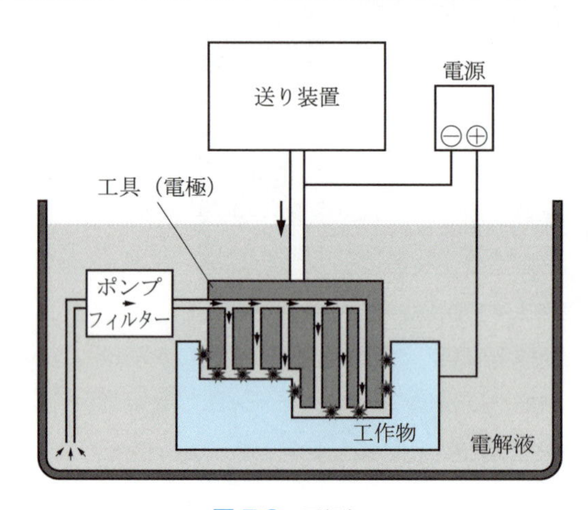

図7.8　電解加工

化学反応を利用しているため，放電加工と比較して除去速度が高い．工作物への力や熱影響がなく（残留応力がない），工具の消耗もない．複雑な形状の加工が可能であるが，加工精度が劣り，電解液の均一な濃度の制御が難しいので品質の安定性が劣る．航空機のタービンや医療部品など特定分野の製品の加工に利用される．

(2) 電解研磨

電解加工と同じメカニズムで行う研磨が**電解研磨**（electrolytic polishing）である．ただし，電解液を循環させないので除去量は小さい．工作物表面の凹凸部の凸部を分解して滑らかな表面に加工できる．仕上げ面の品質向上に用いられるが，バフ研磨と違って熟練が不要で，容器の内面などバフの届かない部分の研磨ができる．ステンレス鋼，アルミニウムの仕上げ加工に用いられる．

ステンレスの電解研磨では，電解しやすい鉄が優先的に電解液に溶出し，研磨面のクロムの割合が高い酸化皮膜（不動態皮膜）ができるので，バフ研磨などの機械的な研磨より耐食性がよくなる．

(3) 電解研削

研削砥石による機械加工と電解加工との複合加工として，**電解研削**（electrolytic grinding）がある．図 7.9 に示すように，研削時に⊖極の砥石（砥粒はダイヤモンド，結合材は導電性のあるメタルやグラファイト）と⊕極の工作物の加工点には，研削液の代わりに電解液をノズルから供給する．工作物と砥粒の高さとの非常に小さい間隔に電解液が侵入して高電流密度となり，工作物の表面が溶出する．砥粒の研削作用で工作物の酸化皮膜が除去されるため，電解作用がさらに進み，加工能率がよくなる．研削に比べて加工面の品位がよく，砥粒損耗が少ない．脆性が高く通常の研削では加工面に亀裂が生じるタービンブレードやばり取りの困難なアルミ合金のハニカム端面の加工に用いられる．

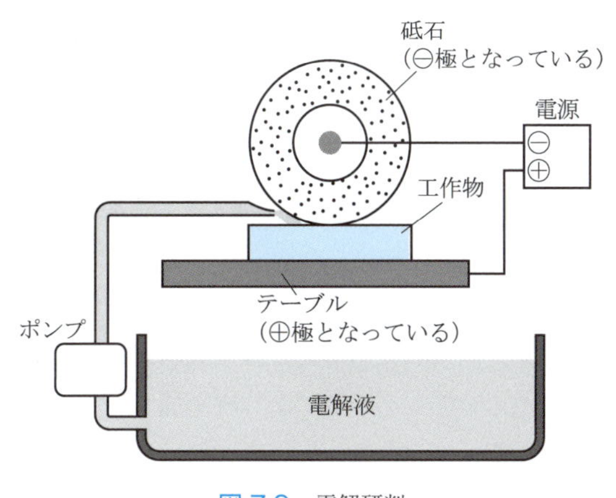

図 7.9 電解研削

電解加工と機械加工との複合加工としてはこのほかに，電解ホーニング，電解ラッピングなどがある．

電気化学的除去加工には，化学的除去加工の特徴に加えてつぎの特徴がある．

[長所] ① 化学反応に外部からエネルギーを供給するため，電圧，電流密度を変化させることで，加工速度や仕上げ面粗さを制御できる．

［短所］① 化学的除去加工に比べて電力供給の設備とコストが増加する．
② 電極の消耗が生じ，⊕極の工作物に酸化皮膜が生じて問題となることがある．ただし，この酸化皮膜（不動態皮膜）を耐食性改善として利用することもある．

7.3 プラスチック加工

工業製品では軽量化が必要とされるため，機械材料として，鉄や鋼に比べて比重が約 1/3 のアルミ合金や，約半分のチタン合金などが用いられている．航空機や自動車は，これらの非鉄金属材料を多用することで性能が向上した．最近では，さらに軽い材料として金属材料の代替となるプラスチック（plastics．複数形に注意すること）の使用が増加している．大量生産が必要な日用品には，プラスチック製品が多い．プラスチックの加工で重要なのは，品質や価格を左右する金型である．

金型の設計では，金型の材料の選択に材料力学や金属材料の知識が必要とされる．また，形状設計においては，分割位置や抜き勾配，金型は加熱・冷却されるため，熱膨張と収縮，さらに素材の流動性や硬化速度を考慮した冷却材の循環路の配置や，**ガス抜き穴**（vent hole）や吸引用の穴位置と大きさの配置，熱疲労など，非常に多くの要素を考慮しなければならない．さらに，設計金型の加工手順も考慮する必要がある．

ここでは，金型を用いたプラスチックの加工法について説明する．

7.3.1 プラスチックの種類

プラスチックとは合成樹脂のことで，石油由来の高分子化合物である．樹脂は分子量の大きい高分子物質であり，天然樹脂と合成樹脂がある．プラスチックは金属より軽く安価で，熱や圧力を加えることにより成形加工ができ，大量生産がしやすい．しかし，高温下では変形するため，日用品などに限られていた．利用が広がったのは，1930 年頃に耐熱性や強度の優れた合成樹脂が開発されてからである．それらは従来の汎用プラスチックと区別され，エンジニアリングプラスチック（エンプラと略される）とよばれる．エンジニアリングプラスチックは，100°C 以上の耐熱性や 40 MPa 以上の引張強さがあり，その機械特性から軽量化や加工コストの低減化のために構造部品にも使われるようになってきた．

プラスチックは，熱に関する特性からつぎの二つに分けられ，製品の使用目的によって使い分けられている．

① **熱硬化性樹脂**（thermosetting resin）：加熱して軟らかくして成形する．さらに加熱すると硬化して固体となる．一度固化すると加熱しても軟らかくならない性質をもつ．たとえば，フェノール樹脂は鍋の取っ手や砥石の結合材（第 6 章）に，メラミン樹脂は耐熱食器や配電盤の基盤に使用されている．

② **熱可塑性樹脂**（thermoplastic resin）：融点まで加熱して軟らかくして成形する．その後，冷却して固化させる．しかし，再加熱すると軟化する性質をもつ．熱可塑性樹脂は近年製品として使用が増加している．主要な熱可塑性樹脂の分類を表 7.1 に示す．大きくはつぎの三つに分けられる．

- **汎用プラスチック**（commodity plastic）：耐熱温度 100℃ 以下で，加工しやすいが機械的強度はない．価格が安くリサイクルできるものが多いため，雑貨や家庭用品などに用いられる．

表 7.1　熱可塑性樹脂の分類と用途

分　類	名　称		主な用途
汎用プラスチック	結晶性樹脂	ポリエチレン（PE）	包装材，食品容器，灯油タンク，レジ袋，洗面器
		ポリプロピレン（PP）	自動車部品，家電部品，包装フィルム，食品容器
	非結晶性樹脂	ABS 樹脂	自動車部品，文具，建築部材（室内用），電気製品
		ポリスチレン（PS）	建築用断熱材，緩衝材，即席麺容器，食品トレー
エンジニアリングプラスチック	結晶性樹脂	ポリアセタール（POM）	歯車，ファスナー，自動車部品
		ポリエチレンテレフタレート（PET）	飲料容器，衣料用繊維，フィルム
	非結晶性樹脂	ポリカーボネート（PC）	カメラレンズ，高速道路の透光板，ヘッドランプ
スーパーエンジニアリングプラスチック	結晶性樹脂	ポリエーテルエーテルケトン（PEEK）	自動車，航空機の部品（ギア，ベアリング）
		ポリテトラフルオロエチレン（PTFE）	金属製調理器具表面のコート
		液晶ポリマー（LCP）	電気用コネクタ，自動車部品
	結晶性樹脂	ポリエーテル・スルホン（PES）	電気部品，精密部品，自動車部品
		ポリエーテルイミド（PEI）	精密機器，自動車部品，医療機器

・**エンジニアリングプラスチック**（engineering plastic）：100°C 以上で長時間使用でき，機械的強度や耐摩耗性が高いので機械部品として使用できる．成形温度が高いので加工が難しく，価格が高い．

・**スーパーエンジニアリングプラスチック**：耐熱温度が 150°C 以上で，機械的強度や耐溶剤性がさらに高い．

熱可塑性樹脂には，加熱溶解後の冷却過程で，結晶構造をつくるもの（結晶性樹脂）と結晶構造をつくらない（非結晶構造）ものとある．一般に，結晶性樹脂は分子が規則的に並んでいるため，強度が高く，半透明や不透明で耐薬品性や耐摩耗性に強いものが多い．一方，非結晶性樹脂は分子配列に規則性がなく透過性が強いものが多い．耐薬品性が低く有機溶剤に溶解しやすいので，接着や塗装に有利である．

7.3.2　プラスチックの加工法

プラスチックの材料は，粒状（3 mm 程度の粒状をペレットという）にして，さらに各加工機械に適する状態や形状にされて加工される．原料の物性によって適する加工法があるが，ここでは熱可塑性樹脂を用いた製品形状による代表的な成形方法を説明する．

(1) 射出成形

射出成形（injection molding）は，複雑な形状で，かつ精度が要求される製品を加工できる．図 7.10 に示すように．粒状の材料（ペレット）はホッパからシリンダに入り，ヒーターで加熱，溶融されながらスクリュの回転により先端部に移動する．固定金型が密着したノズルから定量の材料を金型内に圧入する．金型を冷却

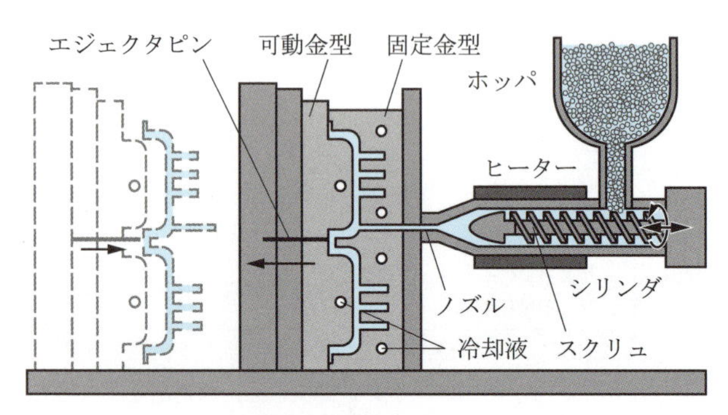

固化後，可動金型が移動し，エジェクタピンで押し出され，製品が離型する

製作例（複雑な形状の換気用フィン）

図 7.10　射出成形

液で冷やし材料が固化したら可動金型が後方に移動し，エジェクタピンが製品を押し出し離型する．

(2) ブロー成形

ブロー成形（blow molding）は，ボトルやタンクなど中空形状の成形に用いられる．ブロー成形は図 7.11 に示すように，あらかじめ円筒形状にした素材のパリソン（ブロー成形に用いられるチューブ状材料）を加熱する．つぎに，左右の分割凹金型に差し込み，内部に圧縮空気を吹き込んで内側から圧力を加えて凹型内面に密着させて成形する．型内の冷却水で硬化させたら金型を後退させて離型する．

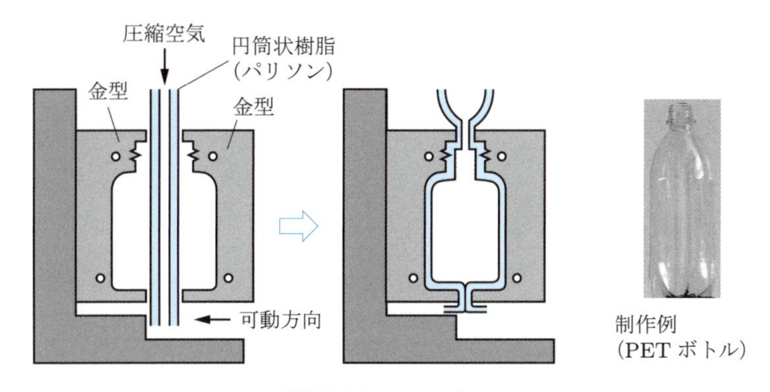

図 7.11 ブロー成形

ブロー成形は，金型に圧力が作用する外側では高い精度が得られるので，配管パイプ，ポリタンク，ポリバケツ，自動車のダクトやオイル容器などさまざまな形状の製品が成形できる．一方で，製品の径の大きい部分では素材が大きく延ばされるので薄くなるなど，肉厚は形状により変化する．また，分割型のため，左右の型接合部では製品の表面に凸状のばりが残る．そのため，ボトル開口部のばりの処理が必要となる．

金型は単純であり，要求される精度は製品外側形状だけなので，射出成形用の金型より安価である．

(3) インジェクションブロー成形

インジェクションブロー成形（injection blow molding）は，射出成形とブロー成形を組み合わせて連続して行う方法である．ブロー成形は，パリソンを用いて成形するため，部分によって厚さの異なる中空製品には不向きである．そのため，たとえば，射出成形で肉厚の高精度のねじ部などを成形後，中空部はブロー成形することで気密性の高い容器をつくるなど，両方法の利点を用いた成形法である．

(4) 真空成形

真空成形(vacuum molding)は板状のシートを材料として加工する．食品トレイ，家電や照明灯などのカバー類，自動車のパネルの成形に用いられる．図7.12に示すように，加熱して軟化したプラスチックの板状の素材を凸型（通常は金型だが，試作や生産数が少ない場合は石膏や樹脂なども用いられる）の穴から吸引して型に密着させて成形する．成形後に，型の周囲をトリミング（切取り）する必要がある．吸引でなく板材上部から圧縮空気で型に押し付ける圧空成形もある．

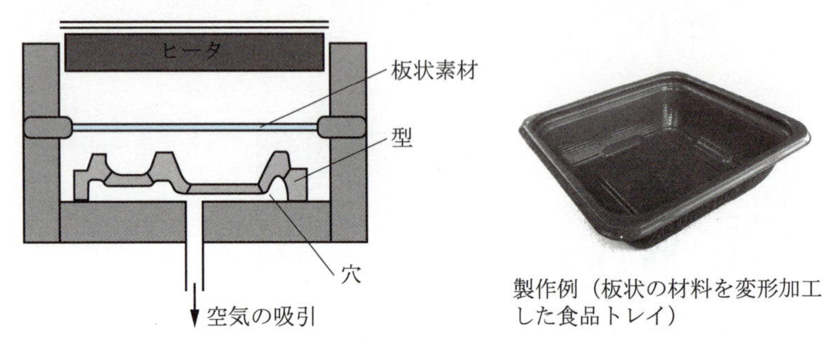

図7.12 真空成形

特徴は，成形圧力が小さいので金型の硬度が不要なことである．そのため，アルミ材など加工が容易な型でよく，さらに凹凸型のどちら側か片方でよいため，型費用が安い．また，大型製品が成形できる．しかし，ブロー成形と同じく複雑な形状の加工が困難で，肉厚を均一にできず，後加工が必要となる．

7.4 アディティブ・マニュファクチャリング

アディティブ・マニュファクチャリング（additive manufacturing：AM）は，1980年代に開発され，機械工業だけでなく建築，医療など広い分野で利用されている．積層造形法ともいう．図7.13に示すように，積層造形法では3次元CAD（5.2.4節参照）の立体データを薄層の集合体（STLファイル形式：2次元スライスデータ）に変換して各種の積層造形法により，薄層を積み重ねることで立体の工作物をつくる．これらの製造装置を**3Dプリンタ**（3D printer）ということがある．代表的な積層造形法としては，光造形法，粉末法，インクジェット法，熱溶解積層法がある．

アディティブ・マニュファクチャリングの特徴はつぎのとおりである．

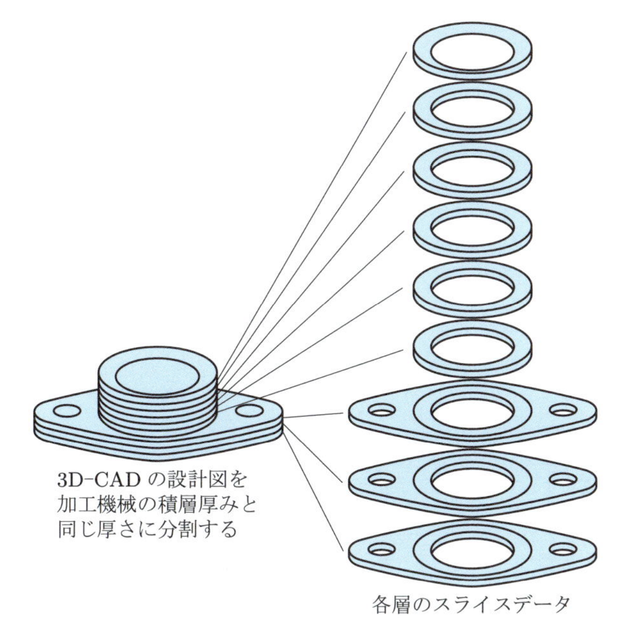

図 7.13 3Dモデルのスライスデータへの変換の概念図

［長所］ ① 切削では削ることのできない中空形状や複雑な内部形状が造形できるので，複数部品から組み立てるのでなく，組み立てた状態を一度に造形できる．

② 設計から製作までの期間短縮が可能なので，試作に適している（rapid prototypingの名称の由来はこの点にある）．

［短所］ ① 積層方法によっては層間が段状になったり，表面に凹凸が残ったりと加工面の品位が低くなる．

② 金属など重量物は自重による変形などの考慮が必要になる．

③ 量産には適さない．

3次元CADの設計情報データ（デジタル情報）をCAM（computer aided manufacturing）で生産情報に変換し，マシニングセンタやレーザ加工機などで加工したり，3Dプリンタで製作したりする生産方法を**デジタルファブリケーション**（digital fabrication）という．製品モデルの試作や，少ない部品数の製品の少量生産に用いられる工作法である．

(1) 光造形法

光造形法（stereolithography）は，光硬化性樹脂を用いた初期の積層造形法である．

光硬化性樹脂は，分子が重合・架橋により固体に変化する液体で，特定波長の光が照射されると硬化する．とくに紫外線で硬化する紫外線硬化性樹脂は，印刷の凸版やプリント基板など医療や工業に使われる．この樹脂を用いる積層造形機構は，図 7.14 に示すように，工作物最下面のスライスデータから光硬化樹脂の表面にレーザ（7.1.3 項参照）を照射する．装置精度によるが，一層の厚さは 10 μm 程度で，固化後，固化した樹脂を沈め，つぎの層のデータを樹脂面にレーザ照射する．これを繰り返して立体を造形する．ここでのレーザは熱加工でなく，光化学加工として光のエネルギー（とくに紫外線の波長をもつレーザ）を利用する．

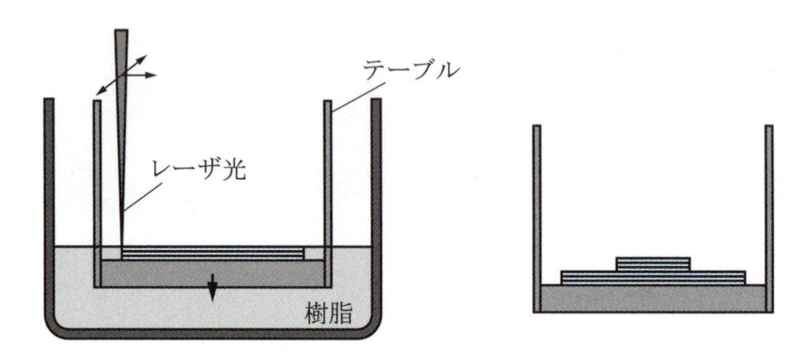

図 7.14 積層造形法

(2) 粉末法

粉末法（powder metallurgy）は，樹脂や金属などの粉末を一層の厚さに敷き，再下面のスライスデータに従い樹脂面にレーザ照射して加熱する．固化した部分を下げて再度粉末を敷き，レーザ照射を繰り返して立体を造形する．

(3) インクジェット法

インクジェット法（inkjet printing system）は，インクジェット・プリンタが紙にインクを落として印刷するように，スライスデータに従い熱可塑性樹脂を噴射するが，空洞部分にはサポート材を噴射して平らな層をつくる．製作層を所定の厚さ（スライスデータの厚さ）と同じ高さだけ降下させて，同様につぎの層をつくる．これを繰り返して立体を造形する．

(4) 熱溶解積層法

熱溶解積層法（fused deposition modeling）は，熱可塑性樹脂を高温で溶かし，ヘッドにある針（チップ）の穴から細い糸状にして押出し，ヘッドをスライスデータに従って移動させ，面を埋めるように層をつくる．これを積層して立体を造形する．

演習問題

7.1　電子ビーム加工は真空のチャンバが必要であるため工作物の大きさが制限されるが真空環境が必要な理由を説明せよ.

7.2　放電加工と電解加工を加工原理の違いから比較せよ.

7.3　7.1，7.2 の各加工法で加工できる材料をまとめよ.

7.4　3D プリンタで加工すると有利な製品を考えよ.

参考文献

1）千々岩健児：新版 機械製作法(1)，コロナ社，1993
2）和栗明：要訣 機械工作法，養賢堂，1975
3）中江秀雄：新版 鋳造工学，産業図書，2008
4）堤信久：造型法による鋳造欠陥―その発生と対策―，新東工業株式会社，2009
5）朝倉健二，橋本文雄：機械工作法Ⅰ改訂版，共立出版，1995
6）平井三友，和田任弘，塚本晃久：機械工作法（増補），コロナ社，2005
7）田村博：溶融加工，森北出版，1982
8）臼井英治，松村隆：機械製作法要論，東京電機大学出版局，1999
9）鋳造技術講座編集委員会：特殊鋳造法，日刊工業新聞社，1968
10）独立行政法人雇用・能力開発機 構職業能力開発総合大学校 能力開発研究センター：機械工作法，社団法人雇用問題研究会，1984
11）大平五郎，井川克也：鋳造工学，日本金属学会，1971
12）香良光雄：実用機械工作法，成山堂書店，1974
13）武智馨：鋳造工学概論，理工図書，1965
14）松澤和夫，吉田政弘，新井博，石井努，片岡文男，齋藤貴裕，木田洋之，蓑輪誠：機械工作 1，実教出版，2022
15）基礎機械工作編集委員会：基礎機械工作，産業図書，1987
16）溶接学会：溶接技術の基礎，産報出版，1986
17）日本機械学会：機械工学便覧 B2 加工学・加工機器，日本機械学会，1984
18）独立行政法人労働者健康安全機構 労働安全衛生総合研究所：労働安全衛生総合研究所技術指針，野崎印刷紙器，2017
19）日本塑性加工学会：塑性加工入門，コロナ社，2007
20）長田修次，柳本潤：基礎からわかる塑性加工（改訂版），コロナ社，2010
21）川並高雄，関口秀夫，齊藤正美，廣井徹麿：基礎塑性加工学（第 3 版），森北出版，2015
22）尾崎龍夫，矢野満，濟木弘行，里中忍：機械製作法Ⅰ―鋳造・変形加工・溶接―，朝倉書店，1999
23）Serope Kalpakjian, Steven Schmid: Manufacturing Engineering and Technology 3rd Edition, Addison-Wesley Publishing Company, 1995
24）日本機械学会：加工学Ⅰ―除去加工―，日本機械学会，2006
25）中山一雄，上原邦雄：新版 機械加工，朝倉書店，1997
26）門田和雄：基礎から学ぶ機械工学，SB クリエイティブ，2008
27）小野浩二：研削仕上，槇書店，1962

索　引

さ 行

✚ た 行

な 行

は 行

ま 行

や 行

ら 行

わ 行

著者略歴
塚本公秀（つかもと・きみひで）
1979年　熊本大学工学部生産機械工学科卒業
2020年　鹿児島工業高等専門学校名誉教授
2022年　有明工業高等専門学校客員教授
現在に至る，博士（工学）［熊本大学］

山中　昇（やまなか・のぼる）
1981年　鹿児島大学大学院工学研究科機械工学専攻修士課程修了
2019年　都城工業高等専門学校名誉教授
2019年　(独)国際協力機構シニア海外ボランティア（2018年度4次隊）
現在に至る，博士（工学）［鹿児島大学］

瀬川裕二（せがわ・ゆうじ）
2008年　熊本大学大学院自然科学研究科機械システム工学専攻博士前期課程修了
2019年　都城工業高等専門学校機械工学科准教授
現在に至る，博士（工学）［熊本大学］

東　雄一（ひがし・ゆういち）
2009年　九州工業大学大学院工学府機械知能工学専攻博士前期課程修了
2018年　鹿児島工業高等専門学校機械工学科准教授
現在に至る，博士（工学）［茨城大学］

機械工作法

2024年11月20日　第1版第1刷発行

著者　塚本公秀・山中　昇・瀬川裕二・東　雄一

編集担当　加藤義之（森北出版）
編集責任　富井　晃（森北出版）
組版　コーヤマ
印刷　丸井工文社
製本　同

発行者　森北博巳
発行所　森北出版株式会社
〒102-0071　東京都千代田区富士見1-4-11
03-3265-8342（営業・宣伝マネジメント部）
https://www.morikita.co.jp/

Printed in Japan
ISBN978-4-627-67541-4